高等职业技术院校焊接技术及自动化专业任务驱动型教材

焊接结构生产

HANJIE JIEGOU SHENGCHAN

鲍勇祥　主编

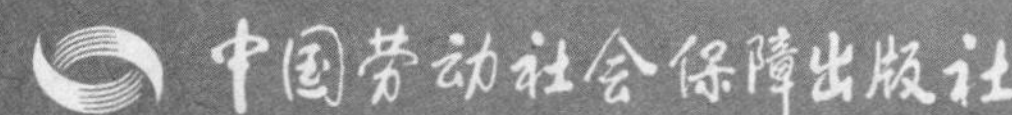

图书在版编目(CIP)数据

焊接结构生产/鲍勇祥主编. —北京：中国劳动社会保障出版社，2012
高等职业技术院校焊接技术及自动化专业任务驱动型教材
ISBN 978-7-5045-9987-2

Ⅰ.①焊…　Ⅱ.①鲍…　Ⅲ.①焊接结构-焊接工艺-高等职业教育-教材　Ⅳ.①TG44

中国版本图书馆 CIP 数据核字(2012)第 251862 号

中国劳动社会保障出版社出版发行
（北京市惠新东街 1 号　邮政编码：100029）
出 版 人：张梦欣
*
三河市潮河印业有限公司印刷装订　　新华书店经销
787 毫米×1092 毫米　16 开本　12.75 印张　292 千字
2012 年 12 月第 1 版　　2025 年 12 月第 11 次印刷
定价：24.00 元

营销中心电话：400－606－6496
出版社网址：http://www.class.com.cn
http://jg.class.com.cn

前　言

为了更好地满足企业对焊接技术及自动化专业高技能人才的需求，全面提升教学质量，人力资源和社会保障部教材办公室组织全国有关院校的一线教学专家、企业技术专家，在充分调研企业生产实际和学校教学实际的基础上，精心编写了高等职业技术院校焊接技术及自动化专业教材，包括《金属熔焊基础》《冷作技术》《焊条电弧焊技术》《埋弧焊技术》《气体保护焊技术》《金属材料焊接》《焊接结构生产》和《焊接检测技术》。

本套教材紧紧围绕焊接工艺制定、焊接操作、焊接施工管理、焊接质量控制和检测等岗位的要求，参照《国家职业技能标准·焊工》设计内容，并确定以培养焊接工程现场操作能力、典型结构件焊接工艺制定能力、焊接质量检测与控制能力、焊接工程施工组织管理能力为主要教学目标。

焊接工程现场操作能力：主要通过《冷作技术》《焊条电弧焊技术》《埋弧焊技术》《气体保护焊技术》的教学，使学生能熟练进行一般性焊接工程的施工，能完成焊接材料选择、划线、号料、下料、装配、焊接等工作，熟悉相关设备。

典型结构件焊接工艺制定能力：主要通过《金属熔焊基础》《金属材料焊接》《焊接结构生产》的教学，使学生能熟练编制简单容器结构、桁架结构、格架结构、梁柱结构等常见中小型结构的焊接工艺，能读懂典型焊接结构的设计资料并对其合理性做出判断。

焊接质量检测与控制能力：主要通过《焊接检测技术》的教学，使学生能较熟练运用有关检测设备和方法并依据检测标准进行焊接质量检测。

焊接工程施工组织管理能力：主要通过《焊接结构生产》的教学，使学生能熟练进行焊接工程的现场组织与管理等工作。

在教材内容的组织上，采用任务驱动的编写思路。在教材的每一单元，首先提出具体的学习任务，使学生明确目标，产生学习的积极性；然后结合具体实例，讲解完成任务所需要的相关知识，使学生认识由感性上升到理性；在任务实施环节，详细介绍完成任务的步骤和注意事项，使学生能够顺利完成任务，增强学生的成就感。

在本套教材编写过程中，我们得到了有关省市人力资源和社会保障部门、高等职业技术院校和相关企业的大力支持，教材的编审人员做了大量的工作，在此表示衷心感谢！同时，恳切希望广大读者对教材提出宝贵的意见和建议。

人力资源和社会保障部教材办公室

2011 年 3 月

简　介

本教材内容由焊接结构生产技术基础、焊接结构生产辅助装备使用、焊接结构生产工艺过程设计以及焊接结构生产组织等模块组成，主要内容涉及焊接接头形式设计、焊接接头强度校核计算、焊接应力控制和减小措施制定、焊接变形控制措施制定、使用焊接坡口机开坡口、使用焊接工装夹具组焊、使用焊接自动变位机调整焊位、机械零部件焊接生产工艺过程设计、梁柱结构焊接生产工艺过程设计、壳体结构焊接生产工艺过程设计、桥式起重机箱型主梁焊接生产工艺过程设计、焊接结构生产成本核算、生产场地平面布置、焊接结构施工方案编制。每个模块下的教学任务，包含了任务提出、任务分析、相关知识、任务实施、任务评价、思考与练习等教学环节。

本书为国家级职业教育规划教材，适用于高等职业技术院校焊接技术及自动化专业教学，也可作为成人高校、本科院校举办的二级职业技术学院和民办高校的相关专业教材，或作为自学用书。

本书由南京铁道车辆高级技工学校鲍勇祥、赵儒君、庞凯、姜凤扬、何平、刘艳、苗庆寒、孙景南，合肥通用职业技术学院吴燕生，大庆职业学院李文聪编写。鲍勇祥担任主编并统稿，赵儒君、庞凯担任副主编，渤海船舶职业学院邓洪军主审。

目　录

模块一　焊接结构生产技术基础

焊接结构生产要达到技术指标与经济指标的要求。技术指标是指焊接结构在生产时要满足的质量要求，在工作时要满足的功能性、可靠性、安全性等要求；经济指标是指焊接结构在生产时要满足的时间、成本、效益等要求。

在组织焊接结构生产前，要确定和熟悉焊接结构生产的技术指标和经济指标并提出达到这些指标的方案，而要做好这些工作需要具备以下能力：计算、校核焊接接头静载强度，选用焊接接头形式和坡口形式，控制焊接变形和焊接残余应力。

计算、校核焊接接头静载强度是确定焊接结构生产技术指标、经济指标和制定方案的基本工作任务，这是因为焊接接头静载强度最终决定着整个焊接结构的静载强度。通过完成这个工作任务，可确定焊接结构的静载强度要求和焊接接头要求的受力（应力）状态，进而据此提出满足这些要求的技术措施。

选用焊接接头形式和坡口形式是保证焊接接头具备要求的力学性能和受力（应力）状态，以及达到焊接结构生产经济指标的基本工作任务。

控制焊接变形是焊接结构生产中一项必要的工作任务。由于焊接热过程的特点，结构在焊接时必然会产生焊接变形，而焊接变形会改变结构的尺寸形状，从而影响结构的使用性能。控制焊接变形的方法很多，在坡口形式设计时，选择增加加工余量来减小焊接变形是一种行之有效的措施，但采用此方法会增加材料浪费和加工时间。因此，在焊接结构生产时必须根据生产实际要求，确定控制焊接变形的具体、合理的措施。

控制焊接残余应力也是焊接结构生产中一项必要的工作任务。焊接残余应力在许多状态下极大地降低了焊接接头的力学性能，而且在焊接结构后续的机械加工过程中，由于内应力的重新平衡会引起焊接结构的变形。所以，在焊接结构生产时必须确定控制、减小焊接残余应力的措施。

任务1　焊接接头形式设计

技能点

◎ 常见焊接接头形式设计方法

知识点

◎ 焊接接头形式

◎ 焊接接头工艺性设计

◎ 焊缝及坡口设计

任务提出

焊接结构是由许多部件、元件和零件等用焊接方法连接而成的，因此焊接接头的性能与质量直接影响焊接结构的性能、安全性和可靠性。液化石油气钢瓶是盛装易燃易爆品的Ⅱ类压力容器，大量应用于人们的生活之中。因此，其生产过程中的质量隐患，无疑就是人民生命财产的安全隐患。

如图1—1—1所示，某企业准备生产液化石油气钢瓶，钢瓶容积35.5 L，设计压力为1.6 MPa，材料为HP295钢（焊接钢瓶用热轧钢板），钢瓶主体是板厚为3 mm的两个拉延

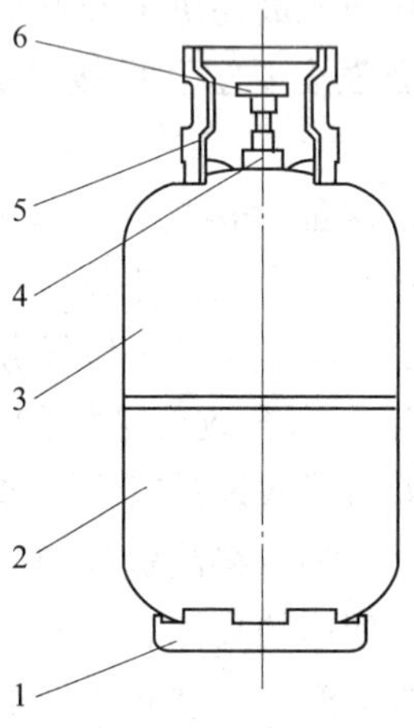

技术要求：

1. 主要焊缝采用焊条电弧焊点固、埋弧自动焊施焊。
2. 瓶体环焊缝的余高为0 ~2 mm，最宽最窄处之差应不大于2 mm。
3. 角焊缝焊角高度不得小于焊接件中较薄者的厚度，其几何形状应圆滑过渡至母体表面。
4.《液化石油气钢瓶》（GB 5842—2006）规定钢瓶主焊缝应采用自动焊接方法施焊，焊缝射线探伤检测执行《金属熔化焊焊接接头射线照相》（GB/T 3323—2005）标准，Ⅲ级以上为质量合格。

图1—1—1　液化石油气钢瓶

1—底座　2—下封头　3—上封头　4—阀座　5—护罩　6—瓶阀

形成的封头，经一端缩口（或镶嵌衬环）、对口组装、环缝焊接而成。生产主要环节包括：落圆→拉伸→切边→除锈→缩口（或装衬环）→组装→焊接→热处理。根据国家标准《液化石油气钢瓶》（GB 5842—2006）的相关规定和气瓶构造，结合本企业的实际情况，本任务钢瓶生产主要焊缝焊接方法选择焊条电弧焊点固装配、埋弧焊单面焊双面成形的方法，要求选择焊接接头形式、焊缝及坡口形式。

任务分析

焊接接头形式及坡口形式的选择，应考虑到减小焊接结构的变形、满足结构的强度要求，以保证使用性和安全性。从瓶体构造分析，本任务主要是选取主体结构为两个拉延形成的封头，其中一个封头经一端缩口与另一个封头（或两个封头在坡口底部加镶嵌衬环）对口组装后，进行环缝焊接。两个封头的组装形式可分为缩口结构和衬环结构（见图 1—1—2）。缩口结构是其中一个封头经缩口加工处理，和另一封头对接组成的结构；衬环结构是两个完全对称的封头，各加工成单边 V 形坡口，在瓶体内侧加一环形衬垫的结构。

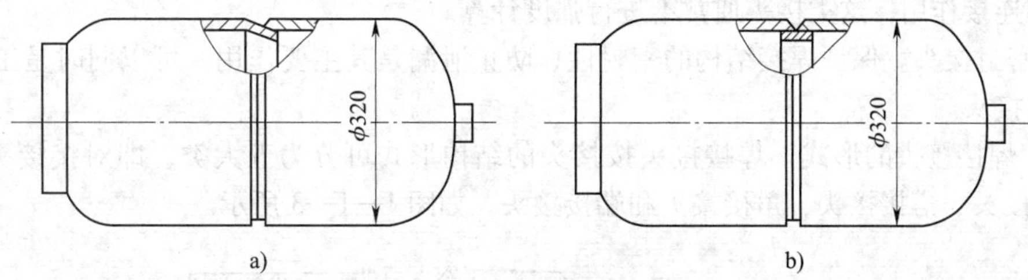

图 1—1—2　封头组装形式
a）缩口结构　b）衬环结构

相关知识

一、焊接接头基本类型

1. 焊接接头的概念与组成

焊接接头是指两个或两个以上零件用焊接方法组合的接点，或指两个或两个以上零件用焊接方法连接的接头，包括焊缝区、熔合区和热影响区。在焊接时发生熔化、凝固所形成的接合区域称为焊缝，一般情况下，它由熔化的母材和填充金属组成。焊接时基体金属受热量的影响（但未熔化）而发生金相组织和力学性能变化的区域称为热影响区。熔合区是焊接接头中焊缝金属与热影响区的交界过渡区，熔合区一般很窄，宽度通常为 0.1 ~0.5 mm。

（1）焊缝区。母材金属与焊接填充金属熔化后，又以较快的速度冷却凝固后形成焊缝区。焊缝组织是由液态金属结晶形成的铸态组织，其组织不致密，晶粒粗大，成分偏析。但是，由于焊接熔池小，冷却速度快，化学成分控制严格，碳、硫、磷含量都较低，还通过渗合金调整焊缝区化学成分，改善其组织结构，因此，焊缝金属可以满足性能要求，特别是强度容易达到。

（2）熔合区。熔合区是熔化区和非熔化区之间的过渡部分。熔合区化学成分不均匀，组织粗大，往往是粗大的过热组织或粗大的淬硬组织。熔合区和热影响区中的过热组织（或淬火组织）是焊接接头中力学性能最差的部位，会严重影响焊接接头的质量。

（3）热影响区。热影响区是被焊缝区的高温加热造成组织和性能改变的区域。低碳钢的热影响区可分为过热区、正火区和部分相变区等。

对于不易淬火钢，分为过热区、正火区（相变重结晶区）、部分相变区（不完全重结晶区）和再结晶区。

对于易淬火钢，分为过热区、正火区、部分相变区和回火区。

2. 焊接接头的作用与形式

（1）焊接接头的作用。一个焊接结构通常由若干个焊接接头所组成。焊接接头在焊接结构中的作用主要有：

1）工作接头。主要进行工作力的传递，该接头必须进行强度计算，确保焊接结构安全可靠。

2）联系接头。虽然也参与力的传递，但主要作用是用焊接的办法使更多的焊件连接成整体，起连接作用，这类接头通常不进行强度计算。

3）密封接头。保证焊接结构的密封性、防止泄漏是其主要作用，可以同时是工作接头或是联系接头。

（2）焊接接头的形式。焊接接头按接头的结构形式可分为五大类，即对接接头、T形（十字）接头、搭接接头、角接接头和端接接头，如图1—1—3所示。

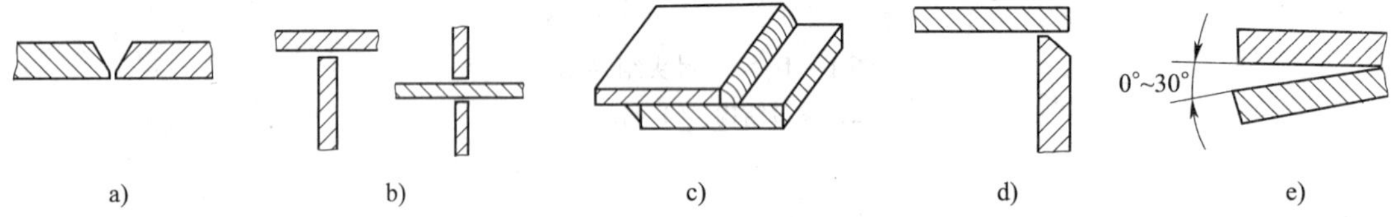

图1—1—3　焊接接头基本类型

a）对接接头　b）T形（十字）接头　c）搭接接头　d）角接接头　e）端接接头

1）对接接头。两个焊件表面构成大于或等于135°，小于或等于180°夹角的接头。从受力的角度看，这种接头受力状况好、应力集中程度小，焊接材料消耗较少，焊接变形也较小，是比较理想的接头形式。因此，在所有的焊接接头中，对接接头应用最广泛。为了保证焊缝质量，厚板对接焊通常在接头处开坡口，然后进行坡口对接焊。

2）T形（十字）接头。T形接头是指将一焊件的表面与另一焊件的端面构成相互垂直或近似垂直的结构，用角焊缝连接起来的接头。它有焊透和不焊透两种形式，如图1—1—4所示。开坡口的T形（十字）接头是否能焊透，要根据坡口的形状和尺寸而定。从承受动载荷的能力看，开坡口焊透的T形和十字接头承受动载荷能力较强，其强度可按对接接头计算；不焊透的T形和十字接头承受力和力矩的能力有限，所以只能应用在不重要的焊接结构中。

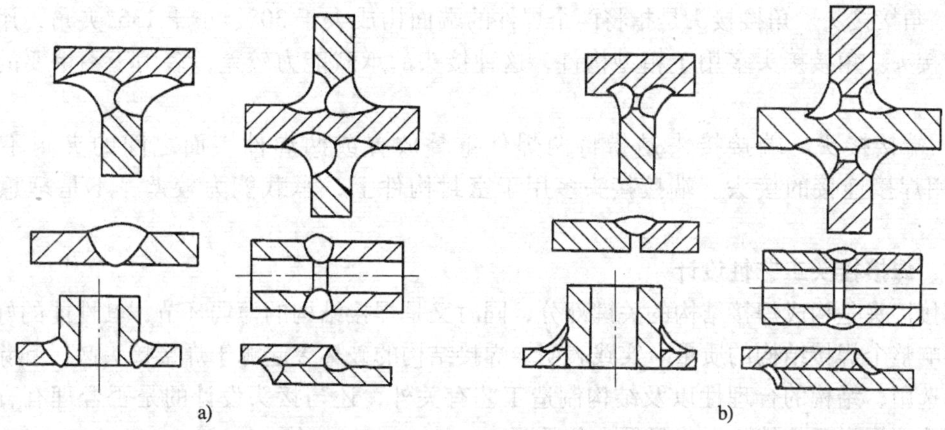

图 1—1—4　焊透和不焊透的接头形式

a）焊透的接头形式　b）不焊透的接头形式

3）搭接接头。搭接接头是指将两个焊件的表面部分重叠构成的接头，搭接接头可以采用角焊缝、塞焊缝、槽焊缝或压焊缝等形式。搭接接头的应力分布不均匀、疲劳强度较低，不是理想的接头形式。但是，由于搭接接头焊前准备及装配工作较简单，所以在焊接结构中应用也比较广泛。承受动载荷的焊接接头不宜采用搭接接头。常见的搭接接头形式如图 1—1—5 所示。

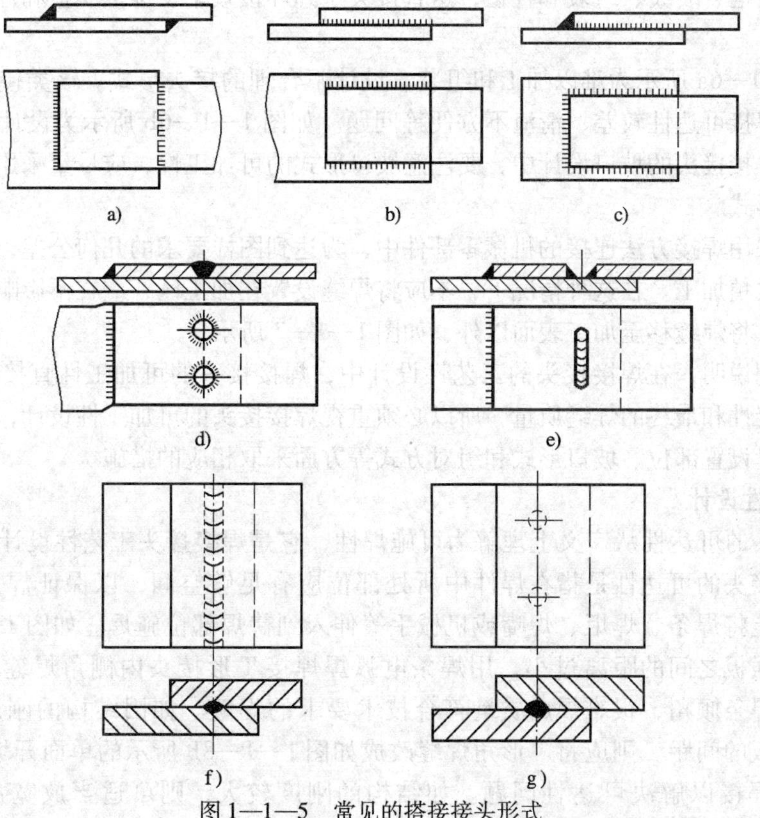

图 1—1—5　常见的搭接接头形式

a）正面角焊缝　b）侧面角焊缝　c）联合焊缝　d）正面角焊缝＋塞焊

e）正面角焊缝＋槽焊　f）缝焊　g）电阻点焊

4）角接接头。角接接头是指将两个焊件的端面构成大于30°、小于135°夹角，用焊接连接的接头。角接接头多用于箱型构件，这种接头的承载能力较差，多用于不重要的结构中。

5）端接接头。端接接头是指将两焊件重叠放置或两焊件表面之间的夹角不大于30°，用焊接连接的接头。端接接头多用于密封构件上，承载能力较差，不是理想的接头形式。

二、焊接接头工艺性设计

焊接接头是构成焊接结构的关键部分，同时又是焊接结构的薄弱环节，其性能的好坏会直接影响整个焊接结构的质量。实践表明，焊接结构的破坏多起源于焊接接头区，其除了与材料的选用、结构的合理性以及结构制造工艺有关外，还与接头设计的是否合理有直接关系，因此选择合理的接头形式显得十分重要。

焊接接头的设计一般可分为强度设计和工艺性设计。焊接接头工艺性设计内容包括焊接接头的可加工性设计、可达性设计、可检测性设计和经济性设计等。

1. 可加工性设计

焊接接头的可加工性是指焊接接头焊接以前，焊件坯料切割下料、坡口加工、成形和组装等加工过程的难易程度。因此，焊件应尽量采用形状简单、规则、对称的结构元件组焊而成，以便于搬运、装夹、组装和校正，这直接关系到焊接效率、焊接质量和焊接生产的经济性。

如图1—1—6a所示为难以加工和组装、设计不合理的接头形式。该类接头形式会出现应力集中、焊接可达性较差、清渣不方便等问题。如图1—1—6b所示为设计比较合理的焊接接头。在焊接接头的坡口设计中，要注意坡口形式的可加工性，应尽量采用形状简单、易加工的坡口形式。

在一些采用焊接方法连接的机械零部件中，为达到图样要求的几何公差，往往在焊接以后再进行一次精加工。在这种情况下，不应将焊缝设置在加工区，应在不影响零部件连接强度的前提下，将焊缝移至加工表面以外，如图1—1—7所示。

上述实例说明，在焊接接头的工艺性设计中，焊接接头的可加工性直接影响后期的施焊、结构稳定性和最终的焊缝质量，所以必须重视焊接接头的可加工性设计，并从焊件的结构形状、焊缝设置部位、坡口形式和组对方式等方面采取相应的措施。

2. 可达性设计

焊接接头的可达性从广义上理解为可施焊性，它是焊接接头工艺性设计中基本的要求之一。焊接接头的可达性是指在焊件中所处部位应有足够空间，以保证焊工能清楚观察到接缝，并能将焊条、焊炬、焊嘴或机械手等伸入到待焊部位施焊。如图1—1—8a所示，由于两块加强板之间的距离过小，用焊条电弧焊焊接T形接头内侧角焊缝时，无法保证正常焊接的焊条倾角，很难焊成质量符合技术要求的焊缝。如因结构的刚度设计不允许改变两加强板的间距，则应将T形角焊缝改成如图1—1—8b所示的单面开坡口的角焊缝，可只从单面焊接以解决可达性问题。如结构的刚度较大，则可适当放宽加强板的间距（见图1—1—8c），或降低加强板的高度（见图1—1—8d），以使焊条能伸入T形接头内施焊。

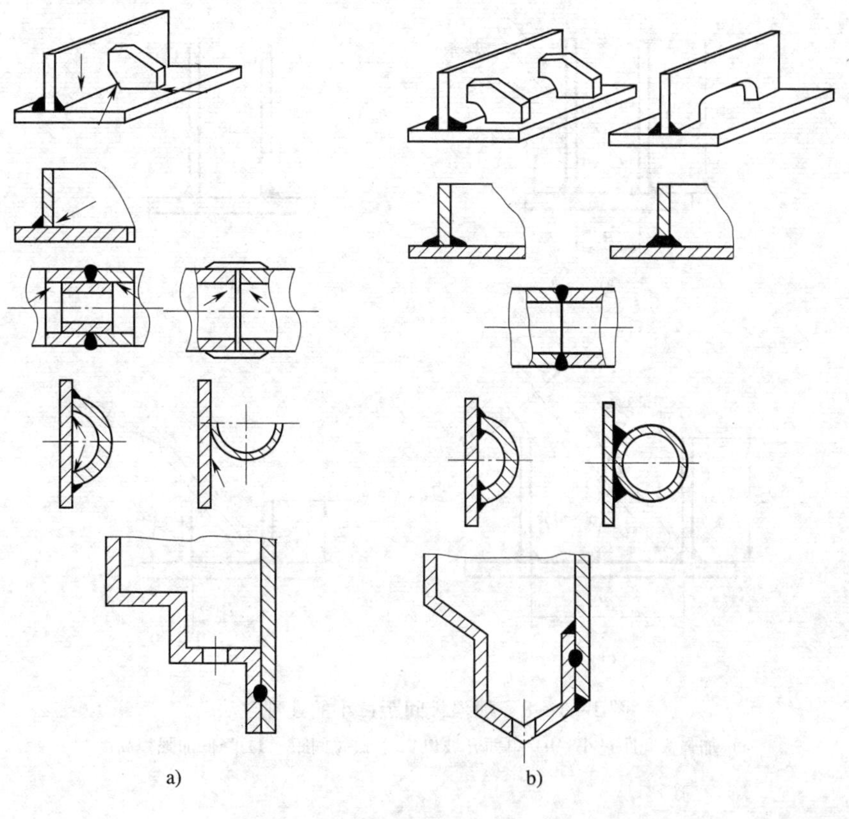

图 1—1—6　接头设计的比较

a）不合理　b）合理

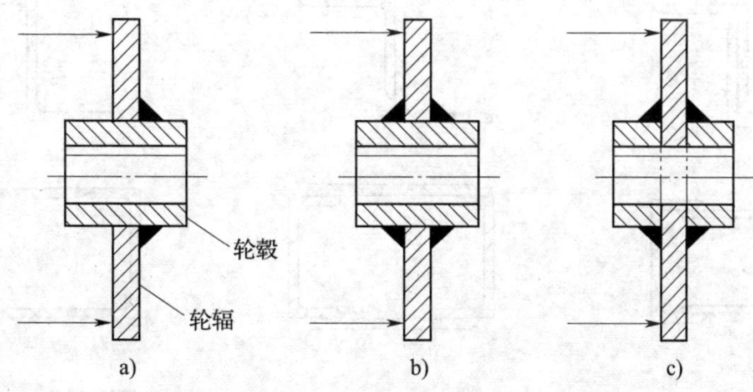

图 1—1—7　机械零部件中焊缝的设置

a）不合理　b）、c）合理

如图 1—1—9 所示，由型材组合的构件很容易产生焊接接头的可达性问题。其中，如图 1—1—9a 所示组合形式有部分焊缝无法施焊；如图 1—1—9b 所示组合形式虽有很大改进，但仍有部分焊缝无法施焊；如图 1—1—9c 所示为最佳组合形式，所有的接头可达性良好，都可方便地施焊。

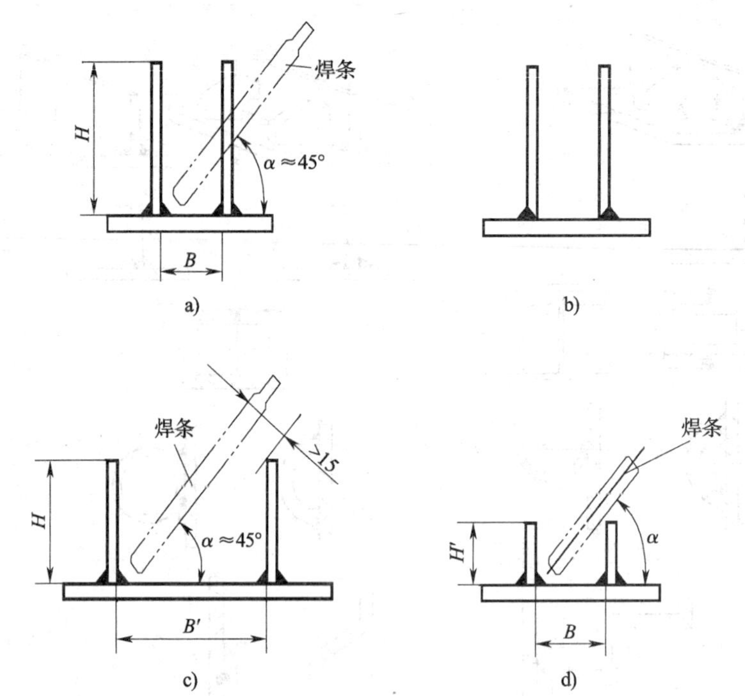

图 1—1—8　加强板间距过小的处理方法

a）加强板间距过小　b）单面开坡口　c）放宽间距　d）降低加强板高度

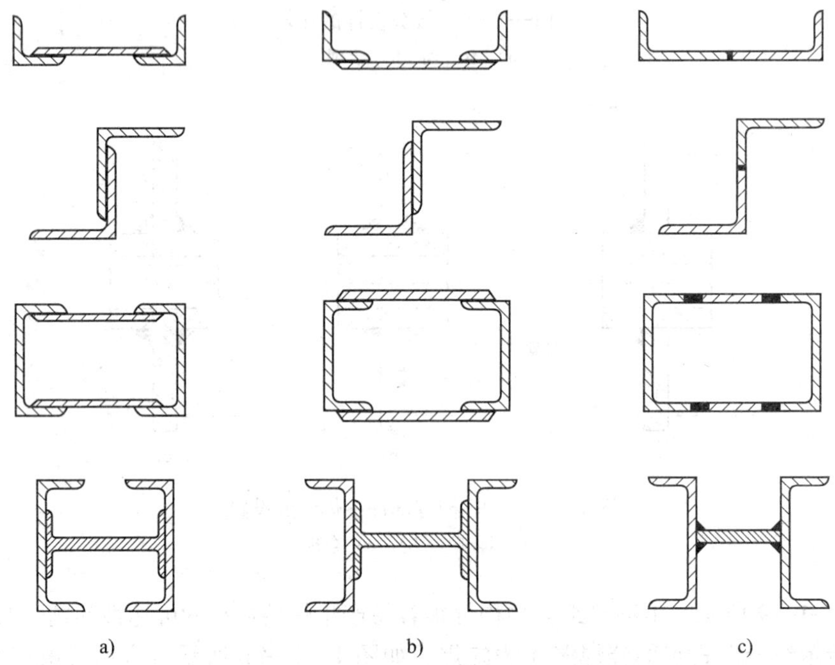

图 1—1—9　型材的组合形式与可达性的关系

a）可达性差　b）可达性尚可　c）可达性好

在各种钢结构中，两构件相交成锐角的接头是常见的连接形式。若此交角小于60°，则存在可达性的问题。在接头的根部由于焊条不能伸入到达，易出现未熔合或未焊透缺陷，导致接头质量达不到技术要求。解决的办法是适当调整两构件的交角，使其接近60°，或加大接头底部间隙。如图1—1—10所示为相交成锐角的可达性不良的接头及其改进措施。

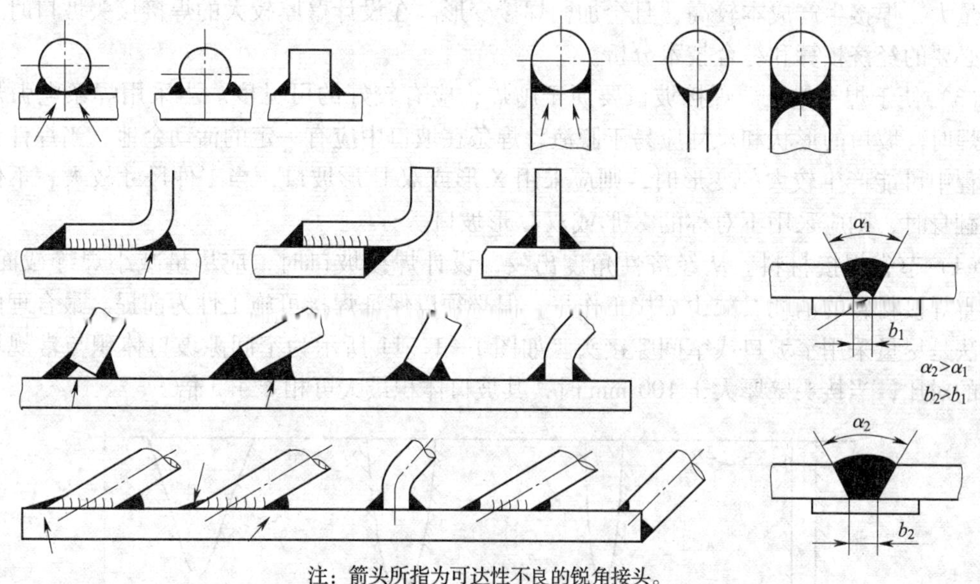

注：箭头所指为可达性不良的锐角接头。

图1—1—10　相交成锐角的可达性不良的接头及其改进措施

3. 可检测性设计

可检测性也指接头的可探伤性，是指接头检测面的可接近性和几何形状与材质探伤检测的适应性。考虑焊接接头探伤检测问题时，往往是根据必要性，而不是根据技术上的可能性来决定的。所以，焊接质量要求越高的接头，越要注意接头的可检测性。

4. 经济性设计

优良经济性是指组织焊接生产过程中，获得一定数量和质量的产品所消耗的人力和物力资源最少，应力求做到熔敷金属量少、焊接材料消耗少、节省加工时间等。设计焊接接头时，还要考虑焊接工时和辅助工时等经济性问题。

三、焊缝坡口设计

焊缝坡口设计内容主要包括确定坡口形状、几何尺寸及其公差，其设计依据主要有接头形式及壁厚、对接头质量的技术要求、拟采用的焊接方法、被焊材料的焊接性及其冶金质量、焊接结构形状和焊缝的布置、坡口加工手段及施焊条件等。焊缝坡口的设计是一项较复杂的技术工作，直接关系到接头的焊接质量、焊接效率和经济性等。

1. 焊缝坡口设计基本原则

焊缝坡口设计的基本原则是焊缝坡口应保证焊接质量、坡口加工简易、便于焊接施工、节省焊接材料和控制焊接变形等。

（1）保证焊接质量。保证焊接接头的焊接质量达到焊接结构制造规程或技术条件的要求。例如，焊缝要求经 X 射线或超声波检测，则必须将焊接坡口设计成可全焊透的形式。

（2）坡口加工简易。在常用的焊接坡口形式中，V 形或 X 形坡口的加工最简单，可以采用火焰切割或刨边机、边缘车床和铣边机等普通加工设备加工，其加工成本低，因此可优先考虑选用。但是，对其适用厚度有一定限制。这是因为 V 形坡口的焊缝截面较大，焊材消耗量大，焊接生产成本较高，且会加剧焊接变形。在设计壁厚较大的焊接接头坡口时，应进行必要的经济核算和综合技术分析。

（3）便于焊接施工。焊接坡口要便于施焊，应有较好的可见度。当采用焊条电弧焊或埋弧焊时，坡口的形状和尺寸应易于脱渣，焊条在坡口中应有一定的活动余地。当焊件在焊接过程中可能产生较大的变形时，则应采用 X 形或双 U 形坡口；当工件尺寸较大、不便于多次翻身时，则应采用不对称的 X 形或双 U 形坡口。

（4）节省焊接材料。从经济性角度出发，设计焊接坡口时，应尽量减小焊缝截面积，以节省焊接材料的消耗、减少焊接工作量，但必须以保证焊接可施工性为前提。最合理的解决办法是尽量采用窄坡口或窄间隙接头。如图 1—1—11 所示为窄间隙坡口体积与常规坡口体积的对比，当接头壁厚大于 100 mm 时，其坡口体积最大可相差 4.5 倍。

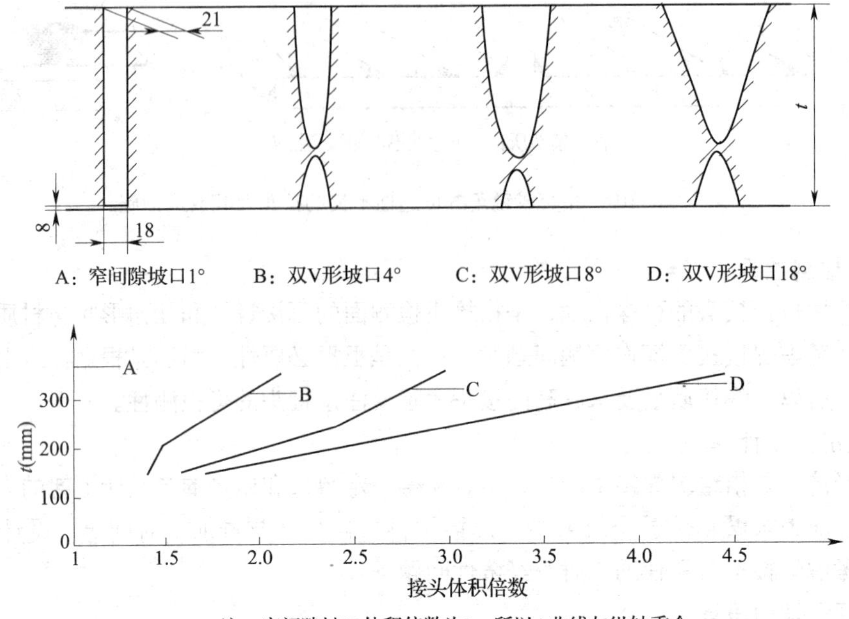

图 1—1—11　窄间隙坡口体积与常规坡口体积的对比

（5）控制焊接变形。焊接变形量与焊缝金属的体积成正比关系。从控制焊接变形出发，应尽量减小焊缝金属的体积，采用小角度坡口和窄坡口，或者采用双面坡口。结合正确的焊接顺序，焊接变形可相互抵消。

2. 焊缝坡口设计准则

焊缝坡口的设计准则是在遵守坡口设计原则的基础上，主要针对产品结构特点及要求，选择最合理的焊接方法、焊材等具体的工艺措施。

（1）焊件结构形状和焊缝位置。在焊接结构的生产中，结构的承载能力是受到普遍关注的问题。有许多因素均对结构的承载能力产生影响，其中焊件结构形状和焊缝的位置是决定坡口形状和尺寸的主要因素之一。以压力容器壳体为例，按焊接接头的受力状态和所处的部位，接头形式分为 A、B、C、D、E、F 六类，如图 1—1—12 所示。

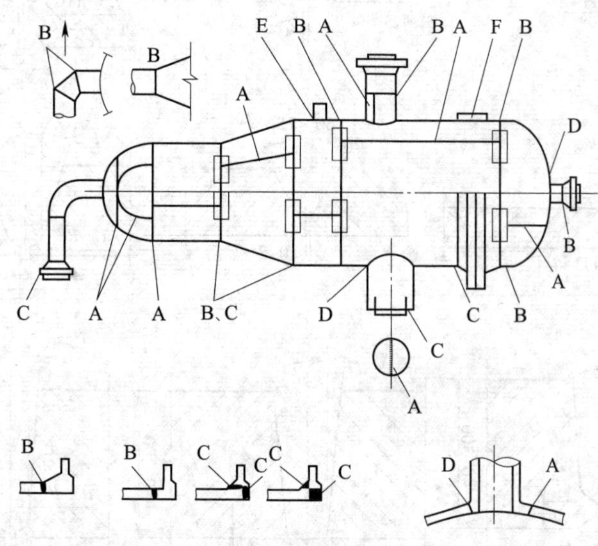

图 1—1—12　压力容器壳体典型的焊接接头分类

1）接头形式分类

①A 类接头。包括圆柱形壳体筒节纵缝和卷制成形的大直径接管的纵缝对接接头；球形容器和凸形封头瓜片之间的对接接头，以及球形容器的环缝对接接头；嵌入式锻制接管与筒体或封头间的对接接头；大直径焊接三通支管与母管相接的对接接头等。

②B 类接头。包括圆柱形、圆锥形筒节间的环向对接接头，接管与筒节间及其与法兰相接的环向对接接头，除球形封头外的各种凸形封头与筒体相接的环向对接接头。

③C 类接头。包括法兰、平封头、端盖、管板与筒体间的搭接接头。

④D 类接头。包括接管、人孔圈、加强盖、加强圈、法兰与筒体或封头相接的 T 形和角接接头。

⑤E 类接头。包括吊耳、支撑、支座及各种内件与筒体或封头内外表面相接的角接接头。

⑥F 类接头。包括在筒体、封头、接管、法兰和管板表面的堆焊接头。

2）坡口形式

①A、B 类接头的坡口形式。压力容器的 A、B 类接头，均应采用单面或双面全焊透的对接接头，其典型的坡口形式和几何尺寸如图 1—1—13 所示。单面开坡口的对接接头，如因结构形状所限，只能从单面焊接时，也必须保证形成相当于双面焊的全焊透对接接头。为此，采用填丝钨极氩弧焊、细丝 CO_2 气体保护焊等焊接工艺方法，完成全焊透的封底焊道；或在焊缝背面加临时衬垫或固定衬垫，采用适当的焊接工艺，保证与坡口两侧完全熔合，并保证根部焊透达到双面成形。

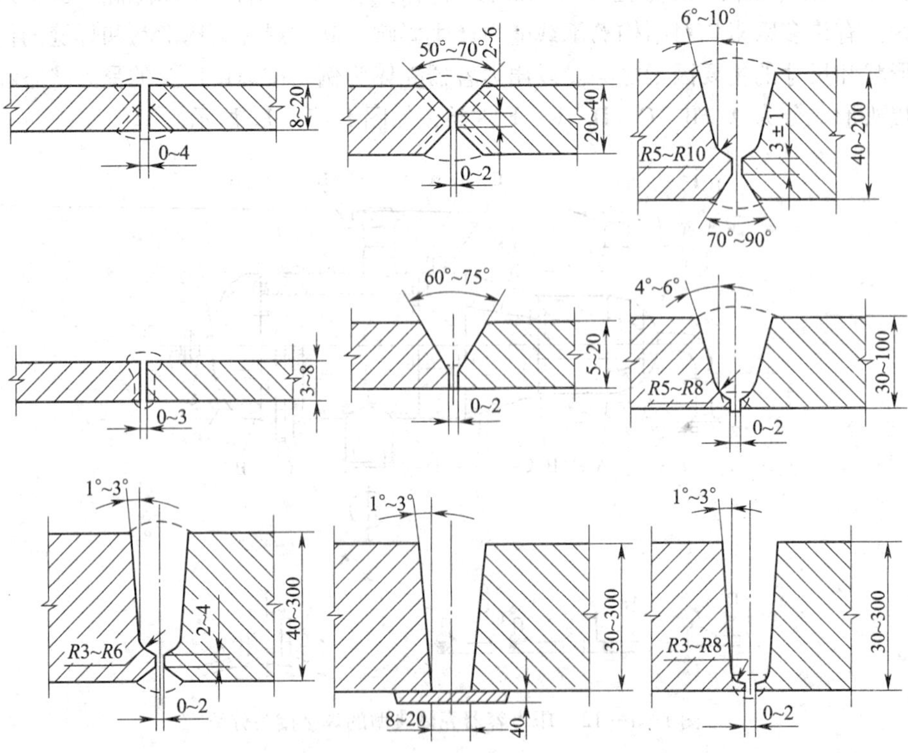

图 1—1—13　压力容器 A、B 类接头的典型坡口形式及几何尺寸

对于不等厚 A、B 类接头，若较薄侧厚度不大于 10 mm，两侧厚度差超过 3.0 mm，以及较薄侧厚度大于 10 mm，且两侧厚度差大于较薄侧厚度的 30% 或超过 5.0 mm，则应按图 1—1—14 所示的形式，将较厚壳壁边缘采用机械加工方法，以 1∶3 或 1∶4 的斜度削薄。

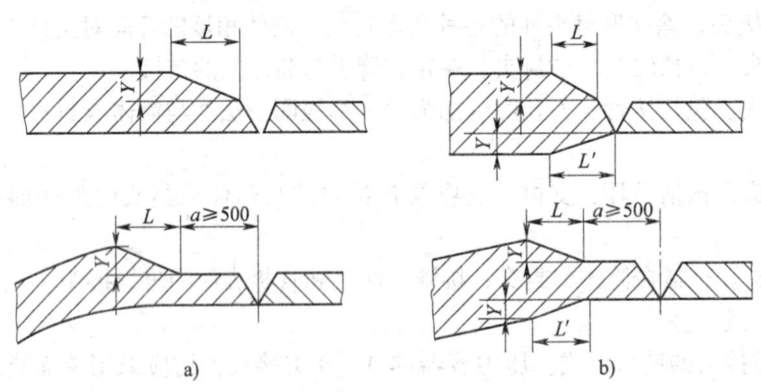

图 1—1—14　不等厚对接装头侧面削薄形式

a）单面削薄　b）双面削薄

A、B 类接头适用于各种焊接工艺方法的坡口形式和几何尺寸，其中 I 形坡口对接接头几何尺寸和焊接方法详见表 1—1—1。

表 1—1—1　　　　I 形坡口对接接头几何尺寸和焊接方法

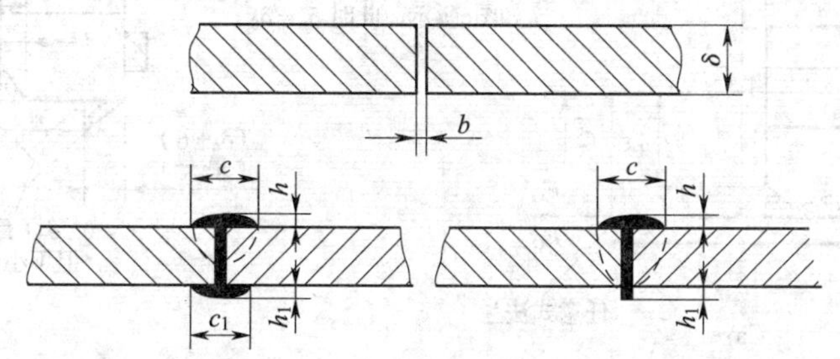

焊接方法	坡口及焊缝尺寸（mm）						图样标注符号	适用范围
	δ	b	c	c_1	h	h_1		
单面焊条电弧焊	2 ~ 4	0 ~ 1	4 ~ 8	—	0 ~ 2	0 ~ 2	S‖	钢板拼接，筒节纵环缝
双面焊条电弧焊	3 ~ 6	0 ~ 2	6 ~ 12	6 ~ 12	0 ~ 3	0 ~ 3	S‖	
单面 CO_2 气体保护焊	2 ~ 6	2 ~ 3	6 ~ 10	—	0 ~ 3	0 ~ 2	C‖	
双面 CO_2 气体保护焊	4 ~ 8	2 ~ 3	8 ~ 14	8 ~ 14	0 ~ 3	0 ~ 3	C‖	
单面埋弧自动焊（焊剂垫）	4 ~ 10	0 ~ 3	10 ~ 16	—	0 ~ 3	0 ~ 3	Z‖	
双面埋弧自动焊	10 ~ 14	3 ~ 5	14 ~ 18	14 ~ 18	0 ~ 3	0 ~ 3	Z‖	
	15 ~ 20	4 ~ 5	20 ~ 24	20 ~ 24	0 ~ 3	0 ~ 3	Z‖	

②C 类接头。C 类接头主要用于法兰与筒体或接管间的连接。在大多数情况下，这类接头不必采用全焊透的接头形式，可以采用如图 1—1—15 所示的局部焊透 T 形接头。低压容器中的小直径法兰因受力小，可采用不开坡口的角焊缝，但必须在法兰内外两面封焊。这样既可以防止法兰的焊接变形，又可以保证法兰所要求的刚度。对于平封头、管板与筒体相接的 C 类接头，因负载较高，且应力状态复杂，应采用如图 1—1—16 所示的全焊透 T 形角接接头，并对这种接头要求进行无损检测。对于内压较高且有腐蚀介质的压力容器，应采用图 1—1—15f、g、h 所示的对接接头形式。

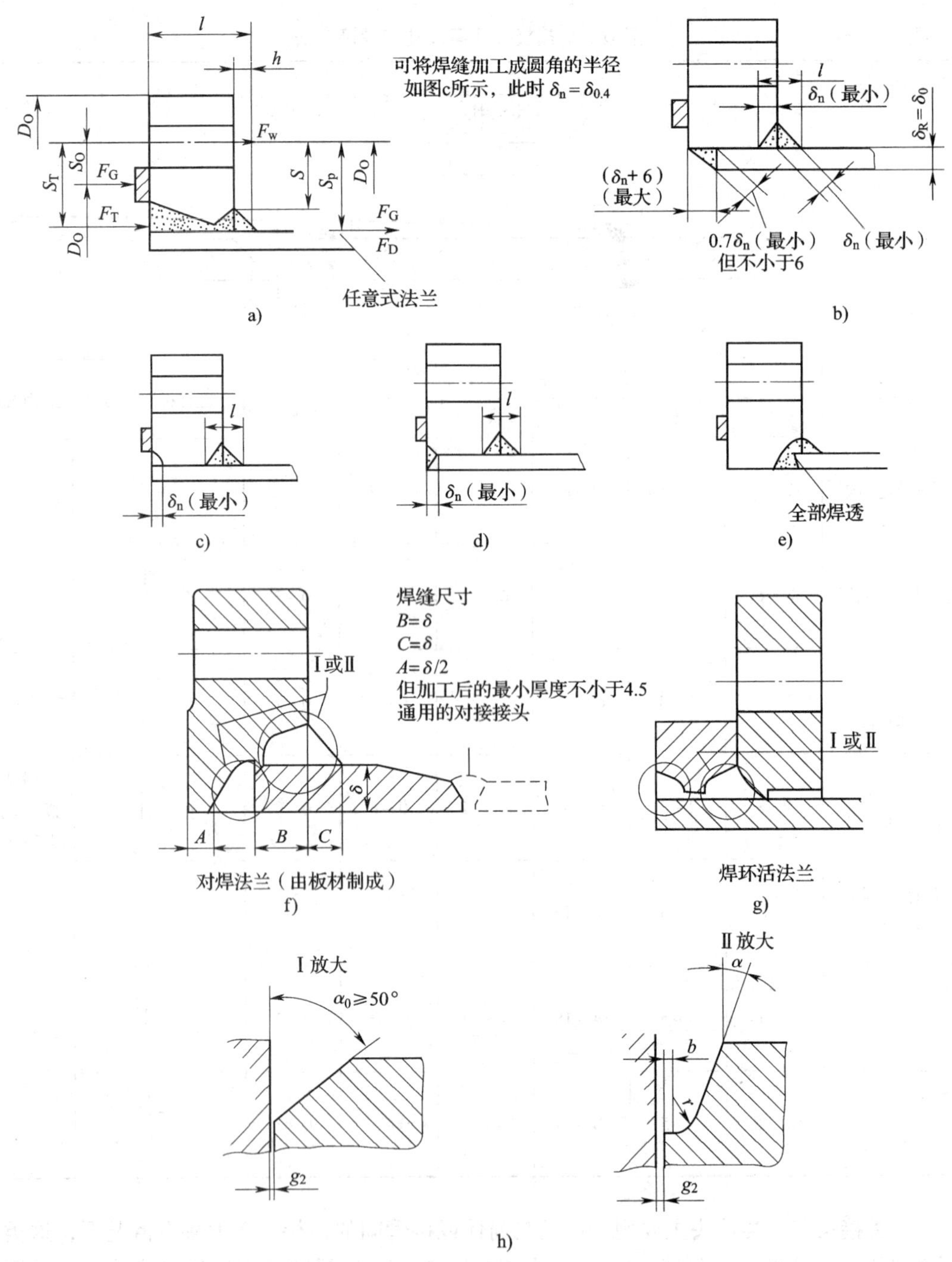

图 1—1—15　压力容器 C 类接头的几种典型形式

③D 类接头。在压力容器中，D 类接头的受力条件比 A、B 类接头更为复杂，特别是对于大直径厚壁接管，不合理的接头坡口形式往往成为压力容器提前失效的起因。因此，正确设计这类接头的坡口形式极为重要。D 类接头常采用插入式接管 T 形接头、安放式接管和凸缘的角接接头等，以保证接头质量。

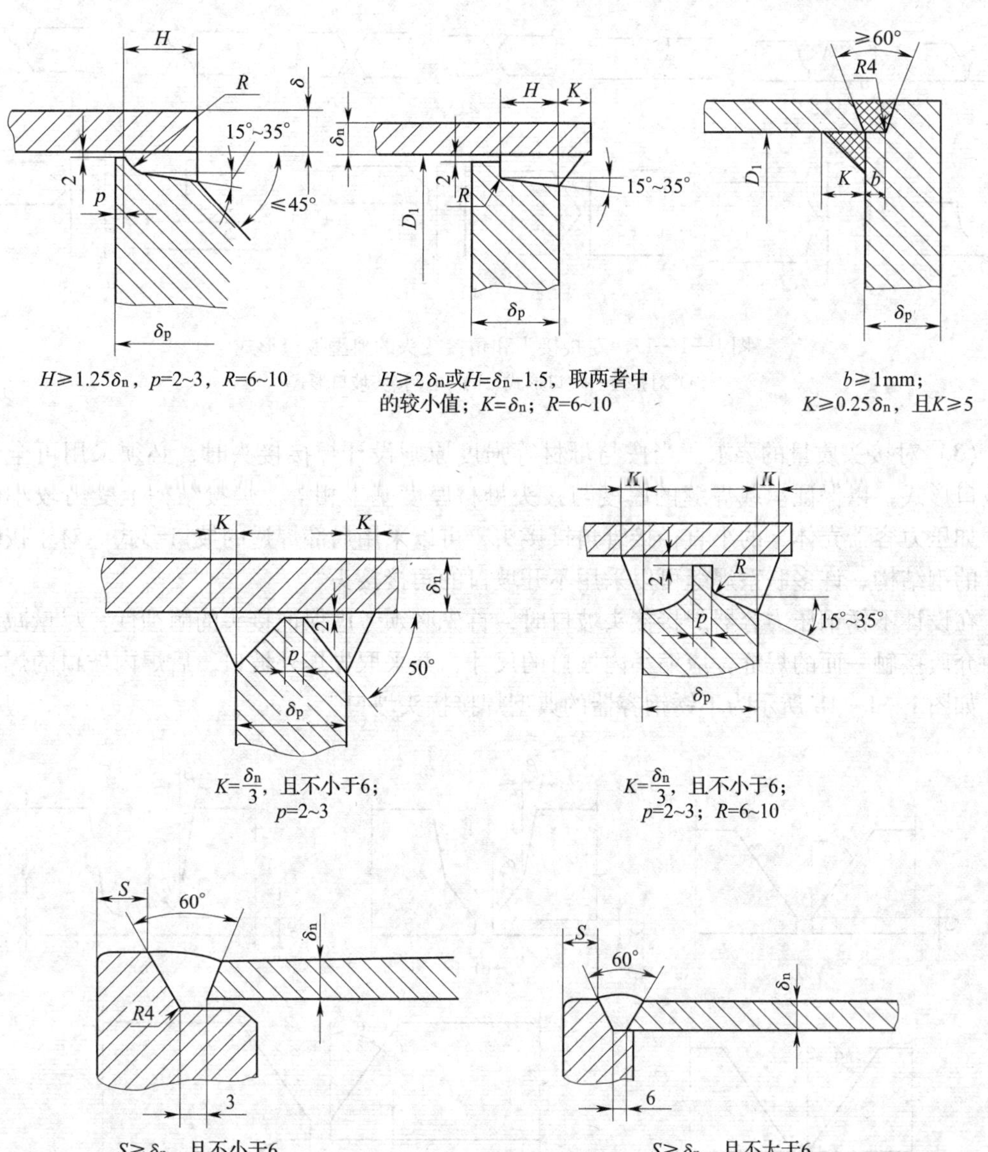

图1—1—16　平封头、管板与筒体的接头形式

④E类接头。非受压部件与受压部件（筒体封头）相连接的接头，主要采用搭接和角接接头形式。

⑤F类接头。同E类接头相似，主要采用搭接和角接接头形式。

(2) 接头形式与壁厚。结构特点不同，对接接头与角接接头的坡口形式也有很大差异。对接接头的坡口形式基本上是对称的，即接头两侧的坡口形状和尺寸相同（见图1—1—17a）；角接接头一般都是在与立板相接板的端部开不同形状的坡口（见图1—1—17b）。

在要求全焊透的接头中，当壁厚超过拟采用的焊接方法的熔透能力时，必须按技术要求设计适当形状的坡口。壁厚越大，坡口设计的难度越大，需要考虑的因素越多。

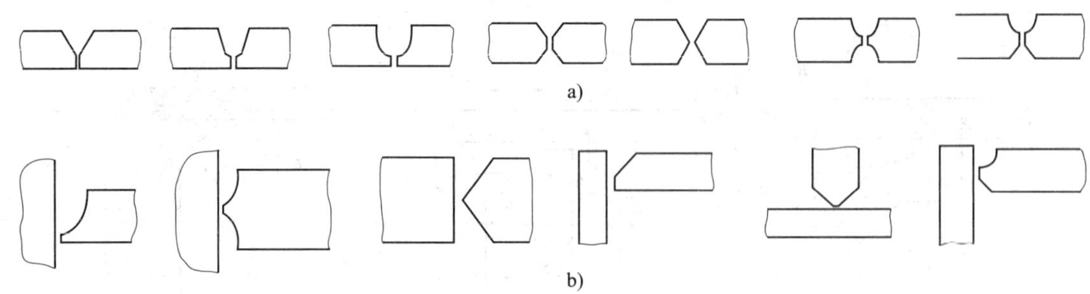

图 1—1—17　对接接头和角接接头的典型坡口形式

a）对接接头坡口形式　b）角接接头坡口形式

（3）对接头质量的要求。当按与母材等强度原则设计焊接接头时，必须采用可全焊透的坡口形式，以保证承载焊缝的厚度与接头母材厚度基本相等。焊接结构上受力较小的部位，如压力容器壳体上的小直径接管角接接头，可以采用局部焊透的坡口形式。对于按刚度设计的钢结构，许多联系焊缝可以采用不开坡口的角接接头。

在设计不锈钢压力容器焊接接头坡口时，首先必须考虑保证接头的耐蚀性，尽量减少与腐蚀介质接触一面的焊缝，应缩小内坡口的尺寸，并采取先焊外坡口、后焊内坡口的焊接顺序。如图 1—1—18 所示为不锈钢容器的典型焊接接头坡口。

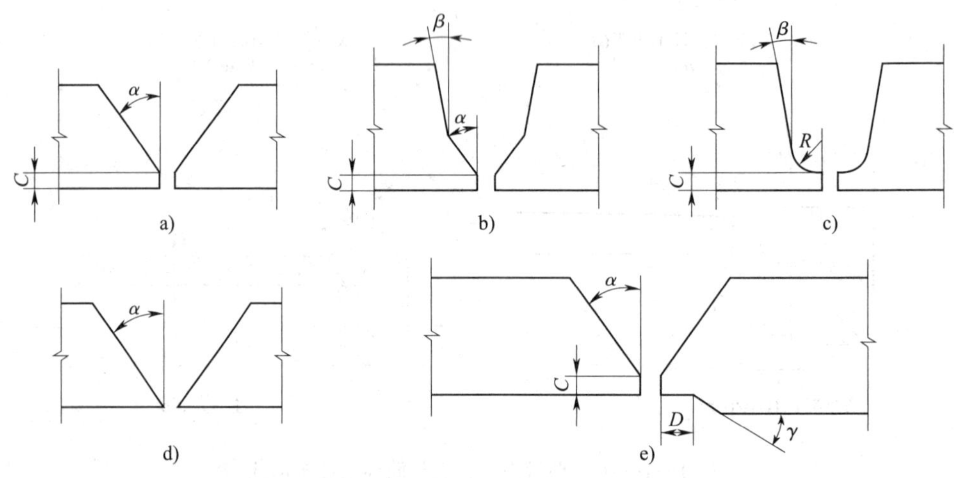

注：$\alpha=35°\pm2.5°$，$\beta=10°\pm1°$，$\gamma=30°\text{max}$，

$C=(1.6\pm0.5)$ mm，$D=2$ 倍壁厚偏差，$R=6.5$ mm

图 1—1—18　不锈钢容器的典型焊接接头坡口

当对焊接接头提出较高的冲击韧度要求时，则应避免采用以高热输入焊接的直边对接（I 形坡口），设计成易于低热输入多道焊的 V 形或 U 形坡口形式。坡口尺寸应按所焊材料的韧度水平和要求达到的韧度指标而定，必要时应通过工艺试验加以验证。对于已积累大量实验数据的钢种，可以借助计算方法确定最佳坡口尺寸。如图 1—1—19 所示为镍钢（$w_{Ni}=9\%$）低温储罐环缝焊接坡口，其可以保证焊缝金属具有足够的低温（－196℃）冲击韧度。

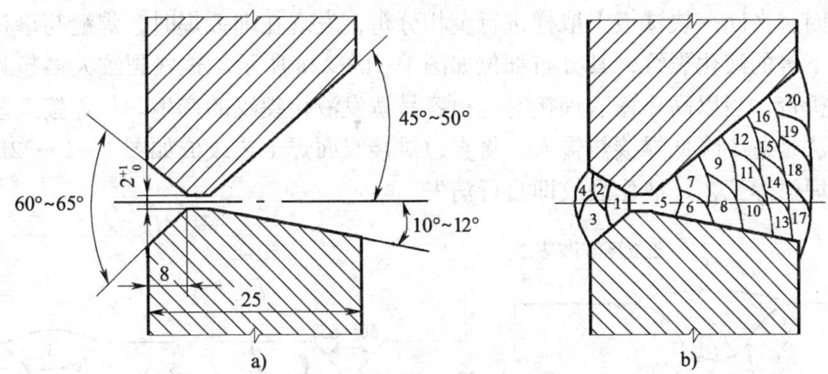

图 1—1—19 镍钢（$w_{Ni}=9\%$）低温储罐环缝焊接坡口

a）坡口形状及尺寸 b）焊缝层次

（4）焊接方法。在设计焊接接头的坡口时，必须事先选定拟采用的焊接方法。对于一些具有深熔能力的焊接方法，如等离子弧焊和埋弧焊，则可采用钝边较大的焊接坡口，以节约焊材消耗，提高焊接效率。如图 1—1—20 所示为深熔焊接方法适用的坡口形式。

对于厚壁接头，如采用窄坡口或窄间隙焊，则坡口底部的宽度可缩小到 6 ~ 10 mm，这样不仅节省了焊接材料，而且显著提高了焊接效率。如图 1—1—21 所示为厚壁管对接环缝热丝 TIG 焊窄坡口形状和尺寸。

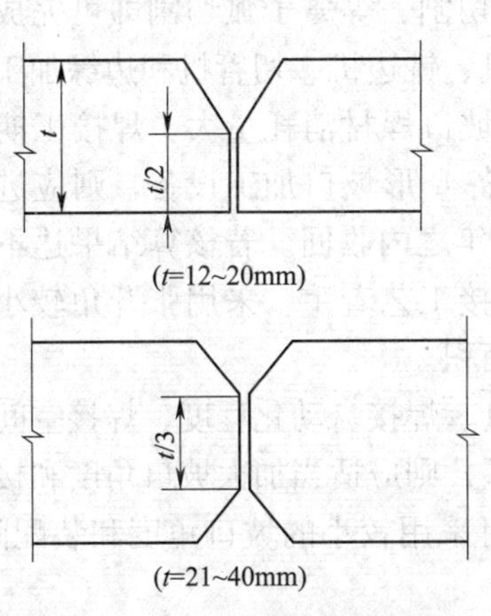

图 1—1—20 深熔焊接方法适用的坡口形式

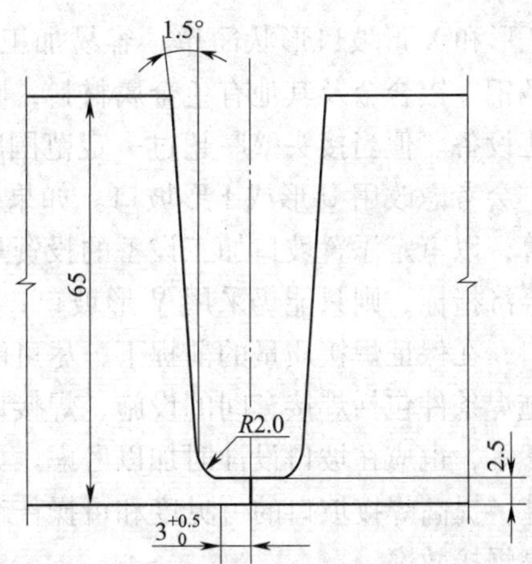

图 1—1—21 厚壁管对接环缝热丝 TIG 焊窄坡口形状和尺寸

（5）被焊材料的焊接性。在现代焊接结构中应用的许多结构材料，如某些低合金高强度钢、合金调质钢、不锈钢和镍基合金等，由于对焊接热比较敏感而必须限制热输入量，不允许采用较高的焊接参数。即使材料壁厚不超过 10 mm，也要求设计适当形状的坡口。但通常情况下，这不是主要考虑的因素。

对于一些普通结构钢，如冶金质量较差、夹层明显、杂质元素偏析严重等，则不合理的坡口设计也会导致各种焊接缺陷的产生。例如，某一批号的厚 16 mm、20 g 锅炉钢板，采用直边对接接头、双面埋弧焊工艺，在产品焊接试板检验中，经常出现弯曲试样冷弯不合格。

为查明其原因，在同一块试板上取样进行金相分析，发现在埋弧焊时，焊缝与母材的熔合区内存在长短不等的液化裂纹，其分布部位如图 1—1—22a 所示。这些裂纹大多起源于钢板内部的杂质偏析带，当以高热输入焊接时，很容易诱发液化裂纹的产生。从焊接工艺上解决这一问题的办法是适度降低焊接热输入，将直边对接双面焊工艺改成如图 1—1—22b 所示的 Y 形坡口多层埋弧焊工艺，液化裂纹即自行消失。

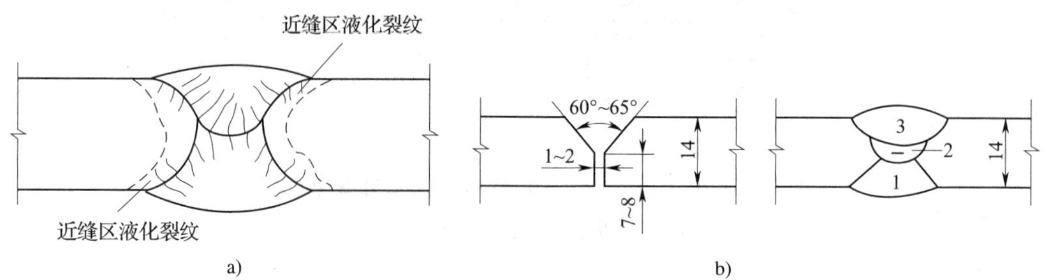

图 1—1—22　钢板直边对接双面埋弧焊焊缝熔合区的液化裂纹及改进焊接坡口解决方案
a）直边对接接头液化裂纹的分布　b）Y 形坡口多层埋弧焊

（6）坡口加工手段及施焊条件。坡口加工手段是指焊接结构生产厂依据现有设备加工坡口的方法，由于其影响焊接坡口加工的经济性和可行性，因此在焊接坡口设计中也是主要考虑因素。

V 形和 X 形坡口形状简单、容易加工，普通的火焰切割、等离子弧切割即可完成。对于不锈钢、铝合金及其他有色金属材料，则应采用刨边机、铣边机、切管机和边缘加工车床等加工设备。但当接头壁厚超过一定范围时，由于 V 形坡口焊材消耗量大、焊接工期长等缺点，会考虑改用 U 形或 J 形坡口。如果生产厂尚未装备 U 形坡口加工设备，则应进行经济核算，以审定添置坡口加工设备的投资是否能在 2 ~ 3 年之内收回。若核算结果达不到预期的经济指标，则只能仍采用 V 形坡口，可以从改进焊接工艺着手，采用张开角较小的 V 形坡口，在保证焊接质量的前提下，尽可能缩小焊缝截面积。

施焊条件包括焊接车间的设施、焊接设备、工装夹具、焊接自动化程度、焊接空间和焊接位置等，也应在坡口设计时加以考虑。如施焊条件较差，则应适当加大坡口角度和接缝装配间隙，提高焊接坡口的可见度和可操作性；反之，则可采用较小的坡口角度和装配间隙，以提高焊接效率。

任务实施

一、坡口形式选择

1. 搭接接头

这种接头应力分布不均匀，应力集中较大，疲劳强度较低，搭接面有间隙，易产生腐蚀，不适合在本任务中选用。

2. 角接接头

本任务为圆筒对接，受结构特点限制，不可能选用角接接头。

3. 对接接头

对接接头受力均匀、应力集中较小，其强度可以达到与母材基本相等。瓶体主环缝宜采用衬环对接或缩口对接的接头形式，如图 1—1—23 所示。这样不仅可以防止烧穿，而且便于左右封头的定位装配。通过这两种对接接头的比较，应优先选择缩口对接。

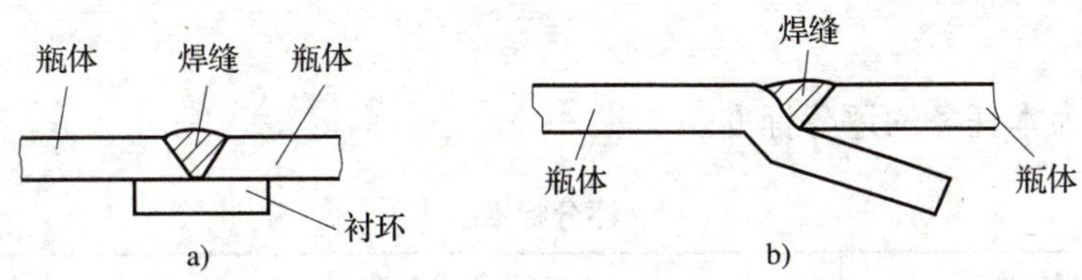

图 1—1—23 筒体对接接头形式

a）衬环对接 b）缩口对接

缩口对接是钢瓶的左封头经旋压缩口后，将左封头插入右封头装配再焊接成形。缩口部分起到与衬圈相同的作用，可有效地提高钢瓶的爆破压力及容积变形率。缩口后采用单面焊双面成形工艺提高接头质量，为用户提供优质安全的钢瓶。水压爆破试验一次交验合格率为 100%，X 射线探伤一次交验合格率为 90% 以上。缩口结构钢瓶爆破时的体积膨胀率比衬环结构平均高 5%，体积膨胀形状均匀，坡口位置理想，产品质量稳定，并可节省衬环材料和加工工时，从而降低生产成本，因此本任务采用缩口对接坡口形式，如图 1—1—24 所示。应注意的是，角 α 应尽量大，防止内凹坑缺陷；$\delta>1.8$ mm，避免焊穿。

二、操作要领

1. 调整机头位置

使焊丝伸出长度为 18 mm，提前量为 24 ~ 28 mm，如图 1—1—25 所示。

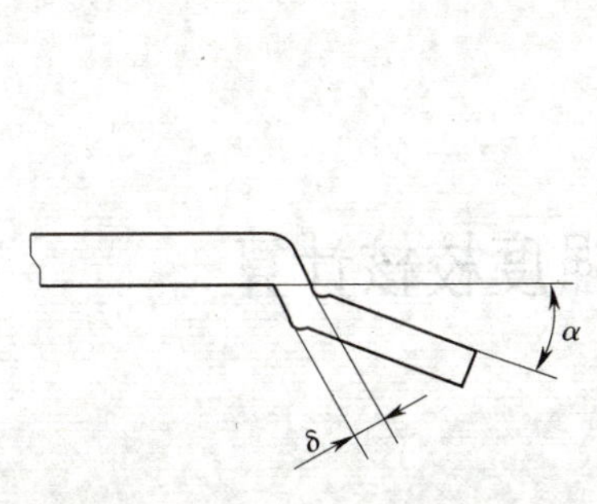

图 1—1—24 封头缩口示意图

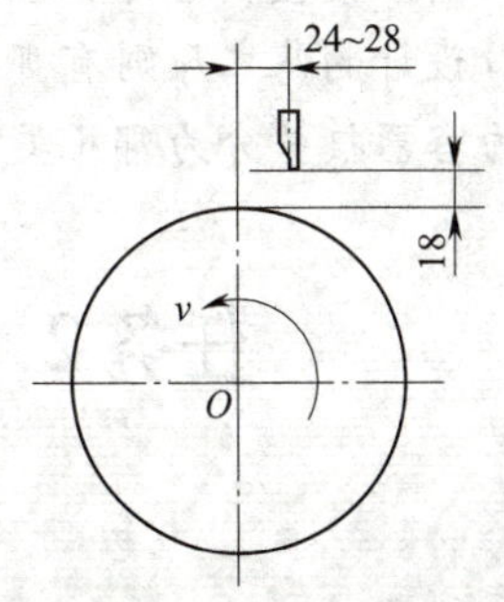

图 1—1—25 机头位置示意图

2. 装夹封头

将两封头分别装夹在内锥口，对口错边不大于 0.75 mm。以焊丝为基准进行对中，调整坡口中心左右偏差不大于 1.5 mm，上下偏差不大于 5 mm。

3. 打底层焊接

选择对装间隙大的位置作为起弧点，焊接电流 $I=330\sim360$ A，电弧电压 $U=30$ V，焊接速度 $v=42$ mm/r，先进行打底层焊接。

4. 盖面层焊接

打底层焊后将焊渣清理干净，然后进行超声波探伤检测，满足Ⅱ级焊缝质量要求后，再进行盖面层焊接。

5. 焊接质量检测

盖面层焊后再进行超声波探伤检测，焊缝质量应满足Ⅱ级质量要求。

任务评价

表1—1—2为本任务的评分标准。

表1—1—2　　评分标准

序号	考核内容	评分标准	配分	得分
1	焊前准备	酌情扣分	20	
2	坡口形式的选择	根据坡口选择的合理程度酌情扣分	20	
3	坡口的加工	按照加工工艺规程及步骤酌情扣分	20	
4	坡口加工质量	根据检测结果酌情扣分	30	
5	安全文明生产	酌情扣分	10	
总分			100	

思考与练习

1. 材料HP295牌号的含义是什么？其焊接性能如何？
2. 焊接接头有哪几种基本形式？有何特点？
3. 什么叫焊接接头的可加工性、可达性？
4. 坡口设计的基本原则有哪些？
5. 压力容器接头分为哪几类？

任务2　焊接接头强度校核计算

技能点

◎ 对接接头静载强度校核计算

知识点

◎ 焊接接头应力分布

◎ 焊接接头静载强度假设与计算

任务提出

计算、校核焊接接头静载强度，是焊接结构安全、可靠工作的基本要求，也是确定焊接结构生产质量要求的依据和设计焊接结构生产工艺过程的基础。每个焊缝的强度是否合格，将直接影响整个焊接结构的安全。

结构中的对接接头、T形接头等是最常见的接头形式，现以对接接头（见图1—2—1）为例进行强度校核。两板板厚均为10 mm，长为300 mm，宽为100 mm，对接接头采用V形坡口，坡口角度为60°~65°，其材质均为Q235B钢。在实际工作中，对接接头受到平面内弯矩作用，弯矩$M=260$ N·m，通过静载强度校核该焊缝能否满足使用要求。

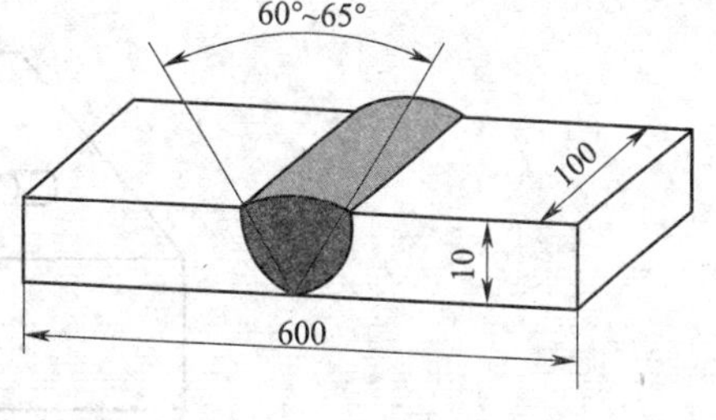

图1—2—1　对接接头

任务分析

焊接结构的使用寿命及安全性在结构设计和生产中占有非常重要的地位，结构的破坏和失效一般以疲劳破坏和脆性断裂为主，其中脆性断裂具有时间短、破坏性严重、不可预测性等特点。焊缝的静载强度计算及校核是最重要也是最基本的一种校核方式，焊缝形式中又以对接和角接最为普遍。本任务主要通过对对接接头形式的强度校核，分析不同接头的静载强度校核的方法。通过分析焊接接头的应力分布和常见焊接接头的静载强度计算，检验焊接接头是否满足材料许用强度要求，以达到正确选择焊接结构材料的目的。

相关知识

焊接过程对焊缝金属的化学成分、性能有影响，同时对焊接热影响区的组织性能也有很大影响。另外，还会造成焊件不均匀的体积膨胀或收缩，在焊接结构中会不可避免地产生焊接应力和变形。因此，了解焊接接头应力分布和焊接接头静载强度计算的有关知识，对保证焊接结构产品的质量具有十分重要的意义。

一、焊接接头应力分布

1. 接头的力学性能

传统上把在常压和常温条件下超载变形、断裂和脆断有关的力学性能称为材料和焊接接头的力学性能。在断裂力学出现以前，经常只把拉伸、弯曲和冲击试验所测取的材料性能，称为材料的基本力学性能。随着断裂力学的发展及其在工程中进行安全评估的日益普遍应用，断裂韧度也被列入基本力学性能的范围。

（1）拉伸性能

1）母材拉伸性能。母材金属沿纵向、横向和厚度方向（Z向）的性能是不一样的。沿三个不同方向切取的拉伸试样（见图1—2—2）可测取母材沿三个方向的强度和塑性。按《金属材料室温拉伸试验方法》加工试样并进行拉伸试验。试验结果绘成图1—2—3所示的工程应力—应变图，其中纵坐标表示应力（R），横坐标表示伸长率（A）。由拉伸试验可以测取材料的规定弹性极限（R_e）、比例极限（R_p）、屈服强度（R_s）和抗拉强度（R_m）。对于具有上屈服点（R_{eH}）和下屈服点（R_{eL}）的材料，称下屈服点R_{eL}为该材料的屈服强度

(R_e)。在没有明显屈服平台的情况下，习惯上用 $R_{p0.2}$（取对应于试件卸载后产生 0.2% 的残余线应变时的应力值作为材料的屈服极限）代表材料的屈服点。

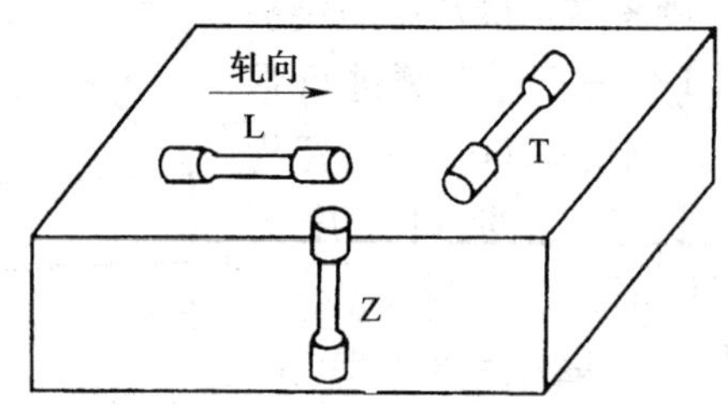

图 1—2—2　三个方向的拉伸试样

L—纵向拉伸试样　T—横向拉伸试样　Z—Z 向拉伸试样

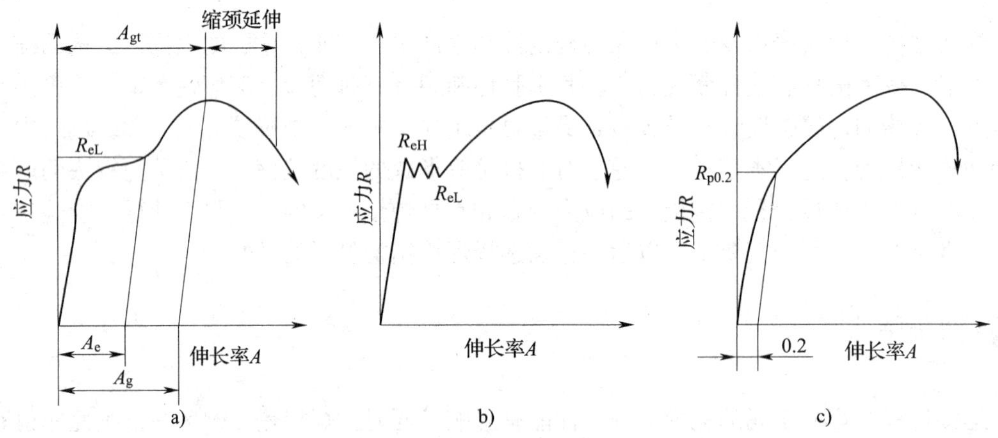

图 1—2—3　工程应力—应变图

a）具有屈服平台　b）具有上、下屈服点　c）没有屈服平台

在拉伸试验中，试件断裂后，变形中的弹性部分因回复而消失，但塑性部分则遗留下来。工程中常用的两个塑性指标是断后伸长率 A 和断面收缩率 Z。

一般材料沿纵向的拉伸性能稍优于横向的，但随着现代钢铁工业的进步，材料本身纵横向拉伸性能的差异逐渐减小。沿厚度各方向的拉伸试验结果有较大的分散性，Z 向拉伸性能较大地取决于材料的杂质成分及其加工过程。很多材料的 Z 向抗拉强度可能稍低于其他两个方向，但 Z 向拉伸的塑性却显著低于其他两个方向。Z 向拉伸经常用来评价材料对于垂直表面受拉力的焊接结构的适用性。现代焊接性研究中，Z 向拉伸测试的 A 和 Z 还被用于钢材层状撕裂敏感性的度量。

2）焊缝金属和焊接接头的拉伸性能。焊缝金属拉伸试样的受试部分应全部取在焊缝中（见图 1—2—4），试样的焊接应与实际工程焊接条件相同。由于焊缝各层性能是不完全相同的，因此焊接接头力学性能试件的取样应严格按标准《焊接接头机械性能试验取样方法》进行，否则将降低试验结果的可比性。焊缝金属的拉伸试验方法按《焊缝及熔敷金属拉伸试验方法》进行。测试项目和母材拉伸试验完全相同。

焊接接头拉伸试样包括了母材、热影响区、熔合区和焊缝四部分，常用的拉伸试样有横向和纵向两种形式，如图1—2—4所示。

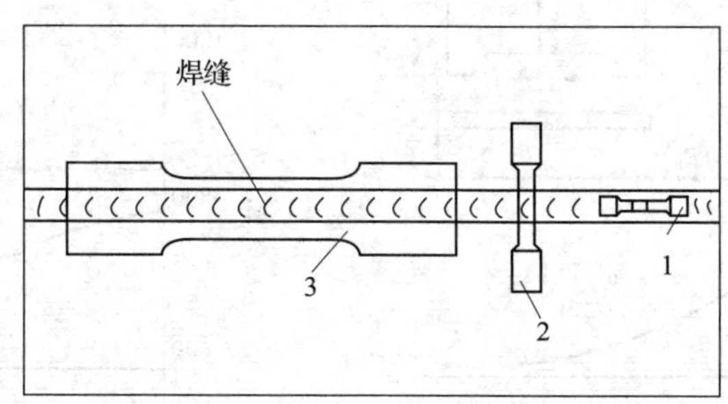

图1—2—4　典型的焊接接头拉伸试样

1—焊缝金属拉伸试样　2—接头横向拉伸试样　3—接头纵向拉伸试样

焊接接头横向拉伸试验按《焊接接头拉伸试验方法》进行。其主要特点是受试区所包含的焊接接头各区在拉伸加载时承受相同数值的应力，拉伸中的大部分塑性变形和最后断裂都发生在最弱区。焊接接头力学性能的不均匀性对接头横向拉伸性能有明显影响。在高强度组配焊接接头（焊缝金属强度高于母材金属强度的接头）横向拉伸时，大部分塑性形变发生在母材（焊接低碳钢）或热影响区（焊接调质钢），缩颈和断裂也发生在上述区域。这种情况下，拉伸试验只能得出焊缝强度高于母材的结论，不能定量地比较焊缝的强度和塑性。在低强度组配的焊接接头（即焊缝强度低于母材强度）横向拉伸试验中，主要的塑性形变、缩颈和断裂虽然都发生在焊缝中，但是由于塑性形变的集中和母材对焊缝形变的约束作用，这种试验测出的 A 和 Z 不能用来比较焊缝金属的塑性。因此，按《焊接接头拉伸试验方法》，横向焊接接头拉伸试验只测取抗拉强度 R_m。低强度组配的横向拉伸试样虽然断在焊缝处，但得到的抗拉强度并不等于焊缝金属的抗拉强度，一般情况下前者高于后者。应强调指出，由接头横向拉伸试验测取的低强度组配焊接接头抗拉强度，受焊缝宽度 H_0 与试样厚度 δ_0 之比的影响，也受试样厚度 δ_0 和试样宽度 W_0 之比的影响（见图1—2—5）。一般焊接结构的实际板厚，特别是构件的实际宽度均显著大于标准焊接接头横向拉伸试样的厚度和宽度，因此采用低强度组配的焊接结构，实际结构的抗拉强度可能高于标准横向接头拉伸试样。

在焊接接头纵向拉伸过程中，主要特点是焊接接头各区承受相同数值的应变。具有高强度和低塑性焊缝的高强度组配焊接接头的纵向拉伸试件的断裂，首先发生在焊缝区，其抗拉强度低于焊缝，有时还可能低于母材。相反，具有较高塑性焊缝的低强度组配的接头可得到较高的纵向拉伸强度。因此，联系焊缝以及管道和圆筒形压力容器的环焊缝，采用较好塑性的低强度组配的焊接接头更为合适。

（2）焊接接头的硬度。焊接接头的硬度测试按《焊接接头及堆焊金属硬度试验方法》进行。一般情况下，金属的强度和硬度对于确定类型的材料存在一定的经验关系，见表1—2—1、表1—2—2，详细情况查阅《黑色金属硬度及强度换算值》。焊接接头的硬度除与焊接接头各个区域的强度有关外，也常与焊件的使用性能有关。例如，作为抗磨损能力的度量，耐磨堆焊件常规定其最低允许硬度数值，低于此值表示堆焊表面的耐磨性不足。相反，

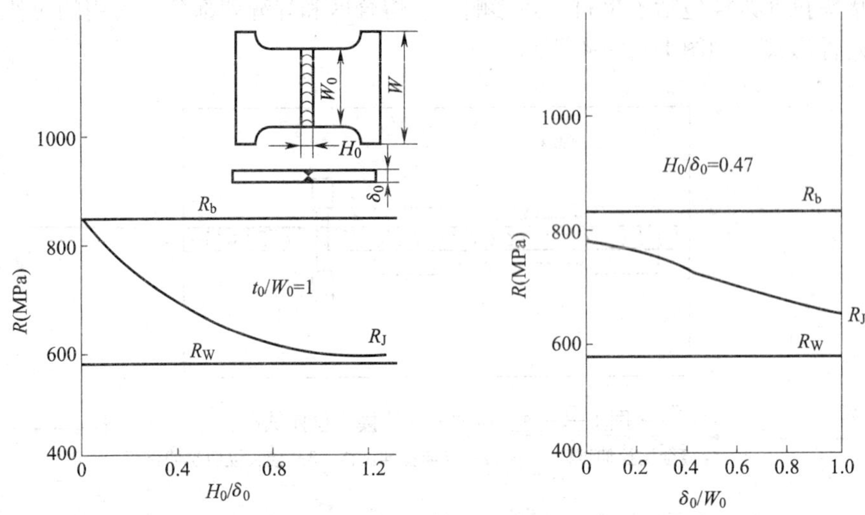

图 1—2—5　低强度组配焊接接头横向拉伸试验数据

R_b—母材强度　R_W—焊缝强度　R_J—接头强度

表 1—2—1　　碳钢及合金钢硬度与强度换算值

硬度								抗拉强度（MPa）									
洛氏		表面洛氏			维氏	布氏											
HRC	HRA	HR 15N	HR 30N	HR 45N	HV	HBW (F/D^2 =30)	d_{10} $2d_5$ $4d_{2.5}$ (mm)	碳钢	铬钢	铬钒钢	铬镍钢	铬钼钢	铬钼镍钢	铬硅锰钢	超高强度钢	不锈钢	不分钢种
68.0	85.5				959												
67.0	85.0				923												
66.0	84.4				889												
65.0	83.9	92.2	81.3	71.7	856												
64.0	83.3	91.9	80.6	70.6	825												
63.0	82.8	91.7	79.8	69.5	795												
62.0	82.2	91.4	79.0	68.4	766												
61.0	81.7	91.0	78.1	67.3	739												
60.0	81.2	90.6	77.3	66.2	713												
59.0	80.6	90.2	76.5	65.1	688										2 558		2 496
58.0	80.1	89.8	75.6	63.9	664										2 437		2 391
57.0	79.5	89.4	74.8	62.8	642										2 324		2 293
56.0	79.0	88.9	73.9	61.7	620										2 224		2 201

续表

硬度								抗拉强度（MPa）									
洛氏		表面洛氏			维氏	布氏											
HRC	HRA	HR 15N	HR 30N	HR 45N	HV	HBW（F/D^2=30）	d_{10} $2d_5$ $4d_{2.5}$（mm）	碳钢	铬钢	铬钒钢	铬镍钢	铬钼钢	铬钼镍钢	铬硅锰钢	超高强度钢	不锈钢	不分钢种
55.0	78.5	88.4	73.1	60.5	599					2 066	2 098			2 086	2 131		2 115
54.0	77.9	87.9	72.2	59.4	579					2 000	2 025			2 010	2 045		2 034
53.0	77.4	87.4	71.3	58.2	561					1 937	1 955	1 925		1 938	1 967		1 957
52.0	76.9	86.8	70.4	57.1	543				1 881	1 875	1 887	1 861	1 918	1 870	1 894		1 885
51.0	76.3	86.3	69.5	55.9	525	501	2.73		1 803	1 816	1 821	1 799	1 854	1 804	1 827		1 817
50.0	75.8	85.7	68.6	54.7	509	488	2.77	1 744	1 731	1 758	1 758	1 739	1 793	1 742	1 765	1 769	1 753
49.0	75.3	85.2	67.7	53.6	493	474	2.81	1 686	1 666	1 702	1 698	1 682	1 733	1 683	1 707	1 688	1 692
48.0	74.7	84.6	66.8	52.4	478	401	2.85	1 631	1 605	1 649	1 640	1 626	1 676	1 627	1 652	1 623	1 635
47.0	74.2	84.0	65.9	51.2	462	449	2.89	1 581	1 549	1 597	1 584	1 573	1 620	1 673	1 600	1 563	1 581
46.0	73.7	83.5	65.0	50.1	449	436	2.93	1 533	1 497	1 547	1 531	1 522	1 567	1 522	1 550	1 508	1 529
45.0	73.2	82.9	64.1	49.9	436	424	2.97	1 488	1 488	1 498	1 480	1 472	1 516	1 474	1 502	1 457	1 480
44.0	72.6	82.3	63.2	47.7	423	413	3.01	1 445	1 403	1 452	1 431	1 425	1 467	1 427	1 455	1 410	1 434
43.0	72.1	81.7	62.3	46.5	411	401	3.05	1 405	1 361	1 407	1 385	1 379	1 420	1 384	1 409	1 366	1 389
42.0	71.6	81.1	61.3	45.4	399	391	3.09	1 367	1 322	1 364	1 340	1 336	1 375	1 342	1 362	1 325	1 347
41.0	71.1	80.5	60.4	44.2	388	380	3.13	1 331	1 284	1 322	1 298	1 294	1 331	1 302	1 315	1 286	1 307
40.0	70.5	79.9	59.5	43.0	377	370	3.17	1 296	1 249	1 282	1 257	1 254	1 290	1 264	1 267	1 250	1 268
39.0	70.0	79.3	58.6	41.8	367	360	3.21	1 263	1 216	1 243	1 219	1 246	1 250	1 228	1 218	1 216	1 232
38.0		78.7	57.6	40.6	357	350	3.26	1 321	1 184	1 206	1 132	1 179	1 212	1 194		1 184	1 197
37.0		78.1	56.7	39.4	347	341	3.30	1 200	1 153	1 171	1 148	1 144	1 176	1 161		1 153	1 163
36.0		77.5	55.8	38.2	338	332	3.34	1 170	1 124	1 136	1 115	1 111	1 141	1 130		1 126	1 131
35.0		77.0	51.8	37.0	329	323	3.39	1 141	1 095	1 104	1 084	1 079	1 108	1 101		1 095	1 100
34.0		76.4	53.9	25.9	320	314	3.43	1 113	1 068	1 072	1 054	1 049	1 077	1 073		1 069	1 070
33.0		75.8	53.0	34.7	312	306	3.48	1 086	1 042	1 042	1 027	1 020	1 047	1 046		1 041	1 042
32.0		75.2	52.0	33.5	304	298	3.52	1 060	1 016	1 013	1 001	993	1 018	1 020		1 015	1 015
31.0		74.7	51.1	32.3	296	291	3.56	1 034	991	985	976	967	991	996		990	989
30.0		74.1	50.2	31.1	289	283	3.61	1 009	959	959	953	943	966	973		966	904
29.0		73.5	49.2	29.9	281	276	3.65	984	933	933	932	919	941	951		942	940

续表

硬度								抗拉强度（MPa）									
洛氏		表面洛氏			维氏	布氏											
HRC	HRA	HR 15N	HR 30N	HR 45N	HV	HBW（F/D^2=30）	d_{10} $2d_5$ $4d_{2.5}$（mm）	碳钢	铬钢	铬钒钢	铬镍钢	铬钼钢	铬钼镍钢	铬硅锰钢	超高强度钢	不锈钢	不分钢种
28.0		73.0	48.3	28.7	274	269	3.70	961	920	909	912	897	918	930		919	917
27.0		72.4	47.3	27.5	268	263	3.74	937	898	886	893	877	897	910		897	895
26.0		71.9	46.4	26.3	261	257	3.78	914	876	864	876	857	876	892		875	874
25.0		71.4	45.5	25.1	255	251	3.83	892	855	843	860	838		874		853	854
24.0		70.8	44.5	23.9	249	245	3.87	870	834	823	845	821		856		832	835
23.0		70.3	43.6	22.7	243	240	3.91	849	814	803	831	805		840		812	816
22.0		69.8	42.6	21.5	237	234	3.95	829	794	785	819	789		825		792	799
21.0		69.3	41.7	20.4	231	229	4.00	809	775	767	807	775		810		773	782
20.0		68.8	40.7	19.2	226	225	4.03	790	757	751	797	761		796		754	767
19.0		68.3	39.8	18.0	221	220	4.07	771	739	735	788	749		782		747	752
18.0		67.8	38.9	16.8	216	216	4.11	753	723	719	779	737		769		719	737
17.0		67.3	37.9	15.6	211	211	4.15	736	706	705	772	726		757		703	724

注：表中 d_{10}——钢球为 10 mm 时的压痕直径；d_5——钢球为 5 mm 时的压痕直径；$d_{2.5}$——钢球为 2.5 mm 时的压痕直径。

表 1—2—2　　碳钢硬度与强度换算值

硬度							抗拉强度（MPa）
洛氏	表面洛氏			维氏	布氏		
HRB	HR 15N	HR 30N	HR 45N	HV	HBW（F/D^2=10）	d_{10}、$2d_5$、$4d_{2.5}$（mm）	
100.0	91.5	81.7	71.7	233			803
99.0	91.2	81.0	70.7	227			783
98.0	90.9	80.4	69.6	222			763
97.0	90.4	79.8	68.8	216			744
96.0	90.4	79.1	67.6	211			726
95.0	90.1	78.5	66.5	206			708
94.0	89.8	77.8	65.5	201			691
93.0	89.5	77.2	64.5	196			675
92.0	89.3	76.6	63.4	191			659
91.0	89.0	75.9	62.4	187			644
90.0	88.7	75.3	61.4	183			629

续表

硬度							抗拉强度（MPa）
洛氏	表面洛氏			维氏	布氏		
HRB	HR 15N	HR 30N	HR 45N	HV	HBW（$F/D^2=10$）	d_{10}、$2d_5$、$4d_{2.5}$（mm）	
89.0	88.4	74.6	60.3	178			614
88.0	88.1	74.0	59.3	174			601
87.0	87.9	73.4	58.3	170			587
86.0	87.6	72.7	57.2	166			575
85.0	87.3	72.1	56.2	163			562
84.0	87.0	71.4	55.2	159			550
83.0	86.8	70.8	54.1	156			539
82.0	86.5	70.2	53.1	152	138	3.00	528
81.0	86.2	69.5	52.1	149	136	3.02	518
80.0	85.9	68.9	51.0	146	133	3.06	508
79.0	85.7	68.2	50.0	143	130	3.09	498
78.0	85.4	67.6	49.0	140	128	3.11	489
77.0	85.1	67.0	47.9	138	126	3.14	480
76.0	84.8	66.3	46.9	135	124	3.16	472
75.0	84.5	65.7	45.9	132	122	3.19	464
74.0	84.3	65.1	44.8	130	120	3.21	456
73.0	84.0	64.1	43.8	128	118	3.24	449
72.0	83.7	63.8	42.8	125	116	3.27	442
71.0	83.4	63.1	41.7	123	115	3.29	435
70.0	83.2	62.5	40.7	121	113	3.31	429
69.0	82.9	61.9	39.7	119	112	3.33	423
68.0	82.6	61.2	38.6	117	110	3.35	418
67.0	82.3	60.6	37.6	115	109	3.37	412
66.0	82.1	59.9	36.6	114	108	3.39	407
65.0	81.8	59.3	35.5	112	107	3.40	403
64.0	81.5	58.7	34.5	110	106	3.42	398
63.0	81.2	58.0	33.5	109	105	3.43	394
62.0	80.9	57.4	32.4	108	104	3.45	390
61.0	80.7	56.7	31.7	106	103	3.46	386
60.0	80.4	56.1	30.4	105	102	3.48	383

对于另一些焊件，特别是在含氢介质中工作的结构，由于淬硬组织易引起氢致开裂和其他氢损伤，因此有时规定焊缝的最高硬度不能超过上限数值。焊接接头热影响区的最高硬度还被用于评价钢材的冷裂倾向。

（3）焊接接头的弯曲性能。弯曲试验用来评价焊接接头的塑性变形能力和显示受拉表面的焊接缺陷。按照《焊接接头弯曲试验方法》，采用横弯、纵弯和侧弯三种基本类型弯曲试样（见图 1—2—6）。对于横弯和纵弯试样，根据弯曲时受拉面的不同，又可分为正弯（受拉面为焊缝正面）和背弯（受拉面为焊缝背面）。焊接试件的弯曲试验采用三点弯曲和辊筒弯曲两种试验方法（见图 1—2—7）。弯曲试验中常用弯曲角 α 达到技术条件规定的数值时受拉面是否开裂评定受试接头是否满足要求，有时也以受拉面出现裂纹时的临界弯曲角 α 表示受试接头的弯曲性能。工程中较多使用的是三点弯曲试验方法。

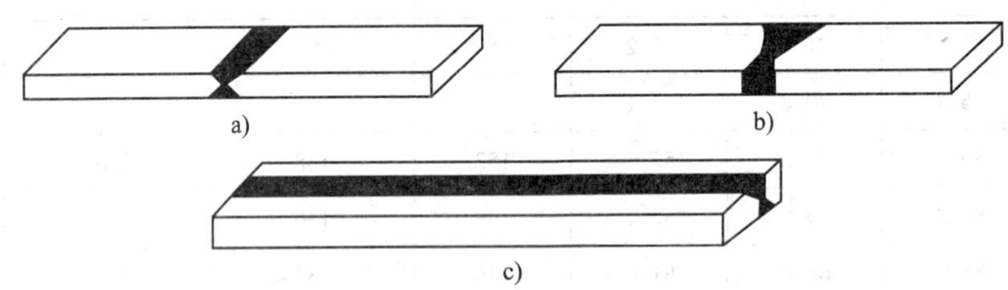

图 1—2—6　三种类型弯曲试样结构图

a）横弯　b）侧弯　c）纵弯

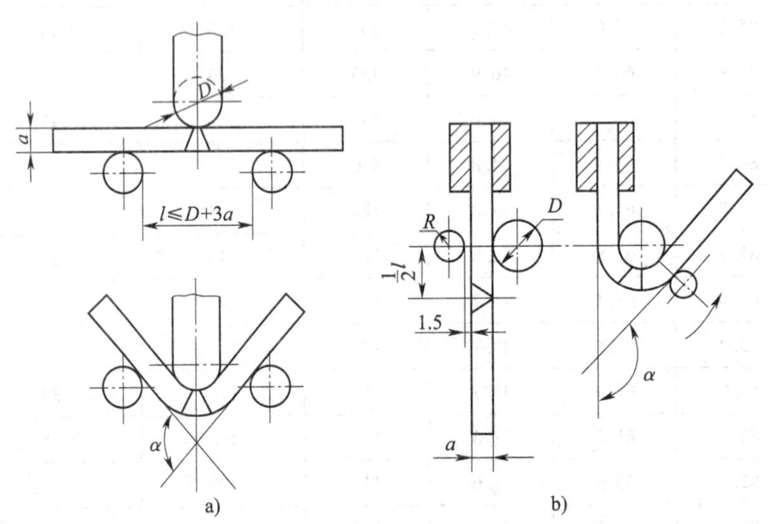

图 1—2—7　两种弯曲试验方法示意图

a）三点弯曲　b）辊筒弯曲

弯曲试验的压头和内辊直径 D 根据相应试验材料的技术条件规定取用。D 和弯曲试样厚度 a 的比值对弯曲性能有很大影响，不同 D/a 条件下测取的弯曲角不能进行比较。

（4）焊接接头的冲击韧度焊接接头的冲击韧度是焊接接头抗脆断能力的工程度量。按照《焊接接头冲击试验方法》规定，采用 V 形缺口试样为标准试样，根据技术条件规定允许采用 U 形缺口辅助试样，如图 1—2—8 所示。V 形缺口和 U 形缺口的主要区别：V 形缺口更能反映冲击力的集中程度。V 形缺口冲击试样目前使用非常广泛，主要用于韧性较好的材料，如低碳钢、低合金钢、有色金属等。U 形缺口冲击试样目前使用不多，由于缺口根部半径较大，应力状态对塑性变形的约束比 V 形缺口小，主要用于韧性较差的材料。缺口开在焊接接头欲测定冲击韧度的特定区域，以测取该区的冲击韧度。试样受冲击弯曲折断时消耗的功称为冲击吸收功，以 A_K 表示，单位是 J；缺口处单位横截面积所消耗的功称为冲击韧度，以 a_K 表示，单位是 J/cm²。不同缺口形式和其他非标准试样的冲击吸收功或冲击韧度之间不能换算。表 1—2—3 为国家标准对几种钢冲击吸收功的规定。

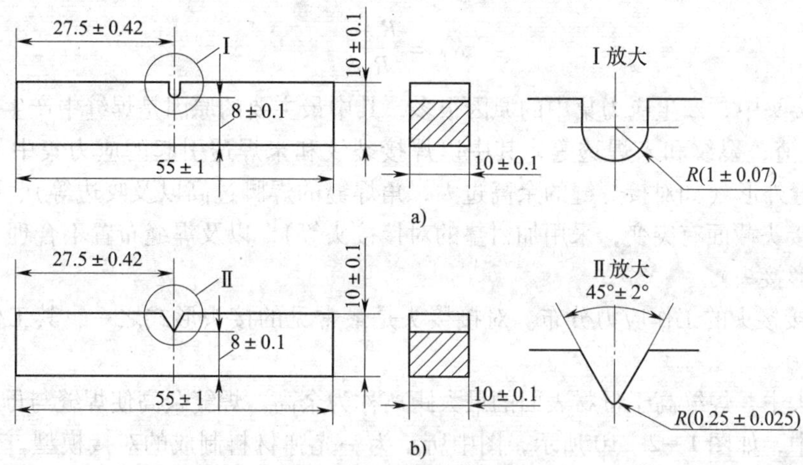

图 1—2—8　两种典型冲击试样

a）U 形缺口试样　b）V 形缺口试样

表 1—2—3　　国家标准对几种钢冲击吸收功的规定

标准	钢号	屈服强度（MPa）	抗拉强度（MPa）	最低冲击吸收能量（不小于）（J）
GB 3531—2008	16MnDR	265 ~ 315	440 ~ 620	34
	09MnNiDR	260 ~ 300	420 ~ 570	34
	15MnNiDR	305 ~ 325	470 ~ 620	34
GB/T 4171—2008	Q235NH	215 ~ 235	360 ~ 510	47（质量等级 B） 34（质量等级 C、D） 27（质量等级 E）
	Q295NH	255 ~ 295	430 ~ 560	
	Q355NH	325 ~ 355	490 ~ 630	
	Q460NH	440 ~ 460	570 ~ 730	

2. 接头的应力分布

由于焊缝形状和焊缝布置的特点，出现了几何形状的不连续性。当受载时，引起了焊接接头工作应力分布的不均匀现象，使局部的峰值应力 R_{max} 比平均应力 R_m 高得多。

为了正确评定构件的强度，在许多情况下都必须考虑局部峰值应力的大小及其分布，峰值应力从应力集中点起向外递降很快，即有较高的应力梯度。为了描述应力集中程度，常以

应力集中系数 K_T 表示。

例如，如图 1—2—9 所示为两侧有半圆槽的试板受拉时的应力分布，其平均应力 R_m 为

$$R_m = \frac{F}{B\delta}$$

式中 F——试板所受拉力；

B——试板宽度；

δ——试板厚度。

局部峰值应力（R_{max}）与平均应力 R_m 的比值即为应力集中系数，公式为

$$K_T = \frac{R_{max}}{R_m}$$

在焊接接头中，产生应力集中的原因很多，其中最主要的原因是焊缝中产生的工艺缺陷（如气孔、夹渣、裂纹和未焊透等，其中以焊接裂纹和未焊透引起的应力集中最为严重）、不合理的焊缝外形（如对接焊缝的余高过大，角焊缝的焊脚过高以及咬边等）、不合理的接头设计（如接头截面有突变，采用加衬垫的对接接头等），以及焊缝布置不合理（如只有单面焊缝的 T 形接头）。

（1）对接接头的工作应力分布。对接接头是最常见的接头形式之一，其工作应力分布比较均匀。

对接接头中，焊缝高于母材表面的最大距离称为余高。焊缝余高使焊缝与母材的过渡处产生应力集中，如图 1—2—10 所示，图中所示为一光弹材料制成的对接模型，借助于偏振光实测得出试验结果，并由试验结果可以清楚地看到，这样尺寸的对接接头在焊缝与母材过渡处的应力集中系数约为 1.6，在焊缝背面过渡处的应力集中系数约为 1.5。

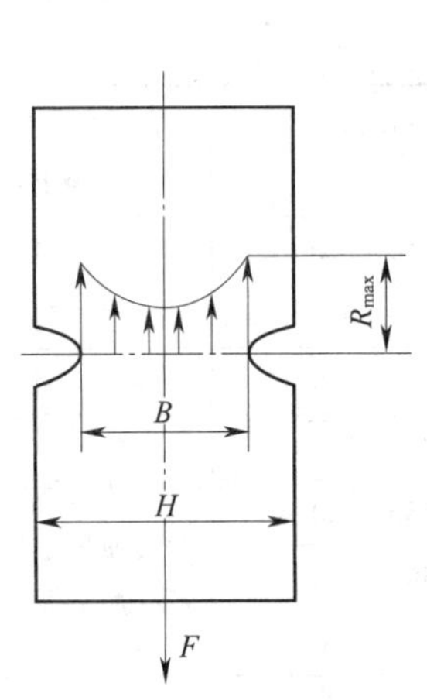

图 1—2—9　两侧有半圆槽的试板受拉时的应力分布

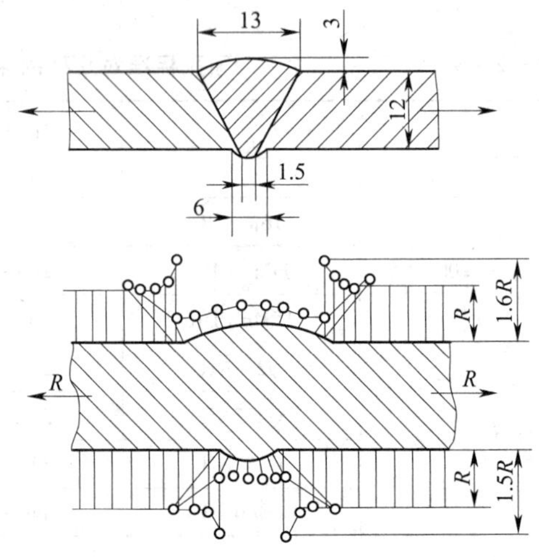

图 1—2—10　对接接头的应力分布

对接接头应力集中系数的大小，主要取决于焊缝余高 h 和焊缝向母材的过渡半径 r 或夹角 θ。如图 1—2—11 所示为焊缝余高和过渡半径与应力集中系数的关系。由此可以看出，增加焊缝余高 h 和减小过渡半径 r 都会使应力集中系数增大，反之则减小。

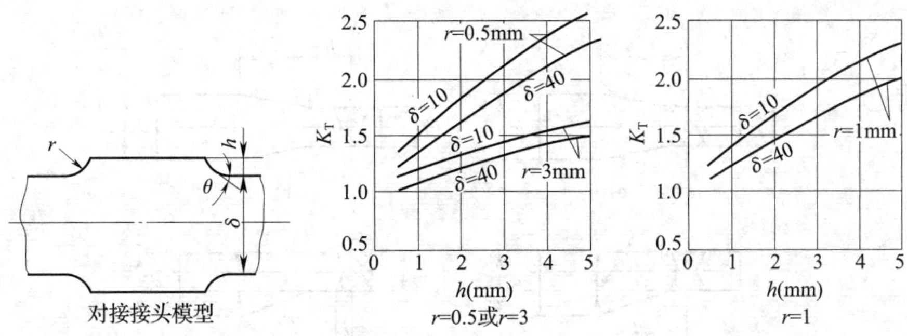

图 1—2—11　焊缝余高和过渡半径与应力集中系数的关系

由焊缝余高产生的应力集中对接头的强度有一定的影响，其中对对接接头的疲劳强度影响最大。例如，对接接头在 2×10^6 次交变载荷作用下所做的试验结果表明：其疲劳强度随着 θ 角的加大而减小。当 θ 角从 0°增大到 80°时，疲劳强度几乎减小 60%，如图 1—2—12 所示。因此，认为焊缝余高越大越安全的观点是错误的。

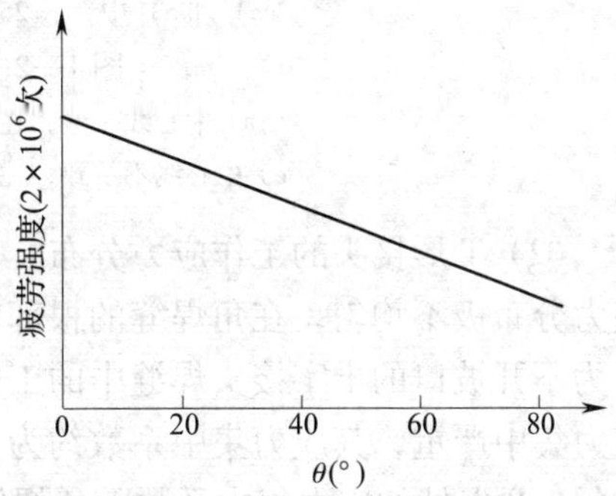

图 1—2—12　夹角 θ 对疲劳强度的影响

对于承受冲击载荷的焊接结构，应将重要部位的对接接头的余高打磨光，如图 1—2—13a 所示，这样不仅外形美观，而且打磨成圆滑过渡（见图 1—2—13b），增大了过渡区半径，使应力集中系数减小。

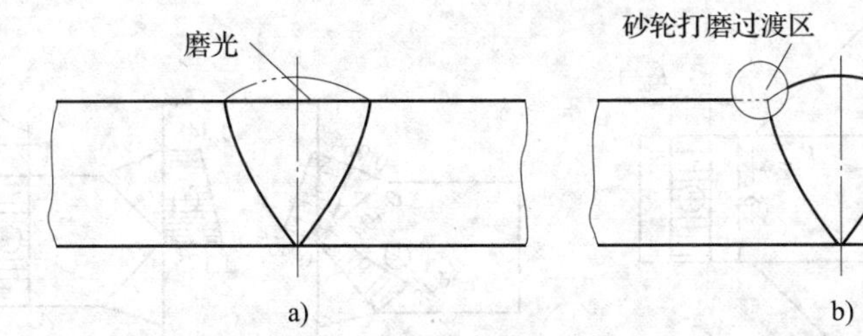

图 1—2—13　提高对接接头疲劳强度的措施

由不同板厚焊成的对接接头，在接头处会产生应力集中现象，当两板的厚度差（$\delta-\delta_1$）超过《埋弧焊的推荐坡口》规定（见表 1—2—4）时，在厚板连接处应加工出单面或双面斜度，并使两板的中心偏差 e 尽量减小。焊缝不应布置在倾斜部位，应位于离开倾斜部位的距离 h 约为 5 mm 的地方。如图 1—2—14 所示，在不同厚度板的对接接头中，如图 1—2—14b 所示的形式为最差，如图 1—2—14c 所示的形式为最好。

表 1—2—4　　不同板厚对接接头允许厚度差

较薄板厚度 δ_1	≤2～5	>5～9	>9～10	>12
允许厚度差（$\delta-\delta_1$）	1	2	3	4

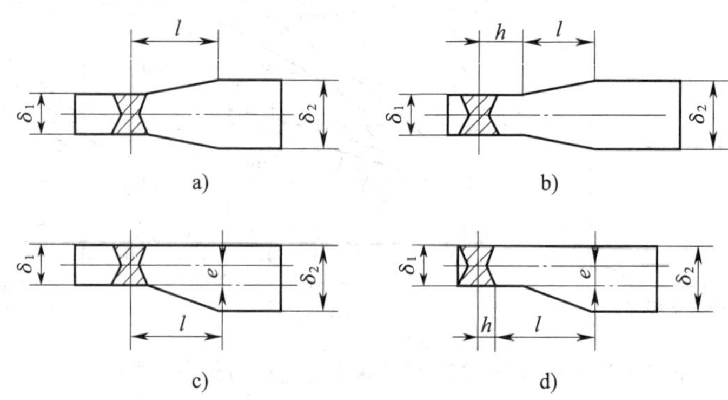

a）和 c）中，$l=25(\delta_2-\delta_1)$；b）和 d）中，$l=5(\delta_2-\delta_1)$。

图 1—2—14　不同厚度板的对接接头

a）中心线一致，在锥部焊接　b）中心线一致，在平面上焊接

c）中心线不一致，在锥部焊接　d）中心线不一致，在平面上焊接

（2）T 形接头的工作应力分布。由于 T 形接头上工作截面发生急剧的变化，所以其工作应力分布极不均匀，在角焊缝的根部和过渡处都有严重的应力集中现象。如图 1—2—15a 所示为不开坡口的十字接头焊缝中的工作应力分布情况。由于没有开坡口，所以在焊缝根部的应力集中严重，其应力集中系数约为 3. 38。在焊脚处，截面 *B*—*B* 中的工作应力分布也很不均匀，*B* 点处的应力集中系数随角焊缝的形状不同而改变，其变化规律如图 1—2—16 所示。应力集中系数 K_T 随坡口角度的减小而减小，随焊脚尺寸 *K* 值的增大而减小。但联系焊缝的应力集中系数 K_T 却随焊脚尺寸 *K* 值的增大而增大。

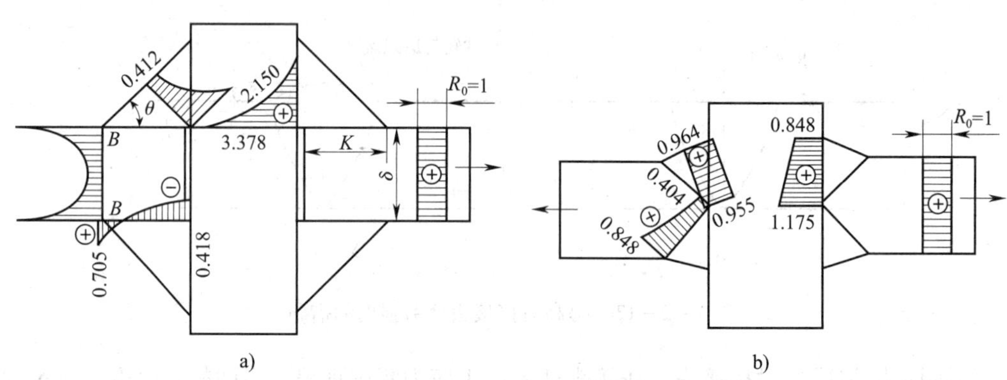

图 1—2—15　T 形（十字）接头的应力分布

a）不开坡口十字接头　b）开坡口十字接头

如图 1—2—15b 所示为开坡口的十字接头焊缝中的工作应力分布。由于这种接头消除了未焊透现象，而且坡口角度也较小，所以应力集中系数大大减小。由此可知，开坡口并保证焊透是降低 T 形接头应力集中的重要措施之一。

试验证明，在尺寸和外形完全相同的情况下，联系焊缝的应力集中系数低于工作焊缝的应力集中系数，如图 1—2—17 所示。

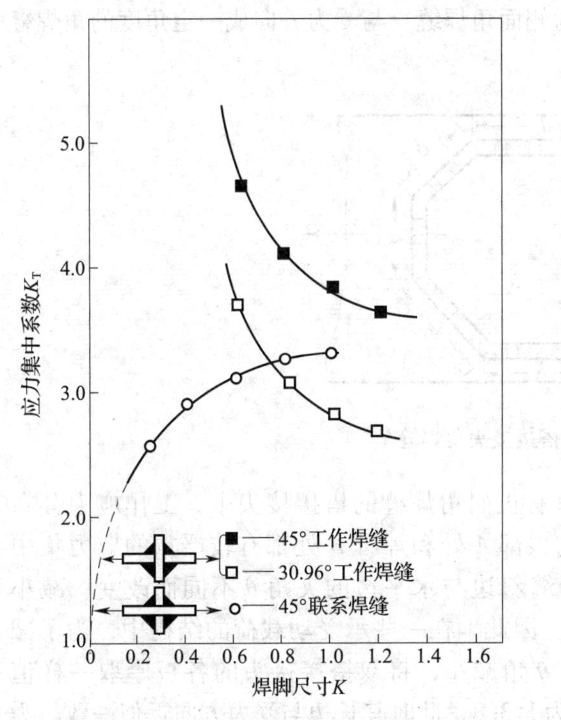

图 1—2—16　角焊缝的形状、尺寸与应力集中系数的关系

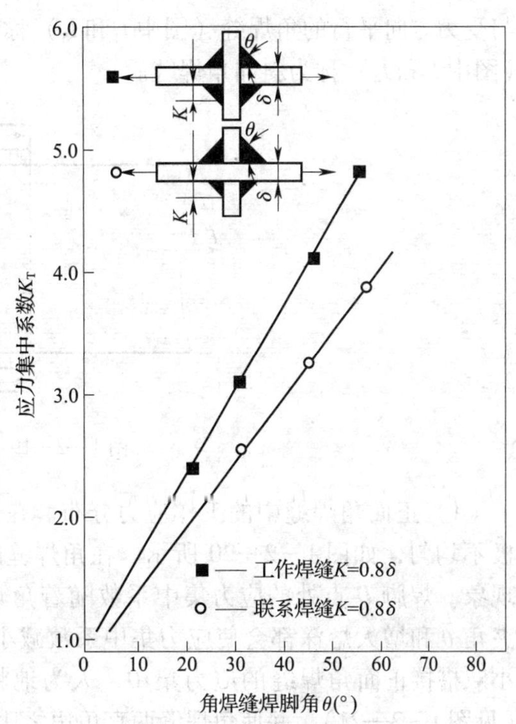

图 1—2—17　联系焊缝与工作焊缝的应力集中系数的对比

在采用十字接头时，应尽量避免在板厚方向承受高值拉伸应力，因为焊接用轧制钢板常有夹层等缺陷，尤其厚板更为严重，易出现层状撕裂。因此，如果有可能，应将工作焊缝转化为联系焊缝。例如，可将图 1—2—18a 所示的形式改为图 1—2—18b 所示的形式。

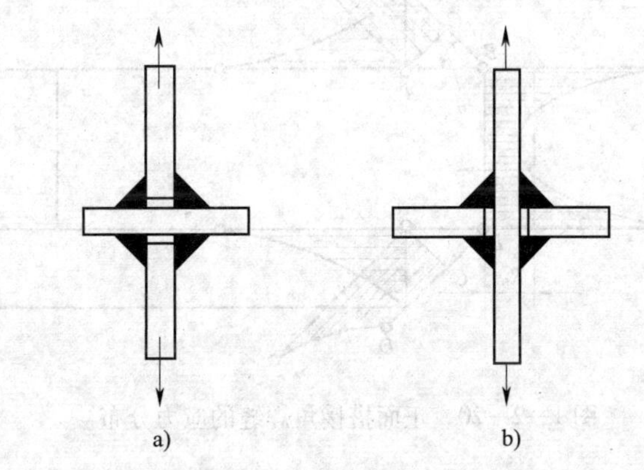

图 1—2—18　工作焊缝和联系焊缝
a）工作焊缝　b）联系焊缝

（3）搭接接头的工作应力分布。搭接接头是一种外形变化比较大的接头形式，应力集中现象比对接接头严重得多、复杂得多。根据受力方向，可将搭接角焊缝分为正面、侧面和斜向角焊缝，如图 1—2—19 所示。与受力方向垂直的角焊缝（图中 l_3）称为正面角焊缝，

与受力方向平行的角焊缝（图中 l_1 和 l_5）称为侧面角焊缝，与受力方向成一定角度的角焊缝（图中 l_2 和 l_4）称为斜向角焊缝。

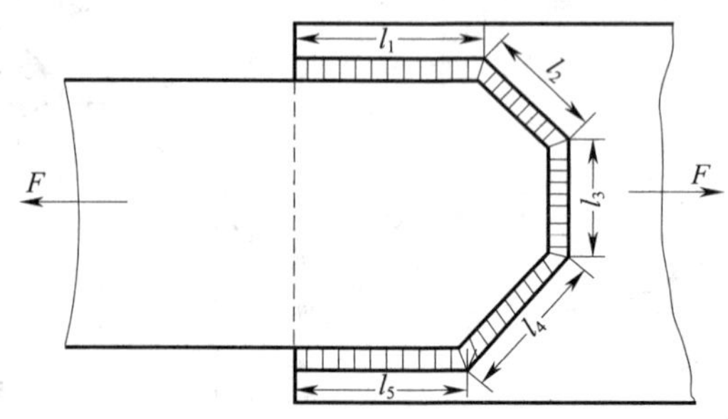

图 1—2—19　搭接接头角焊缝

1）正面角焊缝中的工作应力分布。在只有正面角焊缝的搭接接头中，工作应力分布极不均匀，如图 1—2—20 所示。在角焊缝的根部 A 处和焊脚 B 处都有较严重的应力集中现象。焊脚 B 点处的应力集中系数随着角焊缝斜边与水平边的夹角 θ 不同而改变，减小夹角 θ 和增大熔深都会使应力集中系数减小。因此，在一些承受动载荷的结构中，为了减小双搭接正面角焊缝的应力集中，人为地将 θ 角减小，将双搭接接头的各板厚取一样值（见图 1—2—21），并使角焊缝两直角边之比为 1∶3.8，此时其长边与受力方向近似一致。为使焊脚处过渡平滑，可在焊脚附近进行机械加工。经这样处理的正面搭接接头的工作性能接近于对接接头。然而，这样的接头尺寸非常大，其焊条的消耗量是一般搭接接头的 14 倍，经济性很差。

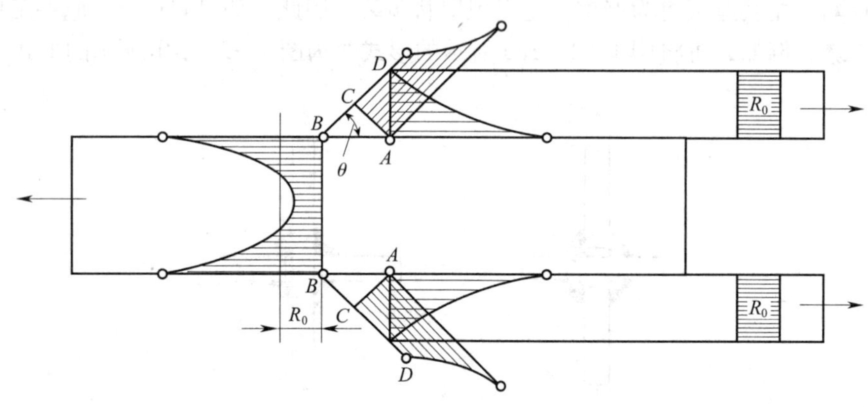

图 1—2—20　正面搭接角焊缝的应力分布

2）侧面角焊缝的工作应力。在侧面角焊缝连接的搭接接头中，其工作应力更为复杂。当接头受力时，在角焊缝中产生切应力。沿侧面焊缝长度上的切应力分布极不均匀，不均匀程度与焊缝尺寸、板截面积和外力作用点的位置等因素有关。如图 1—2—22a 所示为侧面角焊缝最普遍的受力情况。当两板截面积相等时，沿侧面焊缝长度方向上的切应力分布为图 1—2—22a 中的 q_{xa}（q_{xa} 是单位焊缝长度所承受的剪切力），即两端大、中间小。造成这种分布的主要原因是焊缝的弹性变形不均匀。由图 1—2—22a 可以看出，通过上板的

外力 F_x'从左向右逐渐由 F 降到零，通过下板的外力 F_x''从左向右逐渐由零升到 F，从而使上板和下板搭接区段的弹性变形也随之从左向右逐渐减小和增大，相对位移从左向右也逐渐减小和增大，即 $1'2'>2'3'>3'4'>4'5'>5'6'>6'7'$，$1''2''<2''3''<3''4''<4''5''<5''6''<6''7''$，结果使夹在两板之间的侧面焊缝中的切应力必然是两端大、中间小，如图 1—2—22a 中的 q_{xa} 所示。

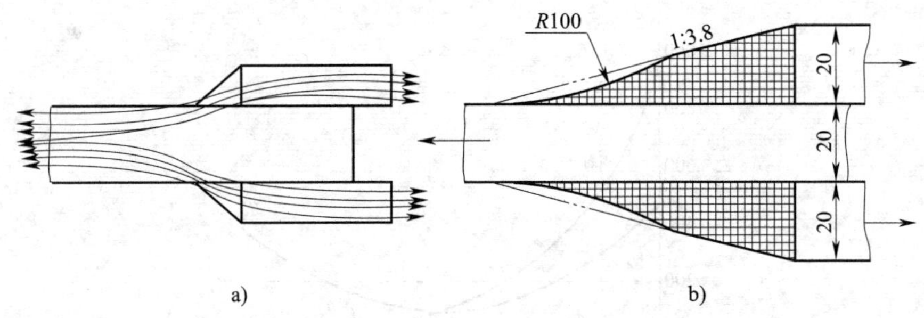

图 1—2—21　减小应力集中的正面搭接角焊缝

a）应力集中线　b）机加工后焊脚处平滑过渡

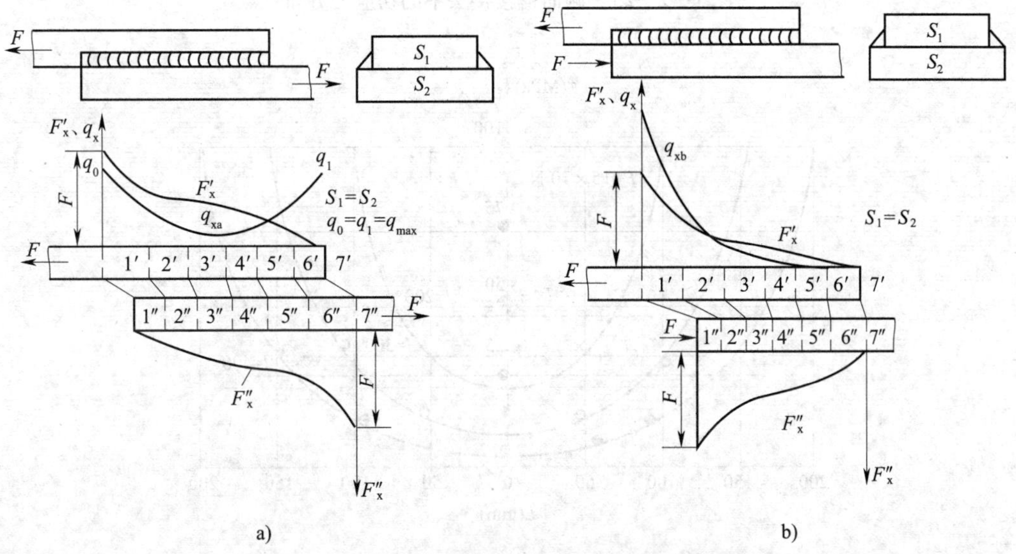

图 1—2—22　侧面搭接角焊缝变形分布示意图

如果图 1—2—22a、b 所示的两种搭接接头的尺寸、焊脚和所受外力都相同，仅受力点位置不同时，焊缝中 q_{xa}和 q_{xb}的分布对比如图 1—2—23 所示（图中 q_m为平均剪切力）。不难看出，q_{xb}分布的应力集中系数比 q_{xa}分布的大。

如图 1—2—24 所示为这种接头（$S_1=S_2$）应力分布实测结果，由该图可以看出侧面角焊缝最大切应力 τ_{max} 位于焊缝的两端，最小切应力在其中间。显然，中间部位的焊缝没有得到充分利用，而两端部位焊缝可能会因超载而破坏。试验证明，侧面角焊缝应力集中系数随焊缝长度的增加而增大，所以常常规定侧面角焊缝长度不得大于 50 K（K 为焊脚尺寸）。如果两搭接板的截面积不相等（$S_1 \neq S_2$），切应力的分布更不均匀，靠近小截面一端的切应力大于靠近大截面一端的切应力，两板截面积相差越大，应力集中现象就越严重。如果采用联合角焊缝搭接接头，应力集中程度将得到明显改善，因此，在设计搭接接头时，增添正面角焊缝不但可以改善应力分布，还可以减小搭接长度，减少母材的消耗。

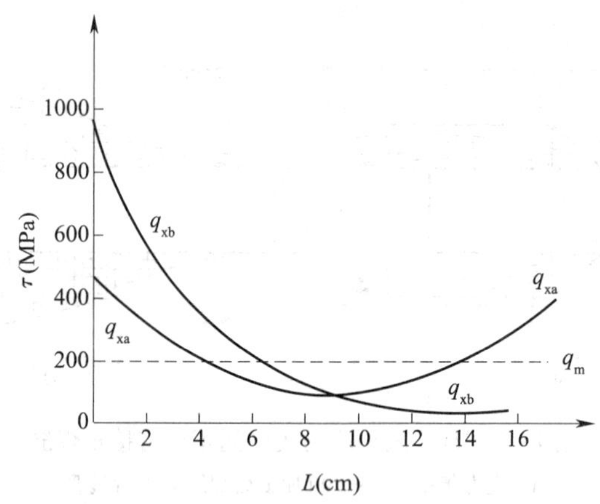

图 1—2—23　侧面搭接接头中的切应力分布

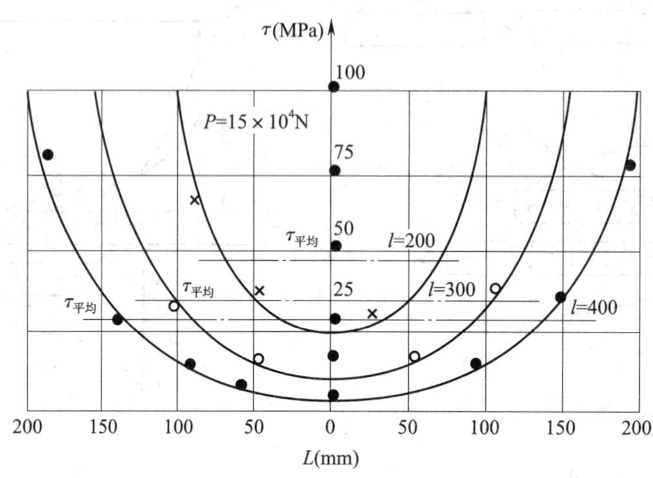

图 1—2—24　不同长度侧面角焊缝的应力分布实测结果

二、焊接接头静载强度假设与计算

焊接结构中的焊缝，根据传递载荷的情况大致可分为工作焊缝和联系焊缝两种。如图 1—2—25a、c 所示为工作焊缝，焊缝与被连接板件以串联形式布置，焊缝传递全部载荷，一旦焊缝断裂，则接头立即破坏。如图 1—2—25b、d 所示为联系焊缝，焊缝与被连接板件以并联形式布置，焊缝只传递很少载荷，主要在被连接板之间起联系作用，即使焊缝断裂，焊接接头并不立即失效。一般在焊缝设计中，只对工作焊缝进行强度计算，无须对联系焊缝进行计算。

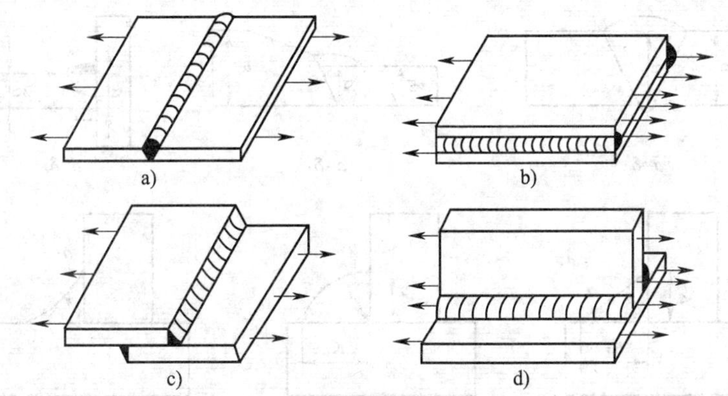

图 1—2—25　工作焊缝和联系焊缝

a)、c) 工作焊缝　b)、d) 联系焊缝

1. 焊接接头的静载强度假设

在许多情况下，在焊接接头中不仅存在复杂的残余应力，而且工作应力分布也比较复杂，特别是 T 形接头及搭接接头的工作应力更为复杂，给接头强度计算带来很大的困难。所以在工程计算中常采用一些简化的假设，包括：

(1) 焊接残余应力对于接头强度没有影响。

(2) 焊脚处和余高过渡区产生的应力集中对于接头静载强度没有影响。

(3) 焊接接头的工作应力分布均匀。

(4) 正面角焊缝和侧面角焊缝的强度和刚度没有差别。

(5) 焊脚尺寸对角焊缝强度没有影响。

(6) 角焊缝都是在剪切应力作用下破坏的。

(7) 焊缝的工作截面为焊缝的有效工作面积。焊缝有效工作面积 = 焊缝计算厚度 $a \times$ 有效焊缝长度 l，焊缝计算厚度 a 的定义如图 1—2—26 所示。

2. 焊接接头的静载强度计算

相同条件下钢结构中的焊缝与母材受外力作用时，其受力同等，所以，在计算焊缝静载强度时其计算方法与材料力学中强度计算方法完全相同，即焊缝的强度条件为

$$R \leqslant [R'] \text{ 或 } \tau \leqslant [\tau'] \tag{1—2—1}$$

式中　R 或 τ——平均工作应力；

$[R']$ 或 $[\tau']$——焊缝的许用应力。

(1) 对接接头静载强度计算。在设计对接接头静载强度时，首先要确定载荷，即应先找出最大载荷作用的焊缝位置。当承受最大载荷的焊缝位置一时难以确定时，应作出必要的计算对比。其次是分析焊缝所受载荷的大小和方向，并求出合力。随后确定焊缝横截面的最大高度和有效长度，求出焊缝有效工作截面（见图 1—2—26）。

对于不同板厚的对接接头（见图 1—2—27），在各种受力情况下的焊缝强度计算公式如下：

受拉时，拉应力 R_1 为

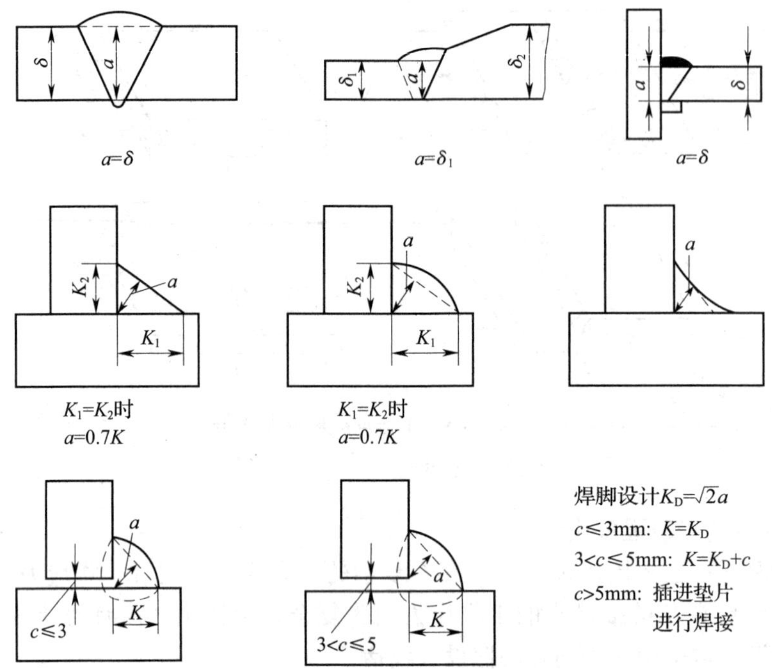

图 1—2—26 焊缝计算厚度 a 的定义

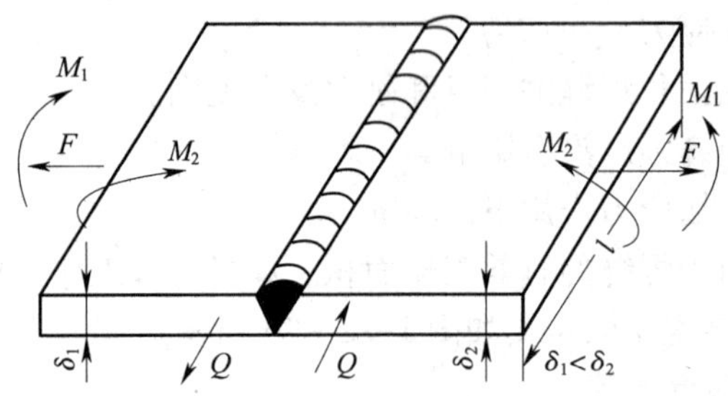

图 1—2—27 对接接头受力情况

$$R_1 = \frac{F}{l\delta_1} \leqslant [R_1'] \quad (1—2—2)$$

受压时，压应力 R_a 为

$$R_a = \frac{F}{l\delta_1} \leqslant [R_a'] \quad (1—2—3)$$

受剪时，切应力 τ_Q 为

$$\tau_Q = \frac{Q}{l\delta_1} \leqslant [\tau_Q'] \quad (1—2—4)$$

受平面内弯曲（弯矩为 M_1）时，正应力 R_{M1} 为

$$R_{M1} = \frac{6M_1}{l^2\delta_1} \leqslant [R_1'] \quad (1—2—5)$$

受平面外弯曲（弯矩为 M_2）时，正应力 R_{M2} 为

$$R_{M2}=\frac{6M_2}{l\delta_1^2}\leqslant[R_1']\tag{1—2—6}$$

式中 $[R_1']$ ——焊缝许用拉应力；

$[R_a']$ ——焊缝许用压应力；

$[\tau_Q']$ ——焊缝许用切应力。

（2）T形（十字）接头静载强度计算。T形或十字接头分为开坡口和不开坡口两种情况。开坡口焊透的T形接头（见图1—2—28），实际上是坡口焊缝与角焊缝组合的焊缝。在同样承载能力下，比未开坡口的角焊缝节省大量填充金属材料。部分焊透角焊缝的计算厚度 a 应按图1—2—29确定。

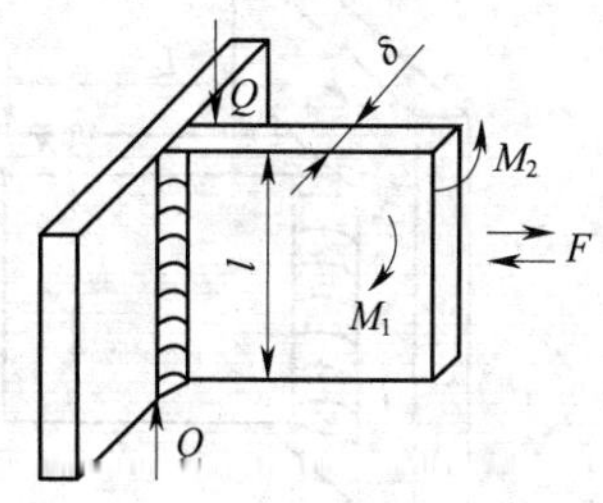

图1—2—28　开坡口焊透的T形接头

图1—2—29a中，当 $P>K$ 或 $\theta_p>\theta_k$ 时，有

$$a=\frac{P}{\sin\theta_p}(\theta_k=45°,a=\sqrt{P^2+K^2})$$

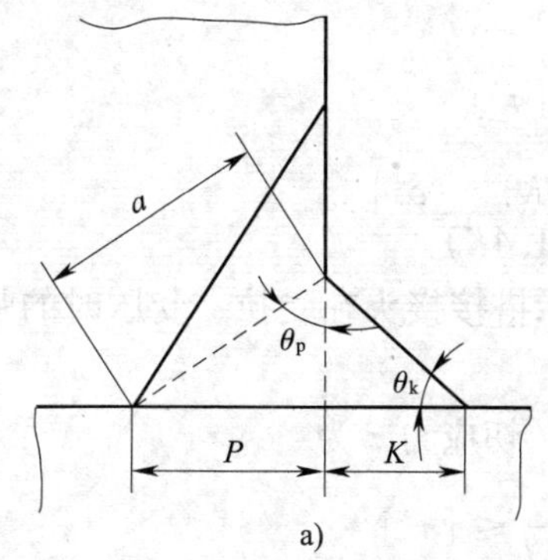

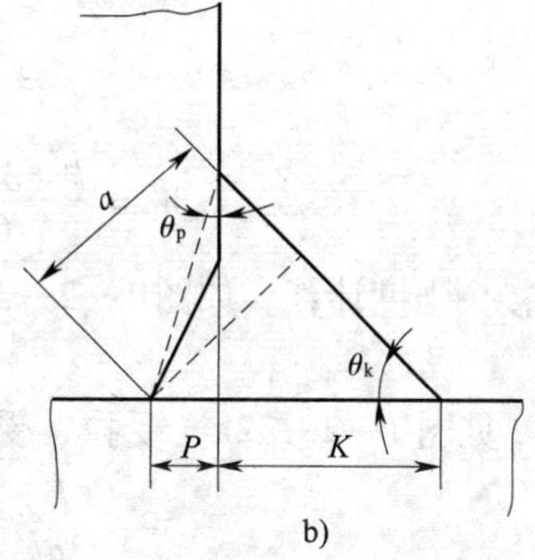

图1—2—29　部分焊透角焊缝的计算厚度 a

图1—2—29b中，当 $P<K$ 或 $\theta_p<\theta_k$ 时，有

$$a=(P+K)\sin\theta_k\left(\theta_k=45°,a=\frac{P+K}{\sqrt{2}}\right)$$

未开坡口的T形接头（见图1—2—30），当载荷与焊缝平行时，由外力 F 引起弯矩 $M=FL$，在焊缝的最上端产生最大的应力 τ_M；由 $Q=F$ 引起切应力 τ_Q，τ_Q 和 τ_M 相互垂直，计算公式为

$$\tau_{合}=\sqrt{\tau_M^2+\tau_Q^2}\tag{1—2—7}$$

$$\tau_M=\frac{3FL}{0.7Kh^2}\tag{1—2—8}$$

$$\tau_Q=\frac{F}{1.4Kh}\tag{1—2—9}$$

T形接头受弯矩与板面垂直的应力分布，如图1—2—31所示。在纯弯矩载荷作用下，弯矩所在的平面垂直于焊缝。根据强度计算假设，应按剪切强度计算，计算公式为

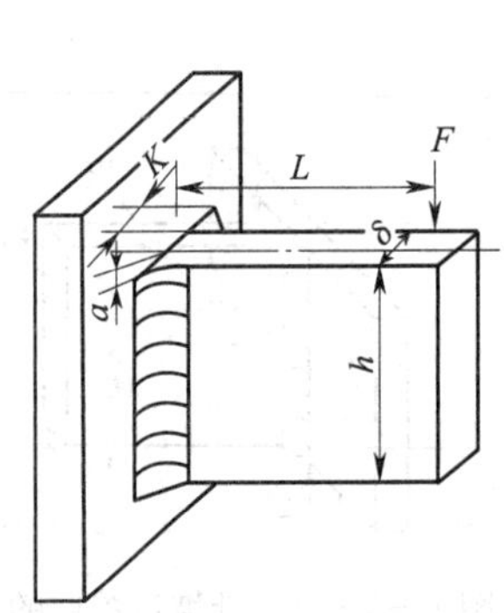

图 1—2—30　载荷平行于焊缝的 T 形接头

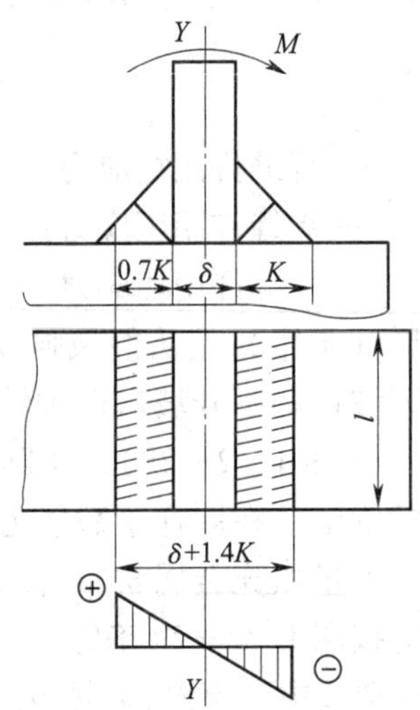

图 1—2—31　弯矩垂直于板面的 T 形接头

$$\tau = \frac{M}{W} \leqslant [\tau'] \tag{1—2—10}$$

$$W = \frac{l[(\delta + 1.4K)^3 - \delta^3]}{6(\delta + 1.4K)} \tag{1—2—11}$$

（3）搭接接头强度计算。如图 1—2—32 所示搭接接头在受拉、受压时的强度计算公式如下：

正面焊缝（见图 1—2—32a）受拉、受压时，切应力 τ 为

$$\tau = \frac{F}{2al} = \frac{F}{1.4Kl} \leqslant [\tau'] \tag{1—2—12}$$

侧面焊缝（见图 1—2—32b）受拉、受压时，切应力 τ 为

$$\tau = \frac{F}{2al} = \frac{F}{1.4Kl} \leqslant [\tau'] \tag{1—2—13}$$

联合焊缝（见图 1—2—32c）受拉、受压时，切应力 τ 为

$$\tau = \frac{F}{a\sum l} = \frac{F}{0.7K\sum l} \leqslant [\tau'] \tag{1—2—14}$$

式中　$\sum l$——正面焊缝和侧面焊缝的总长度。

任务实施

一、接头形式及受力分析

本任务母材材质采用 Q235B 钢，接头形式为对接接头，采用焊条电弧焊焊接，焊条型号为 E4303。焊接接头受平面外弯曲载荷作用，$M = 260$ N · m，对接接头尺寸及受力如图 1—2—33 所示。

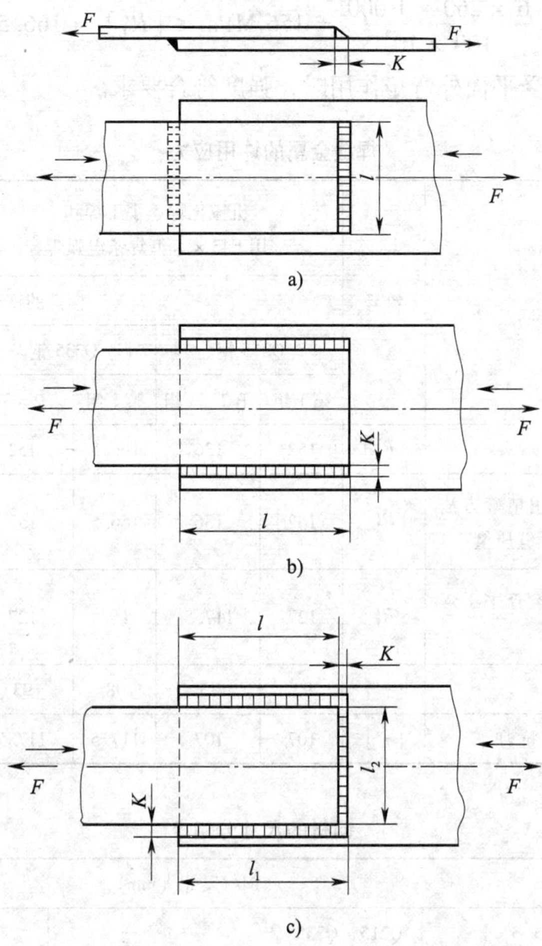

图 1—2—32　各种搭接接头受力情况

a）正面焊缝受拉或受压　b）侧面焊缝受拉或受压　c）联合焊缝受拉或受压

二、确定许用应力和材料组别

焊缝在实际工作时，材质和所受应力状态与对焊缝的破坏程度有很大关系。在进行静载强度计算时，只有当实际受载荷数值小于许用应力值时，焊缝才不会破坏。根据表 1—2—5 和表 1—2—6 可知，材料的组别为第 1 组，所对应的许用应力 $[R']$ = 166.5 MPa。

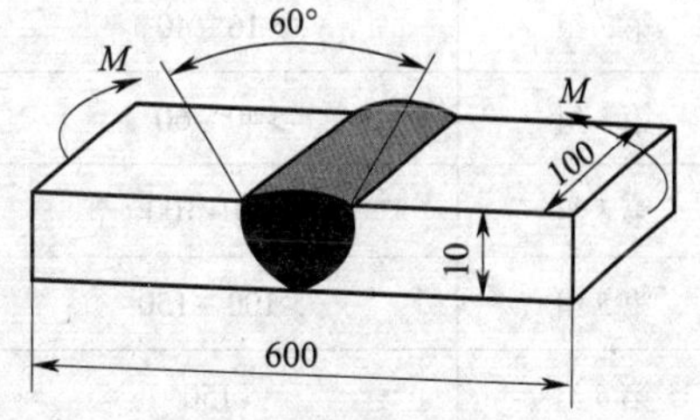

图 1—2—33　对接接头尺寸及受力

三、强度计算及校核

查表 1—2—5 和表 1—2—6 得：

材料组别为第 1 组，许用应力 $[R_1']$ = 166.5 MPa。

受平面外弯矩作用，$M_2 = 260$ N · m，由式 $R_{M2} = \dfrac{6M_2}{l\delta^2}$，得

$$R_{M2} = \frac{6 \times 260 \times 1\ 000}{100 \times 10^2} = 156\ \text{MPa} < [R_1'] = 166.5\ \text{MPa}$$

因此，该对接接头受平面外弯矩作用时，强度符合要求。

表 1—2—5　　焊缝金属的许用应力　　MPa

焊缝种类	应力种类		符号	机械化焊、手工焊和用 E43××型焊条电弧焊				机械化焊、手工焊和用 E50××型焊条电弧焊		
				构件的钢号						
				Q215 钢		Q235 钢		Q345（16Mn）钢		
				第 1 组	第 2、3 组	第 1 组	第 2、3 组	第 1 组	第 2 组	第 3 组
对接焊缝	抗压		$[R_p]$	152	136	166.5	152	235	226	210
	抗拉	机械化焊或用精确方法检查手工焊的焊缝质量	$[R_1']$	152	136	166.5	152	235	226	210
		用普通方法检查手工焊的焊缝质量	$[R_1']$	127	117.5	142	127	201	191	181
	抗剪		$[\tau']$	93	83	98	93	142	136	127
角焊缝	抗拉、抗压、抗剪		$[\tau']$	107	107	117.5	117.5	166.5	166.5	166.5

表 1—2—6　　钢材的尺寸分组

组别	钢材尺寸（mm）		
	Q215、Q235		16Mn、16Mnq
	钢材厚度（直径）	型钢和异形钢的厚度	钢材厚度（直径）
第 1 组	≤16	≤15	≤16
第 2 组	>16～40	>15～20	>16～25
第 3 组	>40～60	>20	>25～36
第 4 组	>60～100	—	>36～50
第 5 组	>100～150	—	>50～100（方钢、圆钢）
第 6 组	>150	—	—

注：1. 型钢包括角钢、工字钢和槽钢。
　　2. 工字钢和槽钢的厚度指腹板厚度。

任务评价

表 1—2—7 为本任务的评分标准。

表 1—2—7　　评分标准

序号	考核内容	评分标准	配分	得分
1	焊缝受力分析及焊缝强度校核公式选用	每项公式错误扣 10 分	30	
2	数据选用、计算	数据选用和计算错误扣 15 分	35	
3	焊缝强度校核结论	强度校核结论错误扣 15 分	25	
4	安全文明生产	酌情扣分	10	
总分			100	

思考与练习

1. 金属材料的基本力学性能有哪些？
2. 弯曲性能分为哪几种？什么叫正弯和背弯？
3. 什么叫冲击吸收功？
4. 什么叫应力集中？产生应力集中的主要原因是什么？
5. 什么叫工作焊缝和联系焊缝？
6. 焊接接头的静载强度假设有哪几点？
7. 焊接接头强度符合要求的条件是什么？

任务 3　焊接应力控制和减小措施制定

技能点

◎ 制定控制和减小焊接结构焊接残余应力的技术措施

知识点

◎ 焊接残余应力类型及成因

◎ 焊接残余应力影响因素及控制和减小措施

任务提出

焊接过程是一个不均匀加热和冷却的过程，焊缝的形成是一个复杂的物理、化学过程，期间会产生各种应力，如温度变化产生的热应力（温度应力）和组织相变应力等。温度应力是指由于温度变化，结构或构件产生伸或缩，而当伸缩受到限制时结构或构件内部产生的应力。组织相变应力是指由于内部组织结构相发生转变而产生的应力。在连铸阶段，钢从液态冷却到室温的过程中会发生一系列的组织转变（又称相变），体积会产生收缩或膨胀，特别是由于连铸坯横断面上存在较大的温度差，使得组织转变不可能同时进行和完成，这就会在连铸坯内外部产生不均匀的变形，从而产生拉伸或压缩应力，这就是组织相变应力。在结构正常使用过程中，这些应力在外界诸多因素的影响下有可能导致结构破坏。因此，控制和减小焊接残余应力在焊接结构生产中非常重要。

如图 1—3—1 所示为某企业承接生产的锻压机开式机架（图中省略了上封头板）。板材为 Q235，板厚为 50 mm，最大件平面尺寸为 2 000 mm × 1 500 mm，最小件平面尺寸为 670 mm × 310 mm。由于机架刚度要求较高，并且由厚钢板拼焊而成，因此焊接过程中拘束度非常大，会产生较大的焊接残余应力，并且在机架的后续机械加工过程中，残余应力的释放会导致机架变形。此外，锻压机机架在工作时往往承受交变载荷与冲击载荷，焊接应力的存在降低了机架的力学性能。因此，应在机架的焊接过程中制定相应的技术措施来控制和减小焊接残余应力。

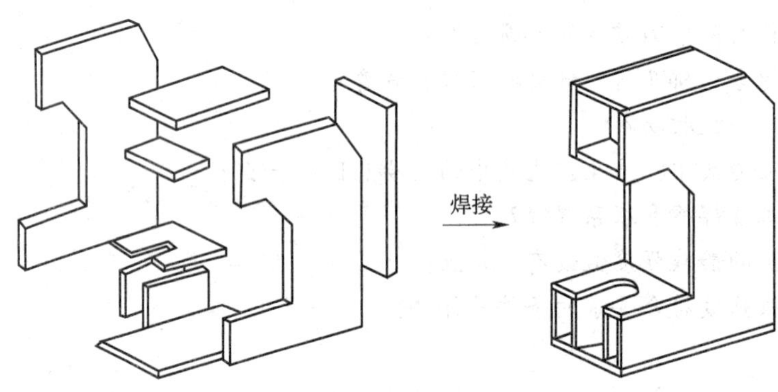

图 1—3—1　锻压机开式机架

任务分析

制定合理的控制和减小焊接残余应力的技术措施，首先要明确产生焊接残余应力的原因，并确定其类型，而后确定哪些工艺条件对焊接残余应力的产生有影响，最终确定控制、消除残余应力的技术措施。由于锻压机机架在工作时承受交变载荷和冲击载荷，所以本机架焊缝要求全焊透。

相关知识

一、焊接残余应力的类型及成因

1. 内应力及产生原因

（1）内应力。物体受外力作用或由其他因素引起的物体内部的相互作用力叫做内力。物体单位面积上的内力叫做应力。根据引起内力的原因不同，可将应力分为工作应力和内应力，工作应力是由外力作用于物体而引起的应力；内应力是由于物体的化学成分、金相组织及温度等因素变化，造成物体内部不均匀性变形而引起的应力。内应力存在于许多工程结构中，如冲压结构、锻造结构、焊接结构等。

焊接构件由焊接而产生的内应力叫做焊接应力，焊接结束后残留在焊件中的焊接应力叫做焊接残余应力。

（2）焊接应力与变形产生的原因。影响焊接应力与变形的因素很多，其中，最根本的原因是焊件受热不均匀，其次是由于焊缝金属的收缩、金相组织的变化及焊件的刚度不同所致。另外，焊缝在焊接结构中的位置、装配—焊接顺序、焊接方法、焊接电流及焊接方向等对焊接应力与变形也有一定的影响。下面着重介绍几个主要因素。

1）焊件的不均匀受热。焊接是一个局部加热的过程，焊件上温度分布极不均匀。下面主要介绍长板条中心加热（类似于堆焊）以及长板条一侧加热（相当于板边堆焊）引起的应力与变形。

①长板条中心加热（类似于堆焊）引起的应力与变形。如图 1—3—2a 所示，长度为 L_0，厚度为 δ 的长板条，材料为低碳钢，在其中间沿长度方向进行加热。为简化讨论，将板条上的温度区分为两种，中间为高温区，其温度均匀一致；两侧为低温区，其温度也均匀一致。

加热时，如果板条的高温区与低温区是可分离的，高温区将伸长，低温区不变，如图 1—3—2b 所示。但实际上板条是一个整体，所以板条将整体伸长，此时高温区内产生较大的压缩塑性变形和压缩弹性变形，如图 1—3—2c 所示。

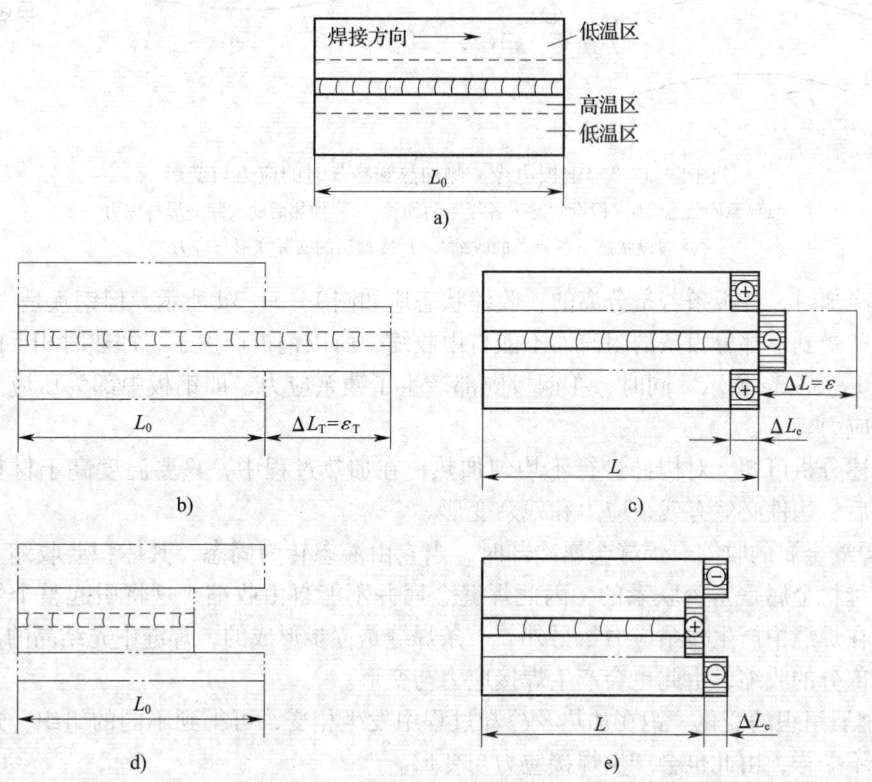

图 1—3—2　长板条中心加热和冷却时的应力与变形

a）原始状态　b）、c）加热时　d）、e）冷却时

冷却时，由于压缩塑性变形不可恢复，所以，如果高温区与低温区是可分离的，高温区应缩短，低温区应恢复原长，如图 1—3—2d 所示。因为板条是一个整体，所以板条将整体缩短，这就是板条的残余变形，如图 1—3—2e 所示。同时，在板条内部也产生了残余应力，中间高温区为拉应力，两侧低温区为压应力。

②长板条一侧加热（相当于板边堆焊）引起的应力与变形。如图 1—3—3a 所示，在一块材质均匀的钢板的上边缘快速加热。假设钢板由许多互不相连的窄板条组成，则各板条在加热时将根据温度高低而不同程度地伸长，如图 1—3—3b 所示。但实际上钢板是一个整体，各板条之间是互相牵连、互相影响的，上部板条因受下部板条的阻碍作用而不能自由伸长，因此产生了压缩塑性变形。由于钢板的温度分布是自上而下逐渐降低的，因此，钢板产生向下的弯曲变形，如图 1—3—3c 所示。

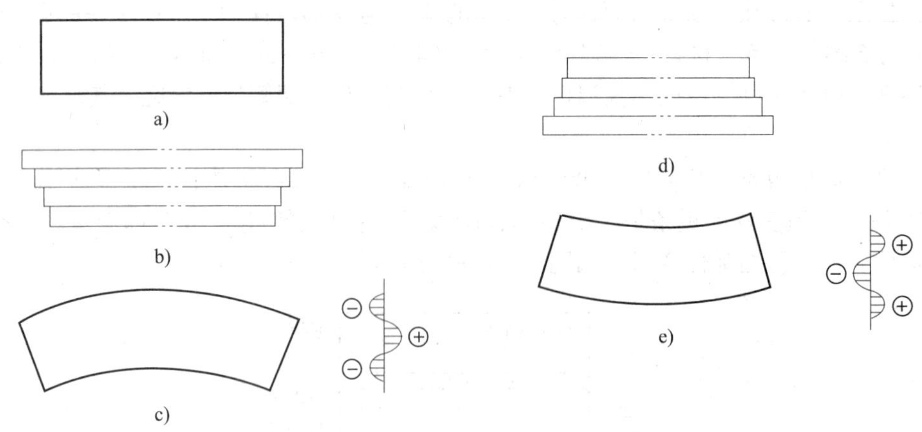

图 1—3—3　钢板边缘一侧加热和冷却时的应力与变形

a）原始状态　b）假设状态下各板条的伸长　c）加热后的实际变形与应力

d）假设状态下各板条的收缩　e）冷却后的实际变形与应力

钢板冷却时，各板条若是分离的，收缩状态应如图 1—3—3d 所示。但钢板是一个整体，上部分板条受到下部分板条的阻碍而不能自由收缩，所以钢板产生了与加热时相反的残余变形，如图 1—3—3e 所示。同时，在钢板内部产生了残余应力，即钢板中部为压应力，钢板两侧为拉应力。

由上述分析可知，对构件进行不均匀加热，在加热过程中，只要温度高于材料屈服温度，冷却后，构件必然有残余应力和残余变形。

2）焊缝金属的收缩。焊缝金属冷却时，当它由液态转为固态，其体积要收缩。由于焊缝金属与母材金属是紧密联系的，因此焊缝金属并不能自由收缩，这将引起整个焊件的变形，同时在焊缝中产生残余应力。另外，一条焊缝是逐步形成的，焊缝中先结晶的部分要阻止后结晶部分的收缩，由此也会产生焊接应力与变形。

3）金属组织的变化。钢在加热及冷却过程中发生相变，可得到不同的组织，这些组织的比热容不一样，由此也会产生焊接应力与变形。

4）焊件的刚性和拘束。焊件的刚性和拘束对焊接应力和变形也有较大的影响。刚性是指焊件抵抗变形的能力，而拘束是指焊件周围物体对焊件变形的约束。刚性是焊件本身的性能，它与焊件材质、焊件截面形状和尺寸等有关，而拘束是一种外部条件。拘束度是结构受到约束大小的程度，是衡量焊接接头刚度的一个定量指标。拘束度有拉伸和弯曲两类：拉伸拘束度是在弹性范围内焊接接头根部间隙缩短一个单位长度时，焊缝每单位长度上受力的大小，常用单位是 N/（mm·mm）；弯曲拘束度是在弹性范围内焊接接头产生一个单位角变形时，焊缝每单位长度上所受弯矩的大小，常用单位是 N/（mm·rad）。焊件的拘束度越大，焊接变形越小，焊接应力越大；反之，焊件的拘束度越小，则焊接变形越大，而焊接应力越小。

2. 焊接残余应力类型及分布

（1）焊接残余应力的分类

1）按产生应力的原因分类

①热应力。热应力是指在焊接过程中，由焊件内部温度差异引起的应力，故又称温度应力，它随着温差消失而消失。热应力是引起热裂纹的主要原因之一。

②相变应力。相变应力是指在焊接过程中局部金属发生内部组织结构相变而产生的内应力，其密度增大或减小都产生相变应力。

③塑变应力。塑变应力是指局部金属发生拉伸或压缩塑性变形后所引起的内应力。对金属进行剪切、冲压、弯曲、切削、锻造等冷热加工时，都会产生这种内应力。焊接过程中，近缝高温区的金属热胀和冷缩受阻时，便产生塑性变形，从而产生塑变应力。

2）按应力存在的时间分类

①焊接瞬时应力。焊接瞬时应力是指在焊接过程中某一瞬时产生的焊接应力，它随时间而变化。焊接瞬时应力和焊接热应力没有本质区别，当温差也随时间而变化时，热应力也是瞬时应力。

②焊接残余应力。焊接残余应力是焊接结束后残留在焊件内部的应力，残余应力对焊接结构的强度、耐腐蚀性和尺寸稳定性等性能均有较大的影响。

3）按焊接残余应力在结构中的作用方向分类

①单向应力。单向应力是指焊接应力在焊件中只沿一个方向产生，即焊件中的应力是单方向的，也称线应力，如薄板焊接和圆柱对接焊时产生的应力。

②双向应力。双向应力是指焊接应力存在于焊件中一个平面的不同方向上，如薄板十字对接和较厚钢板对接时产生的应力，焊件中的应力存在于一个平面上，也称为平面应力。

③体积应力。体积应力是指焊接应力在焊件中沿空间三个方向发生，也称为三向应力，如厚板对接焊缝产生的应力。

（2）焊接残余应力的分布。在厚度小于 20 mm 的焊接结构中，残余应力基本上是纵、横双向的，厚度方向的残余应力很小，可以忽略不计。只有在大厚度的焊接结构中，厚度方向的残余应力才有较高的数值。

1）纵向残余应力 R_x 的分布。作用方向平行于焊缝轴线的残余应力称为纵向残余应力。在焊接结构中，焊缝及其附近区域的纵向残余应力为拉应力，一般可达到材料的屈服强度；随着与焊缝间距离的增大，拉应力急剧下降并转化为压应力。宽度相等的两板对接时，纵向残余应力 R_x 在焊件横截面上的分布情况如图 1—3—4 所示。

2）横向残余应力 R_y 的分布。作用方向垂直于焊缝轴线的残余应力称为横向残余应力。横向残余应力 R_y 的产生原因比较复杂，包括由焊缝及其附近塑性变形区的纵向收缩引起的横向残余应力，用 R'_y 表示；以及由焊缝及其附近塑性变形区横向收缩的不均匀性所引起的横向残余应力，用 R''_y 表示。

①纵向收缩引起的横向残余应力 R'_y。如图 1—3—5a 所示是由两块平板条对接而成的焊件，如果假想沿焊缝中心将焊件一分为二，即两块板条都相当于板边堆焊，将出现如图 1—3—5b 所示的弯曲变形。要使两板条恢复到原来形状，就必须在焊缝中部施加横向拉应力，在焊缝两端施加横向压应力。由此可以推断，焊缝及其附近塑性变形区的纵向收缩引起的横向应力如图 1—3—5c 所示，其两端为压应力，中间为拉应力。

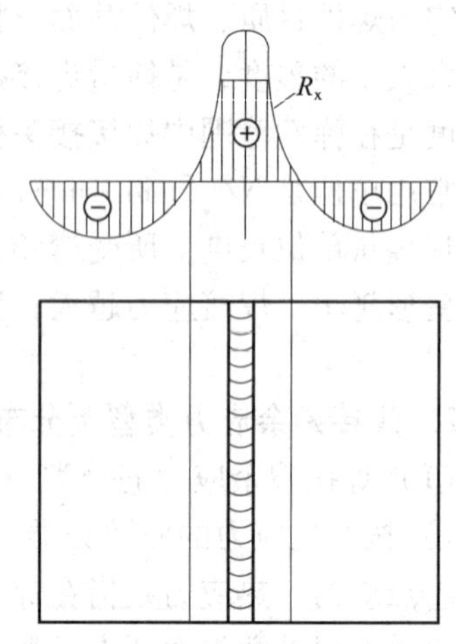

图 1—3—4　纵向残余应力 R_x 在焊件横截面上的分布情况

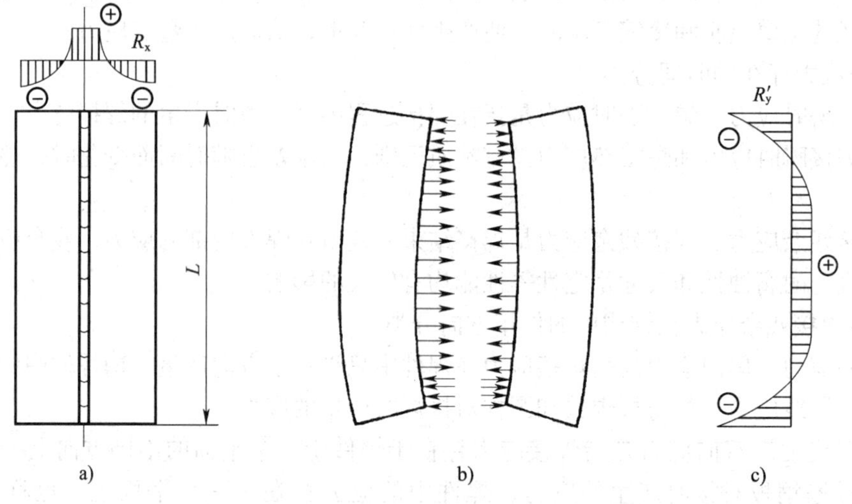

图 1—3—5　纵向收缩引起的横向应力 R'_y 的分布

②横向收缩所引起的横向残余应力 R''_y。在焊接结构上焊一条焊缝不可能同时完成，总有先后之分，先焊的部分先冷却，后焊的部分后冷却。先冷却的部分限制后冷却部分的横向收缩，就引起了 R''_y。R''_y 的分布与焊接方向、分段方法及焊接顺序等有关。如图 1—3—6 所示为不同焊接方向时 R''_y 的分布。如果将一条焊缝分两段焊接，当从中间向两端焊接时，中间部分先焊先收缩，两端部分后焊后收缩，则两端部分的横向收缩受到中间部分的限制，因此 R''_y 的分布是中间部分为压应力，两端部分为拉应力，如图 1—3—6a 所示；相反，如果从两端向中间焊接时，则中间部分为拉应力，两端部分为压应力，如图 1—3—6b 所示。

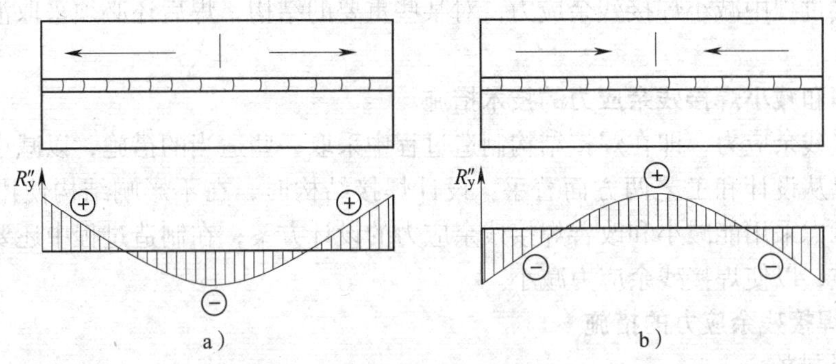

图 1—3—6　不同焊接方向时 R''_y 的分布

总之，横向应力的两个组成部分 R'_y、R''_y 同时存在，焊件中横向残余应力 R_y 是由 R'_y、R''_y 合成的，但它的大小要受屈服强度 R_{eL} 的限制。

二、焊接残余应力对焊接结构工作性能的影响

1. 对焊接结构强度的影响

应力集中不严重的焊接结构，只要材料具有一定的塑性变形能力，焊接内应力并不影响结构的静载强度。但是，当材料为脆性状态时，则拉伸内应力和外力引起的拉应力叠加，有可能使局部区域的应力首先达到断裂极限，导致结构早期破坏。因此，焊接残余应力的存在将明显降低脆性材料结构的强度。

2. 对构件加工尺寸精度的影响

在机械加工时，因一部分金属从焊件上被切除而破坏了内应力原来的平衡状态，于是内应力重新分布以达到新的平衡，同时产生了变形，从而使加工精度受到影响。如图 1—3—7 所示为机械加工引起的内应力释放和变形。在 T 形焊件上加工平面时，当切削加工结束后松开加压板，工件会产生上挠变形，加工精度受到影响。为了保证加工精度，应先对焊件进行消除应力处理，再进行机械加工。也可采用多次分步加工的方法来释放焊件中的残余应力。

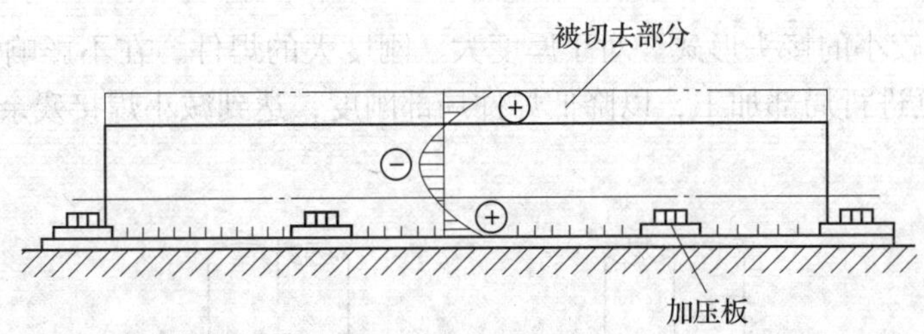

图 1—3—7　机械加工引起的内应力释放和变形

3. 对梁柱结构稳定性的影响

焊接工字梁或箱型梁时，腹板的中心部位存在较大的压应力，这种压应力的存在，往往会导致高大梁结构的局部或整体失稳，产生波浪变形。

焊接残余应力除了对上述的结构强度、加工尺寸精度以及结构稳定性有影响外，还对结构刚度、疲劳强度等有不同程度的影响。因此，为了保证焊接结构具有良好的使用性能，必

须设法在焊接过程中减小焊接残余应力，对某些重要的结构，焊后还必须采取消除焊接残余应力的措施。

三、控制和减小焊接残余应力的技术措施

控制焊接残余应力，即在焊接结构制造过程中采取一些适当的措施，以减小焊接残余应力。一般可以从设计和工艺两方面着手：设计焊接结构时，在不影响结构使用性能的前提下，应尽量考虑采用能减小和改善焊接残余应力的设计方案；在制造过程中还要采取一些必要的工艺措施，以使焊接残余应力减小。

1．控制焊接残余应力的措施

（1）设计措施

1）尽量减少结构上焊缝的数量和减小焊缝尺寸。多一条焊缝就多一处内应力源；过大的焊缝尺寸使焊接时受热区加大，残余应力与残余变形量明显增大。

2）合理布置焊缝位置。为了避免焊缝过分集中，焊缝间应保持足够的距离。焊缝过分集中不仅使应力分布更不均匀，而且可能出现复杂的双向或多向应力状态。压力容器的设计在这方面要求很严格，如图1—3—8所示。

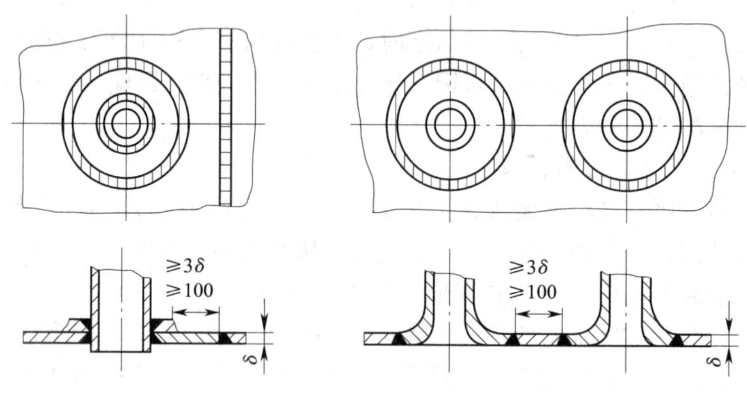

图1—3—8　容器接管焊接

3）采用刚度较小的接头形式。对于厚度大、刚度大的焊件，在不影响结构强度的前提下，可在焊缝附近进行局部加工，以降低焊件局部刚度，达到减小焊接残余应力的目的，如图1—3—9所示。

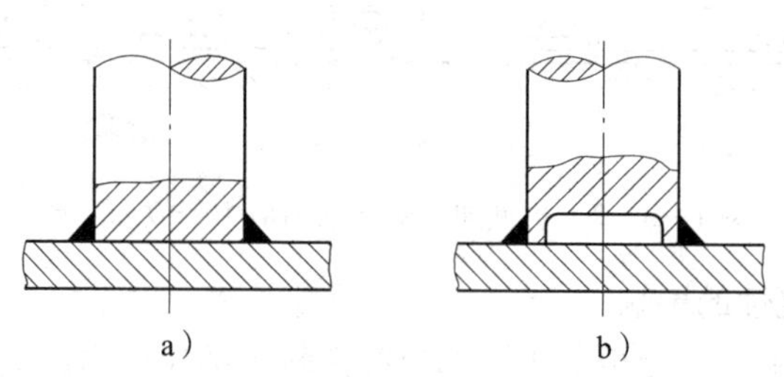

图1—3—9　减小接头刚度的措施

a）易裂　b）不易裂

（2）工艺措施

1）采用合理的装配—焊接顺序和方向。所谓合理的装配—焊接顺序，就是指能使每条焊缝尽可能自由收缩的焊接顺序。在确定焊接顺序时应注意以下几点：

①制定合理的装配—焊接顺序。在一个平面上的焊缝，焊接时应保证焊缝的纵向和横向收缩均比较自由。如图 1—3—10 所示的拼板焊接，合理的装配—焊接顺序是按图中①～⑨的顺序施焊，即先焊相互错开的短焊缝，后焊直通长焊缝。

②收缩量最大的焊缝应优先焊接。因为先焊的焊缝收缩时受阻力较小，因而残余应力就比较小。如图 1—3—11 所示为带盖板的双工字梁结构，应先焊盖板上的对接焊缝①，后焊盖板与工字梁之间的角焊缝②，这是因为对接焊缝的收缩量往往比角焊缝的收缩量大。

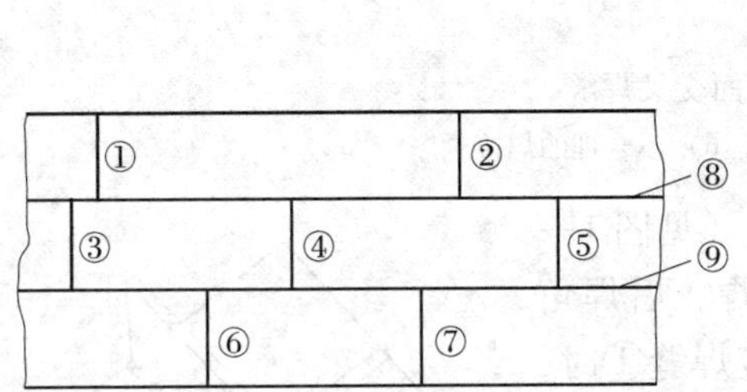

图 1—3—10　拼板焊接合理的装配—焊接顺序

图 1—3—11　带盖板的双工字梁结构

③工作时受力最大的焊缝应先焊。如图 1—3—12 所示的大型对接工字梁，应先焊受力最大的翼板对接焊缝①，再焊腹板对接焊缝②，最后焊预先留出来的一段角焊缝③。

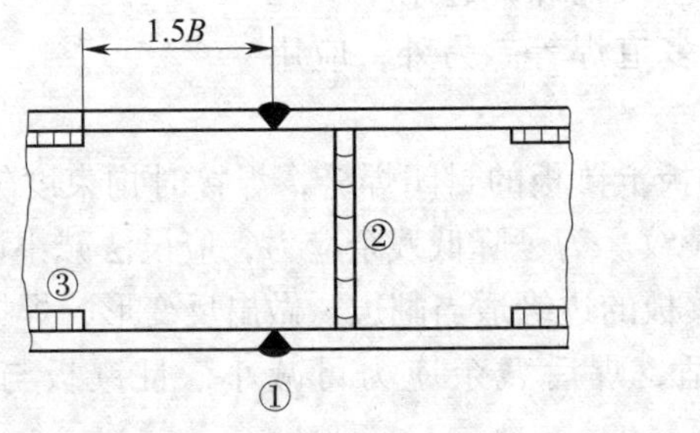

图 1—3—12　大型对接工字梁

④合理安排平面交叉焊缝的焊接工艺。平面交叉焊缝焊接时，在焊缝的交叉点易产生较大的焊接应力。如图 1—3—13 所示为平面交叉焊缝，对这几种 T 形接头和十字接头，应采用如图 1—3—13a、b、c 所示的焊接顺序，才能避免在焊缝的交叉点产生裂纹及夹渣等缺陷。如图 1—3—13d 所示为不合理的焊接顺序。

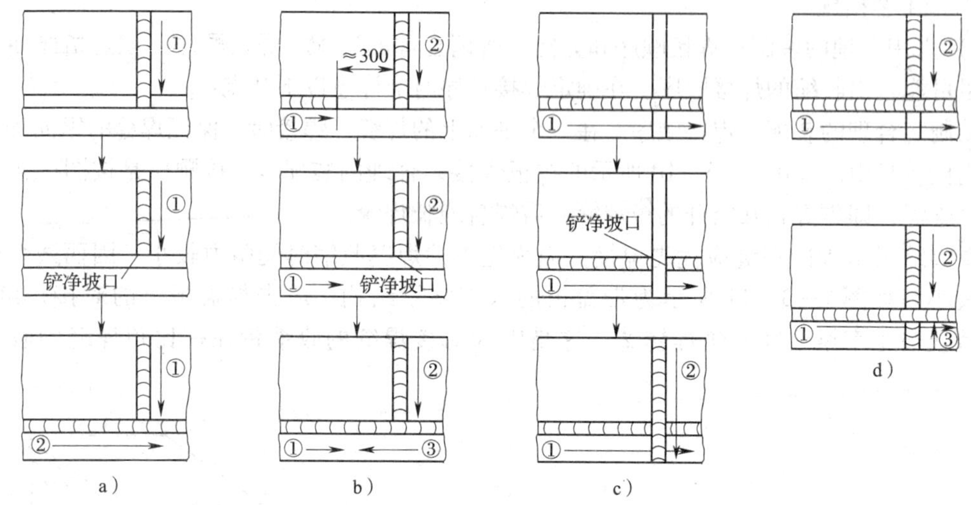

图 1—3—13　平面交叉焊缝

a）、b）、c）合理的焊接顺序　d）不合理的焊接顺序

⑤合理安排对接焊缝与角焊缝交叉焊接工艺（见图 1—3—14）。对接焊缝①的横向收缩量大，必须先焊，后焊角焊缝②。反之，如果先焊角焊缝②，则焊接对接焊缝①时，其横向收缩受限制，极易产生裂纹。

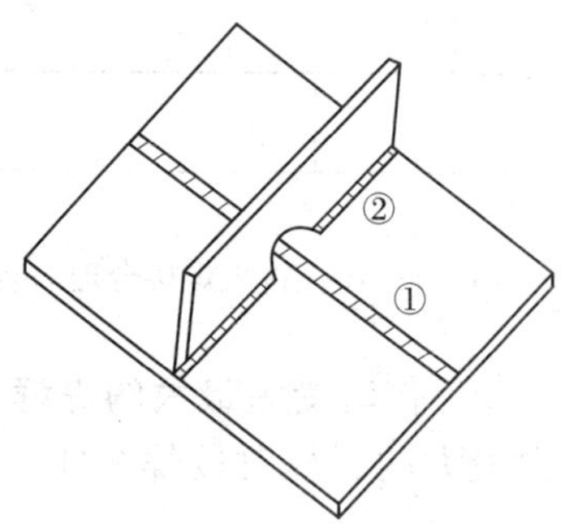

图 1—3—14　对接焊缝与角焊缝交叉焊接

2）预热法。预热法是在施焊前，将焊件局部或整体加热到 150 ~ 650℃进行预热处理。焊接或焊补淬硬倾向较大或脆性的材料，以及刚度较大的焊件时，常采用预热法。预热温度视材料、结构刚度等具体情况而定。

3）冷焊法。冷焊法是指焊接前或焊接过程中不加热的焊接工艺。具体做法为采用小的热输入施焊，选用小直径焊条，进行小电流、快速焊及多层多道焊等。另外，应用冷焊法时，环境温度应尽可能高。

4）降低焊缝的拘束度。对于平板上镶板的封闭焊缝，焊接时拘束度较大，焊后焊缝纵向和横向拉应力都较大，极易产生裂纹。为了降低残余应力，应设法减小该封闭焊缝的拘束度。如图 1—3—15a 所示，焊前对镶板的边缘适当翻边，做出反变形，焊接时翻边处拘束度减小。若镶板收缩余量预留得合适，焊后残余应力可减小，且镶板与平板平齐。如图 1—3—15b 所示为镶板压凹。

5）加热减应区法。焊接时加热那些阻碍焊接区自由伸缩的部位（称为减应区），使之与焊接区同时膨胀或同时收缩，起到减小焊接应力的作用，此方法称为加热减应区法。如图 1—3—16 所示为加热减应区法原理图，图中框架中心断裂，需要修复。若直接焊接断口处，焊缝横向收缩受阻，在焊缝中将产生相当大的横向应力。若焊前在构件两侧的减应区同时加热，两侧受热膨胀，使中心断口间隙增大。此时，再对断口处进行焊接，焊后两侧也停止加热。于是焊缝和两侧加热区同时冷却收缩，互不阻碍，减小了焊接应力。

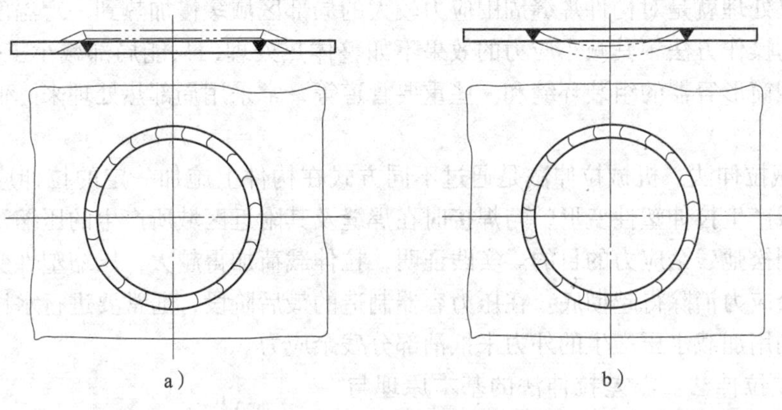

图 1—3—15　降低焊缝的拘束度

a）镶板的边缘少量翻边　b）镶板压凹

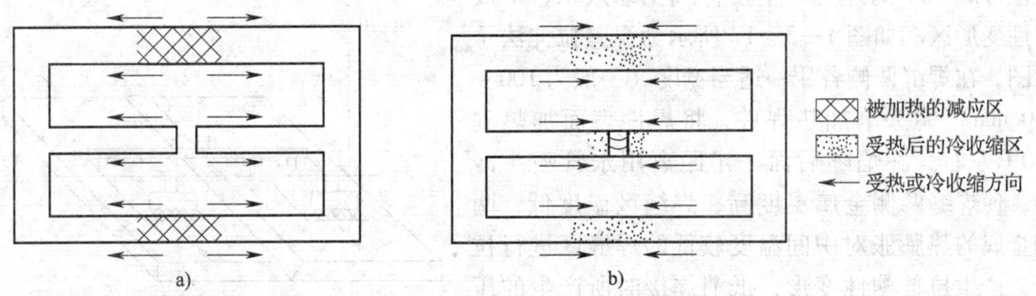

图 1—3—16　加热减应区法原理图

a）加热过程　b）冷却过程

2. 减小焊接残余应力的措施

虽然在焊件结构设计时考虑了残余应力的问题，在工艺上也采取了一定的措施来控制焊接残余应力，但由于焊接应力的复杂性，结构在焊接完以后仍然可能存在较大的残余应力。另外，有些结构在装配过程中还可能产生新的应力。这些焊接残余应力及装配应力都会影响结构的使用性能。焊后是否需要消除残余应力，通常由设计部门根据钢材的性能、板厚、结构的制造及使用条件等多种因素综合考虑后决定。常用的减小焊接残余应力的方法有热处理法、机械拉伸法、温差拉伸法、锤击焊缝法、振动法等。

（1）热处理法。热处理法是利用材料在高温下屈服强度下降和组织转为松弛的现象来达到减小焊接残余应力的目的，同时还可改善焊接接头的性能。生产中常用的热处理法有整体热处理和局部热处理两种。

1）整体热处理。整体热处理是将整个构件缓慢加热到一定的温度（如低碳钢一般为600～680℃），并在该温度下保温一定的时间（每毫米板厚一般保温 1～2 min，但总时间不少于 30 min，不多于 3 h），然后空冷或随炉冷却。整体热处理消除残余应力的效果取决于加热温度、加热方法、加热范围、保温时间、加热和冷却速度，一般可消除 80%～90% 的残余应力，在生产中应用比较广泛。

2）局部热处理。对于某些不允许或不可能进行整体热处理的焊接结构，可采用局部热处理。局部热处理就是对构件焊缝周围应力较大的局部区域缓慢加热到一定温度后保温，然后缓慢冷却的操作方法，其减小应力的效果不如整体热处理，只能局部减小工件残余应力。对于一些大型筒形容器的组装环缝和一些重要管道等，常采用局部热处理来降低结构的残余应力。

（2）机械拉伸法。机械拉伸法是通过不同方式在构件上施加一定的拉伸应力，使焊缝及其附近区域产生拉伸塑性变形，与焊接时在焊缝及其附近区域所产生的压缩塑性变形相互抵消，以达到松弛残余应力的目的。实践证明，拉伸载荷加得越大，压缩塑性变形量就抵消得越多，残余应力消除得越彻底。在压力容器制造的最后阶段，通常要进行水压试验，其目的之一也是利用加载水压产生的外力来抵消部分残余应力。

（3）温差拉伸法。温差拉伸法的基本原理与机械拉伸法相同，不同的是机械拉伸法是利用外力进行拉伸，而温差拉伸法是利用局部加热，由温差形成的不同外力产生拉伸或压缩效果，形成塑性变形区。如图 1—3—17 所示为温差拉伸法示意图，在焊缝两侧各用一适当宽度（一般为 100 ~ 150 mm）的火焰加热焊件，将焊件表面加热到 200℃左右，在焰嘴后面一定距离用水管喷头冷却，使焊缝两侧金属温度高、焊缝区温度低，两侧金属的热膨胀对中间温度较低的焊缝区进行拉伸，产生拉伸塑性变形，抵消焊接时所产生的压缩塑性变形，从而达到消除残余应力的目的。如果加热温度和加热范围选择适当，可消除 50% ~70% 的残余应力。

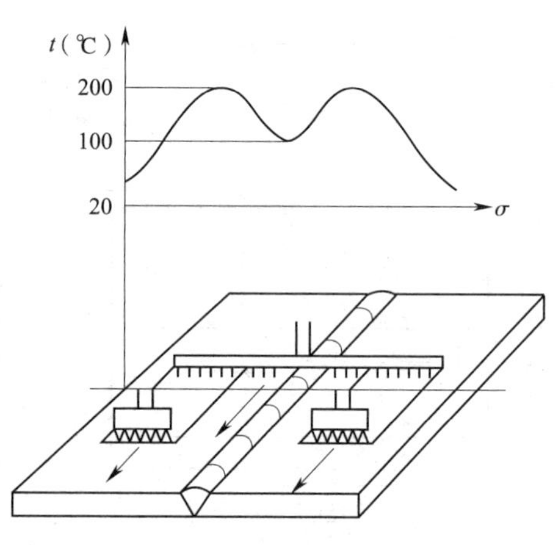

图 1—3—17　温差拉伸法示意图

（4）锤击焊缝法。在焊接后用锤子或一定直径的半球形风锤锤击焊缝，或边焊边锤击，可使焊缝金属产生延伸变形，抵消一部分压缩塑性变形，起到减小焊接应力的作用。锤击时应注意力度，以免施力过大而产生裂纹。锤击用的锤子质量一般为 0.5 kg，锤的尖端带有 *R*5 mm 的圆角。锤击时温度应在 300℃以上或 100 ~ 150℃的范围内，应避开 200 ~ 300℃温度区。多层焊时，除第一层和最后一层外，每层都要进行锤击。

（5）振动法。振动法又称振动时效或振动去应力法。它是利用由偏心轮和变速电动机组成的激振器，使结构发生振动产生循环应力来降低内应力。振动法所用设备简单、价廉，节省能源，处理费用低、时间短，没有高温热处理造成的金属表面氧化等问题，故目前在焊接、铸造、锻造生产中，为了提高工件尺寸稳定性，较多地采用此法。

任务实施

一、制定控制焊接应力的措施

1. 合理的焊缝设计

本任务中由于材料的板厚为 50 mm，所以确定两面开坡口；为减小焊缝截面积，坡口角度为 30°。T 形接头、角接头焊缝坡口形式均采用如图 1—3—18 所示形式。

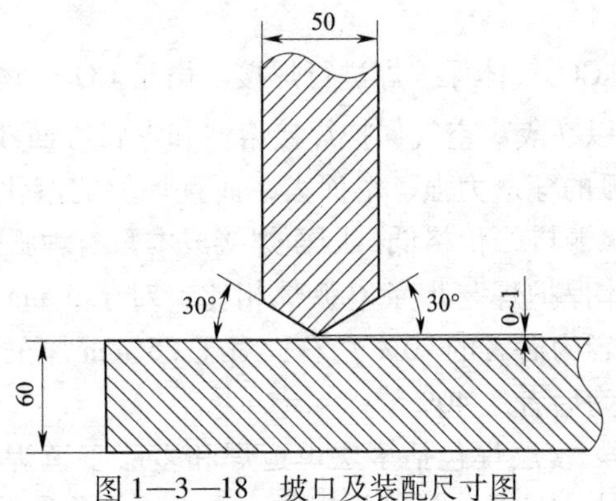

图 1—3—18　坡口及装配尺寸图

2. 合理的焊接顺序和方向

尽量使焊缝自由收缩，先焊收缩量比较大的焊缝、工作时受力大的焊缝；拼板时，先焊错开的短缝，再焊直通的长缝。机架装配—焊接顺序如图 1—3—19 所示。

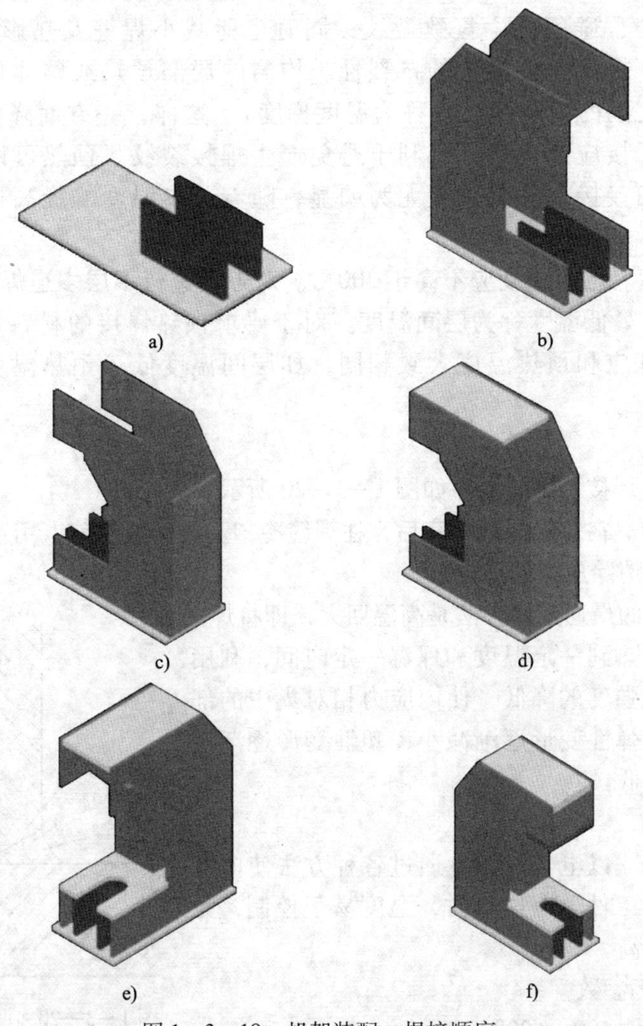

图 1—3—19　机架装配—焊接顺序

3. 合理的工艺措施

（1）焊接方法。选择 CO_2气体保护焊进行焊接。由于 CO_2气体密度较大，并且受电弧加热后体积膨胀也较大，所以在隔离空气保护焊接熔池和电弧方面效果良好。生产效率高，与焊条电弧焊相比，CO_2电弧的穿透力强、熔深大，而且焊丝的熔化率高，熔敷速度快，生产率高。成本低，CO_2气体来源广、价格低，因而焊接成本只有埋弧焊和焊条电弧焊的 40% ~ 50%。节省能源，CO_2气体保护焊与焊条电弧焊相比，对于 3 mm 厚的低碳钢板对接焊缝，每米焊缝消耗的电能，前者为后者的 70% 左右；对于 25 mm 厚的低碳钢板对接焊缝，每米焊缝消耗的电能，前者仅为后者的 40%。

（2）采用多层多道焊。多层焊包括多层单道焊和多层多道焊，一层焊缝可以由若干道焊道组成。如果坡口角度小，熔敷一道就可以是一层；坡口角度较大，熔敷两道及以上焊道才能组成一层焊缝，就是多道焊。多层焊主要应用于焊接大厚壁结构，较之相同情形下采用单层焊，可以减小热输入量，而减小变形和焊接缺陷。

（3）焊前预热。预热温度约为 200℃。预热能减缓焊后的冷却速度，有利于焊缝金属中扩散氢的逸出，避免产生氢致裂纹；同时也能减小焊缝及热影响区的淬硬程度，可降低焊接应力，提高焊接接头的抗裂性。均匀的局部预热或整体预热，可以减小焊接区域被焊工件之间的温度差（也称为温度梯度）。这样，一方面降低了焊接应力，另一方面也降低了焊接应变速率，有利于避免产生焊接裂纹。预热可以降低焊接结构的拘束度，对降低角接接头的拘束度尤为明显，随着预热温度的提高，裂纹发生率在逐渐下降。

（4）层间温度。层间温度应不高于 200℃。对焊件进行多层多道焊时，当焊接后道焊缝时，前道焊缝的最低温度称为层间温度。对于要求预热焊接的材料，当需要进行多层焊时，其层间温度应和预热温度大致相同，如层间温度低于预热温度，应重新进行预热。

4. 操作措施

（1）单人两面焊接，焊接顺序如图 1—3—20 所示。

（2）锤击焊缝。在每层焊缝焊完后，在焊缝冷却至层间温度前，用手锤锤击焊缝。

二、制定整体消除应力的措施

消除残余应力的最通用的方法是高温回火，即将焊件放在热处理炉内加热到一定温度和保温一定时间，利用材料在高温下屈服强度的降低，使内应力相对集中的部位产生塑性流动，弹性变形逐渐减小，塑性变形逐渐增加，从而使应力降低。

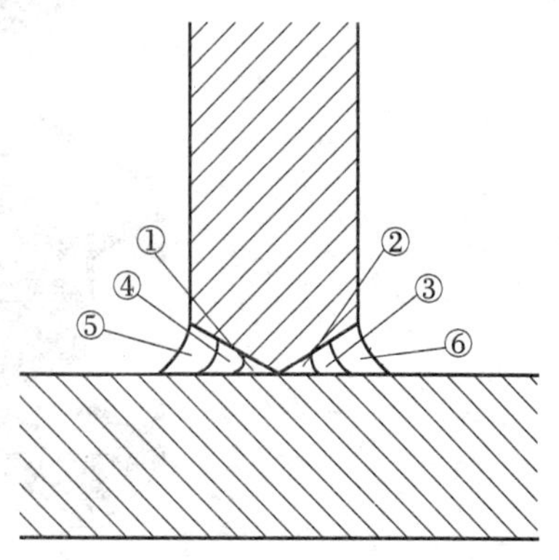

图 1—3—20　两面焊接顺序示意图

1. 方法

选择电加热法。以电为热源，通过各种方法使电能转变为热能以加热工件。电加热时，温度易于控制，无环境污染，热效率高。

2. 热处理工艺参数

（1）加热温度：580 ~ 680℃。

（2）升温速度：50～200℃/h。
（3）保温时间：2 h。
（4）冷却速度：室温缓冷。

任务评价

表1—3—1为本任务的评分标准。

表1—3—1　　评分标准

序号	考核内容	评分标准	配分	得分
1	控制和减小焊接残余应力的技术措施	措施制定正确	20	
2	选择装配—焊接顺序	装配—焊接顺序正确	40	
3	工艺参数的选择	工艺参数选择合理	30	
4	安全文明生产	酌情扣分	10	
总分			100	

思考与练习

1. 焊接应力与变形产生的原因主要有哪些？
2. 焊接应力对焊接结构工作性能有哪些影响？
3. 控制残余应力的设计措施有哪些？
4. 控制残余应力的工艺措施有哪些？
5. 为控制焊接残余应力，从装配—焊接顺序和方向方面考虑有哪些措施？
6. 什么叫减应区？加热减应区以控制残余应力的原理是什么？
7. 消除焊接残余应力的措施有哪些？

任务4　焊接变形控制措施制定

技能点

◎ 制定控制焊接变形的技术措施

知识点

◎ 焊接变形的分类及影响因素
◎ 控制焊接变形的基本措施
◎ 矫正焊接变形的基本方法

任务提出

焊接变形主要是焊件在焊接过程中不均匀加热引起的，是焊接结构生产中所遇到的一个普遍问题。例如，我国城市轨道交通的快速发展，地铁车辆的运行安全和服务质量日益重要。地铁车辆车顶部分的结构特点和制造工艺过程，决定了车顶焊接变形是不可避免的，一旦出现大量变形就需要花许多精力去矫正，比较复杂的变形，其矫正工作量可能比焊接本身的工作量还要大，严重的变形不但影响结构尺寸精度和车身外形质量，而且由于内应力的存在而降低了车身的强度，甚至造成车体报废。

如图 1—4—1 所示，地铁车顶总长为 21 848 mm，宽度为 2 448 mm，车顶主要由 5 块铝合金型材板和 2 根边梁组成，装配—焊接后形成 6 道长纵向焊缝。车顶总体属于长而薄的板型结构，结构的变形将影响与侧墙、端墙的整体装配，变形严重时会影响车体内部装饰件的安装等。生产中控制车顶变形问题的关键是各个工序中零部件尺寸不能超差以及工装夹具的正确使用。请根据本任务的技术要求，制定控制焊接应力的措施以及整体消除应力的措施。

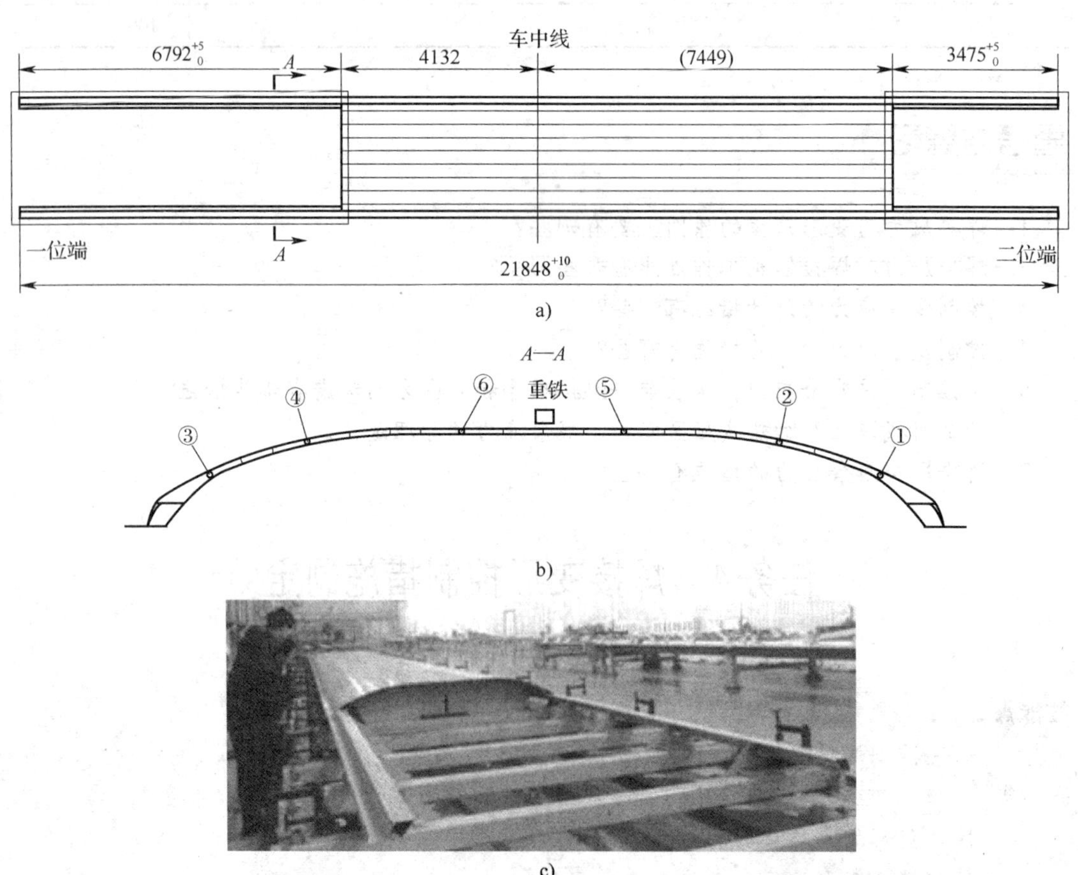

图 1—4—1　地铁车体顶板示意图

a）车顶总体尺寸　b）*A—A* 断面图　c）车顶外观

任务分析

由于车顶总体属于长而薄的板型结构，因此，在焊接过程中纵向焊缝极易产生纵向收缩而引起弯曲变形，总体装配焊接易出现尺寸偏差。另外，焊缝表面不得有气孔、夹杂、焊偏和焊穿等缺陷，对焊接质量及变形要求很高。而焊接时，主要靠焊接过程中的刚性固定，再配合装配质量的保证，这样才能有效地控制变形。

相关知识

一、焊接残余变形的分类及影响因素

由焊接引起的焊件形状或尺寸改变称为焊接变形，焊接结束后焊件最终的焊接变形叫做焊接残余变形。焊接变形对产品质量有很大的影响，不仅会影响结构尺寸的准确和外形美观，而且还会加大机械加工工作量和装配的累积误差，增加后续装配的难度，严重者可能无法实现与相关部件装配而导致产品报废。因此，要通过合理的设计和焊接工艺来减小焊接变形，对大型结构件焊接变形的矫正也很关键。

1．焊接残余变形的分类

焊接变形在焊接结构中的分布是很复杂的，根据变形对整个焊接结构的影响程度，可将焊接变形分为局部变形和整体变形；根据变形的外观形态，可将焊接变形分为收缩变形、角变形、弯曲变形、波浪变形和扭曲变形五种基本形式，如图1—4—2所示。这些基本形式的不同组合或叠加，形成了实际生产中焊件的复杂变形。

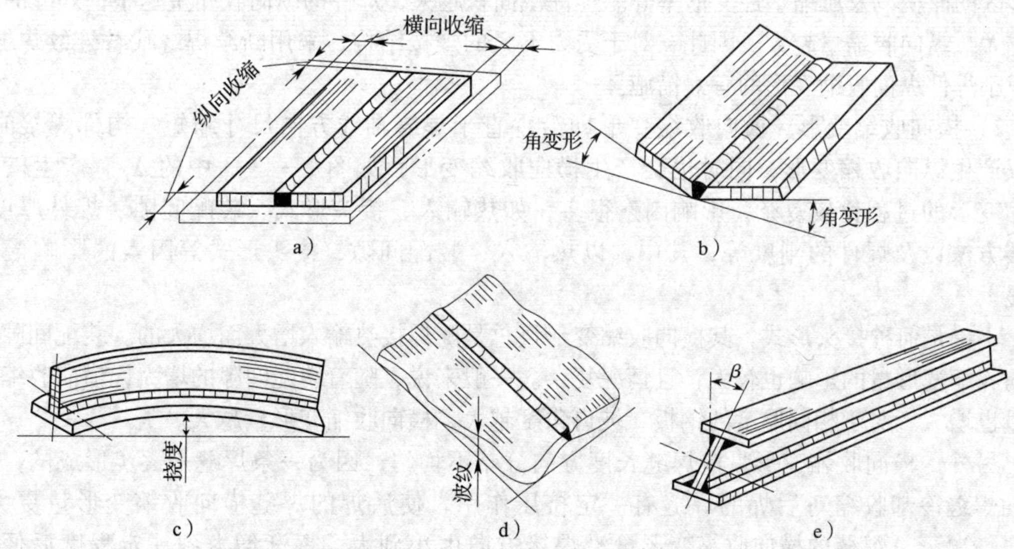

图1—4—2　焊接变形的基本形式

a）收缩变形　b）角变形　c）弯曲变形　d）波浪变形　e）扭曲变形

（1）收缩变形。焊件尺寸比焊前缩短的现象称为收缩变形，分为纵向收缩变形和横向收缩变形，如图 1—4—3 所示。

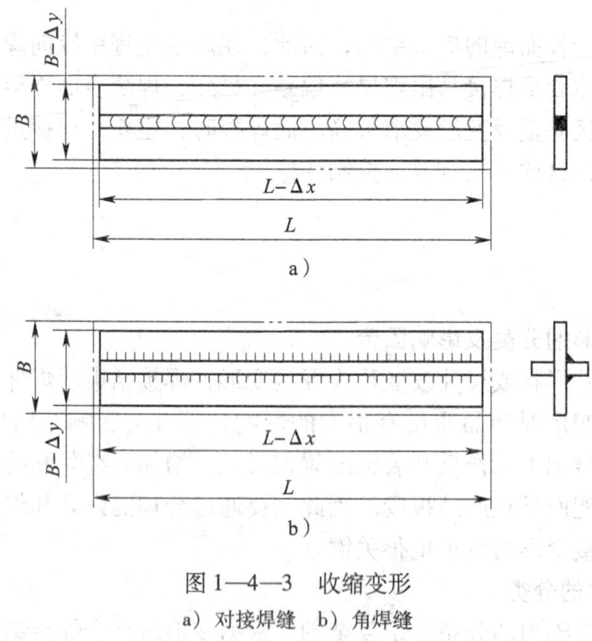

图 1—4—3 收缩变形

a）对接焊缝 b）角焊缝

1）纵向收缩变形。纵向收缩变形即沿焊缝轴线方向尺寸缩短。这是由于焊缝及其附近区域在焊接高温的作用下产生纵向的塑性变形，焊后这个区域要收缩，便引起了焊件的纵向收缩变形。纵向收缩变形量 Δx 取决于焊缝长度、焊件截面积、材料的弹性模量、压缩塑性变形区的面积以及压缩塑性变形率等。焊件截面积越大，焊件的纵向收缩量越小；焊缝的长度越大，纵向收缩量越大。因此，对于受力不大的焊接结构，采用断续焊缝代替连续焊缝，是减小焊件纵向收缩变形的有效措施。

2）横向收缩变形。横向收缩变形即沿垂直于焊缝轴线方向尺寸缩短。构件焊接时，不仅产生纵向收缩变形，同时也会产生横向收缩变形，如图 1—4—3 中的 Δy。产生横向收缩变形的过程比较复杂，影响因素很多，如热输入、接头形式、装配间隙、焊件厚度、焊接方法以及焊件的刚度等，其中，以热输入、装配间隙、接头形式等因素的影响最为明显。

不论是何种接头形式，其横向收缩变形量总是随焊接热输入增大而增大的。装配间隙对横向收缩变形量的影响也较大，且情况复杂。一般来说，随着装配间隙的增大，横向收缩变形量也增大。对于相同厚度的钢板，坡口角度越大，横向收缩变形量越大。

另外，横向收缩变形量沿焊缝长度方向分布不均匀，因为一条焊缝是逐步形成的，先焊的焊缝冷却收缩对后焊的焊缝有一定挤压作用，使后焊的焊缝横向收缩变形量更大。一般情况下，焊缝的横向收缩变形量沿焊接方向由小到大，逐渐增大到一定程度后便趋于稳定。因此，生产中常将一条焊缝的两端头间隙取不同值，后半部分比前半部分要大 1 ~ 3 mm。

横向收缩变形量的大小还与装配时的定位焊和装夹情况有关，定位焊焊缝越长，装夹的拘束度越大，横向收缩变形量就越小。

（2）角变形。中厚板对接焊、堆焊、搭接焊及T形接头焊接时，都可能产生角变形。角变形产生的根本原因是焊缝的横向收缩变形沿板厚分布不均匀。角变形的大小用角度 α 表示。焊缝接头形式不同，其角变形的特点也不同。如图1—4—4所示为焊接接头的角变形。

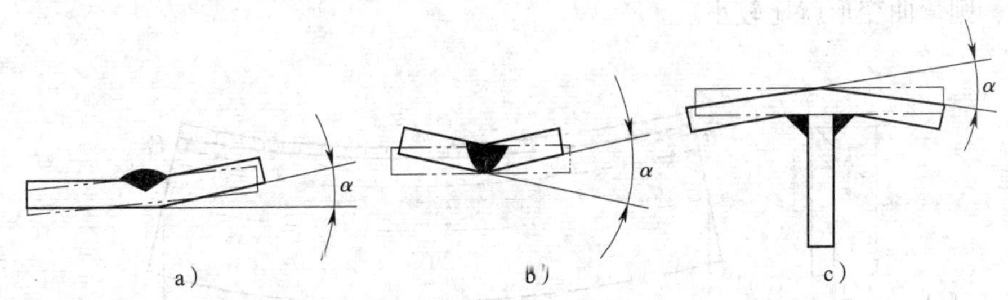

图1—4—4　焊接接头的角变形
a）堆焊　b）对接接头　c）T形接头

对接接头角变形主要与坡口形式、坡口角度、焊接方式等有关。坡口截面不对称的焊缝，其角变形大，因而用X形坡口代替V形坡口，有利于减小角变形；坡口角度越大，焊缝横向收缩变形沿板厚分布越不均匀，角变形越大；在同样板厚和坡口形式的条件下，多层焊比单层焊角变形大，焊接层数越多，角变形越大，多层多道焊比多层焊角变形大。

T形接头的角变形（见图1—4—5a）可以看成是由立板相对于水平板的回转与水平板本身的角变形两部分组成。T形接头不开坡口焊接时，其立板相对于水平板的回转相当于坡口角度为90°的对接接头角变形 α'，如图1—4—5b所示；水平板本身的角变形相当于水平板上堆焊引起的角变形 α''，如图1—4—5c所示。这两种角变形综合的结果是使T形接头两板间的角度发生如图1—4—5d所示的变化。为了减小T形接头角变形，可通过开坡口来减小立板与水平板间的焊缝夹角，以减小 α' 值；还可以通过减小焊脚尺寸来减少焊缝金属量，以减小 α'' 值。

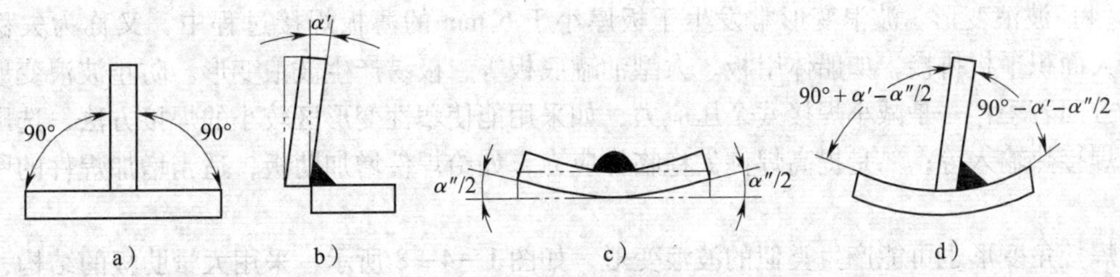

图1—4—5　T形接头的角变形

（3）弯曲变形。弯曲变形是由于焊缝的中心线与结构截面的中性轴不重合或不对称、焊缝的收缩沿焊件宽度方向分布不均匀而引起的；弯曲变形的大小用挠度 f 表示。弯曲变形分为两种，即焊缝纵向收缩引起的弯曲变形和焊缝横向收缩引起的弯曲变形。

1）焊缝纵向收缩引起的弯曲变形。如图1—4—6所示为不对称布置焊缝的纵向收缩所引起的弯曲变形。弯曲变形挠度f的大小与焊缝在结构中的偏心距s及假想偏心力F_p成正比，与焊件的刚度成反比。而假想偏心力又与压缩塑性变形有关，凡影响压缩塑性变形的因素均影响偏心力F_p的大小。偏心距s越大，弯曲变形越严重。焊缝位置对称或接近于截面中性轴时，则弯曲变形就比较小。

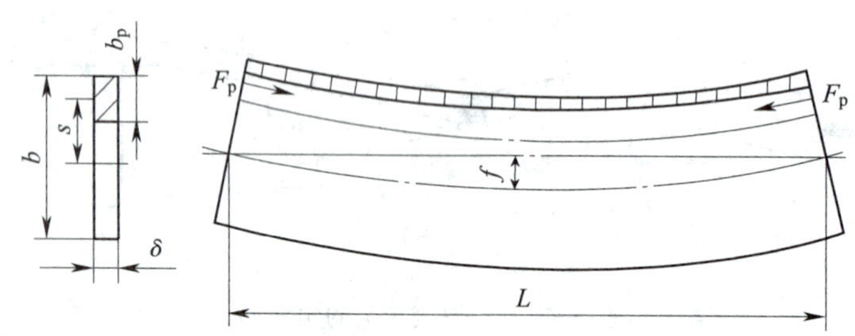

图1—4—6　不对称布置焊缝的纵向收缩所引起的弯曲变形

L—焊件长度　δ—焊件厚度　b—焊件宽度　s—偏心距　f—挠度　F_p—假想偏心力

2）焊缝横向收缩引起的弯曲变形。焊缝的横向收缩在结构上分布不对称时，也会引起焊件的弯曲变形。如工字梁上布置若干短肋板（见图1—4—7），由于肋板与腹板、肋板与上翼板的角焊缝均分布于结构中性轴的上部，它们的横向收缩将引起工字梁的下挠变形。

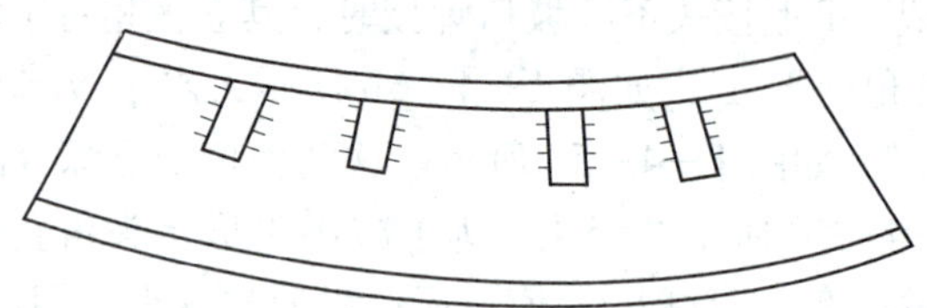

图1—4—7　焊缝的横向收缩引起的弯曲变形

（4）波浪变形。波浪变形常发生于板厚小于6 mm的薄板焊接过程中，又称为失稳变形。大面积平板拼接，如船体甲板、大型油罐底板等，极易产生波浪变形。防止波浪变形可从两方面着手：一是减小焊接残余压应力，如采用能使塑性变形区较小的焊接方法，选用较小的焊接热输入等；二是提高焊件失稳临界应力，如给焊件增加肋板，适当增加焊件的厚度等。

焊接角变形也可能产生类似的波浪变形，如图1—4—8所示，采用大量肋板的结构，每块肋板的角焊缝引起的角变形，连贯起来就形成波浪变形。

（5）扭曲变形。产生扭曲变形的原因主要是焊缝角变形沿焊缝长度方向分布不均匀。如图1—4—9所示的工字梁，若按图示①～④的顺序和方向焊接，则会产生图示的扭曲变形，这主要是角变形沿焊缝长度方向逐渐增大的结果。如果改变焊接顺序和方向，使两条相邻的焊缝同时向同一方向焊接，就可克服这种扭曲变形。

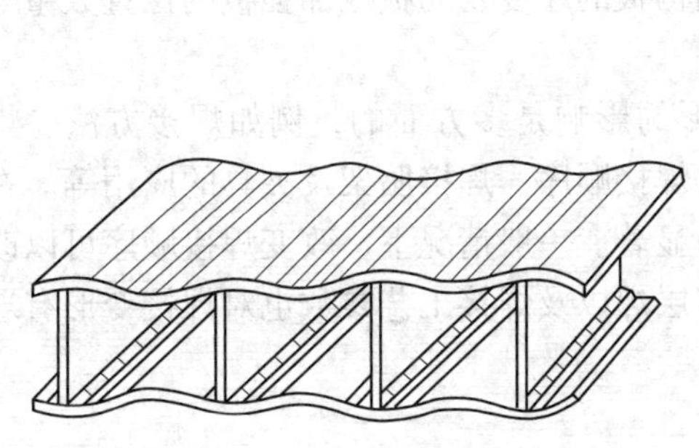
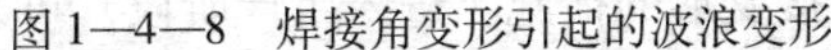

图 1—4—8　焊接角变形引起的波浪变形

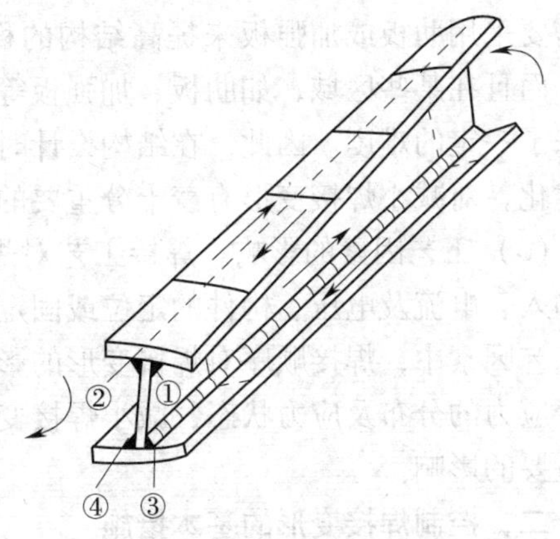

图 1—4—9　工字梁的扭曲变形

以上五种变形是焊接变形的基本形式，在这五种变形中，最基本的形式是收缩变形，收缩变形再加上不同的影响因素，就形成了其他四种变形形式。焊接结构的变形对其生产有极大的影响。首先，零件或部件的焊接变形，将给装配带来困难，进而影响后续焊接作业的质量；其次，对过大的焊接变形还要进行矫正，增加了结构的制造成本；再次，焊接变形也会降低焊接接头的性能和承载能力。因此，实际生产中，必须设法控制焊接变形，把变形控制在技术要求所允许的范围之内。

2．焊接残余变形的影响因素

焊接变形可以分为在焊接热过程中产生的瞬态热变形和在室温条件下的残余变形。影响焊接变形的因素很多，但归纳起来主要有材料、结构和工艺三个方面。

（1）材料因素的影响。材料对于焊接变形的影响不仅和焊接材料有关，而且和母材也有关系。材料的热物理性能参数和力学性能参数都对焊接变形的产生过程有重要的影响。其中，热物理性能参数的影响主要体现在热传导系数上，一般热传导系数越小，温度梯度越大，焊接变形越明显。热膨胀系数的影响最为明显，随着热膨胀系数的增大，焊接变形相应增大。同时，材料在高温区的屈服强度和弹性模量及其随温度的变化率也起着十分重要的作用。例如，Q235 钢和不锈钢异种钢平焊对接时，对这两种材料而言，热输入是一样的，但是因为不锈钢的线膨胀系数大，相同的热输入时其体积的膨胀大一些，而焊缝又已经将两种材料连接，从而在焊缝处会产生较大的内应力。一般情况下，随着弹性模量的增大，焊接变形随之减小，而较高的屈服强度会引起较大的残余应力，焊接结构存储的变形能量也会因此而增大，从而可能促使脆性断裂。此外，由于塑性应变较小且塑性区范围不大，因而焊接变形得以减小。所以在选择母材和焊材时，应尽量选择综合力学性能较好的材料，以减小焊接变形。

（2）结构因素的影响。焊接结构的设计对焊接变形的影响最为关键，也是最复杂的因素。其总体原则是：随拘束度的增大，焊接残余应力增大，而焊接变形则相应减小。结构在焊接变形过程中，工件本身的拘束度是不断变化着的，因此自身为变拘束结构，同时还受到外加拘束的影响。一般情况下，复杂结构自身的拘束作用在焊接过程中占据主导地位，而结构本身在焊接过程中的拘束度变化情况随结构复杂程度的增加而增加。在设计焊接结构时，常需要采用肋板或加强板来提高结构的稳定性和刚度，这样做不但增加了装配和焊接工作量，而且在某些区域，如肋板、加强板等，拘束度发生较大的变化，给焊接变形分析与控制带来了一定的难度。因此，在结构设计时针对结构板的厚度及肋板或加强板的位置数量等进行优化，对减小焊接变形有着十分重要的作用。

（3）工艺因素的影响。焊接工艺对焊接变形的影响是多方面的，例如焊接方法、焊接热输入、电流及电压、构件的定位或固定方法、焊接顺序、焊接胎架及夹具的应用等。在各种工艺因素中，焊接顺序对焊接变形的影响较为显著。一般情况下，改变焊接顺序可以改变残余应力的分布及应力状态，减小焊接变形。多层焊以及焊接工艺参数也对焊接变形有着十分重要的影响。

二、控制焊接变形的基本措施

从焊接结构的设计阶段开始，就应考虑控制焊接变形的措施。进入生产阶段，可采取预防焊接变形的措施，以及在焊接过程中，可采取相应的工艺措施。

1. 设计措施

（1）选择合理的焊缝形状和尺寸

1）选择最小的焊缝尺寸。在保证结构有足够承载能力的前提下，应尽量选用较小的焊缝尺寸。尤其是角焊缝的尺寸，最容易盲目加大。焊接结构中有些仅起联系作用或受力不大的角焊缝，经强度计算其尺寸很小，这时应按板厚尽可能地选取最小尺寸。对受力较大的T形或十字接头，在保证强度相同的前提下，可采用开坡口的焊缝，与不开坡口角焊缝相比，可减少焊缝金属，对减小角变形有利，如图1—4—10所示。

2）选择合理的坡口形式。相同厚度的板对接焊缝，单面V形坡口的角变形大于双面V形坡口。因此，对于可翻转焊接的结构，宜选用两面对称的坡口形式。T形接头立板端开半边U形（J形）坡口比开半边V形坡口的角变形小，如图1—4—11所示。

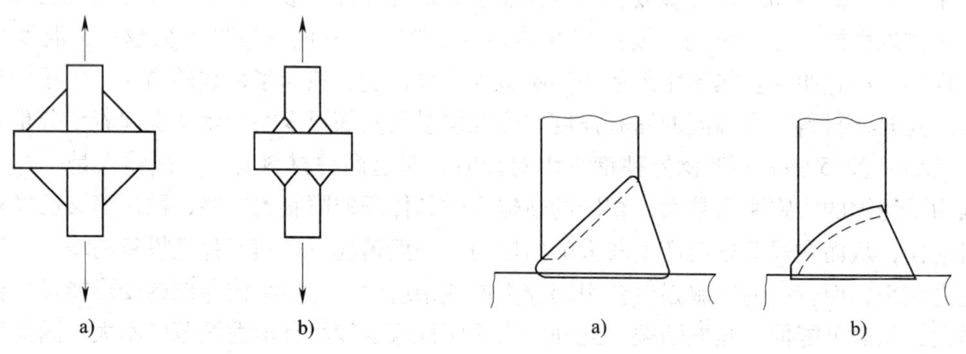

图1—4—10　相同承载能力的十字接头

a）不开坡口　b）开坡口

图1—4—11　T形接头的坡口

a）角变形大　b）角变形小

（2）减少焊缝的数量。在条件允许的情况下，多采用型材、冲压件。焊缝多且密集处，可以采用铸—焊联合结构，以减少焊缝数量。此外，适当增加壁板厚度以减少肋板数量，或者采用压型结构代替肋板结构，都对防止薄板结构变形有利。

（3）合理安排焊缝位置。梁、柱等焊接构件常因焊缝偏心配置而产生弯曲变形。合理的设计是尽量把焊缝安排在结构截面的中性轴上或靠近中性轴，力求中性轴两侧的变形大小相等、方向相反，起到相互抵消作用。如图 1—4—12 所示为箱形结构的焊缝位置，其中，图 1—4—12a 中的焊缝集中于中性轴一侧，弯曲变形大；图 1—4—12b 中的焊缝安排合理。

如图 1—4—13a 所示的肋板设计，使焊缝集中在截面的中性轴下方，肋板焊缝的横向收缩集中在下方，将引起上拱的弯曲变形。若改成如图 1—4—13b 所示的设计，就能减小这种变形。

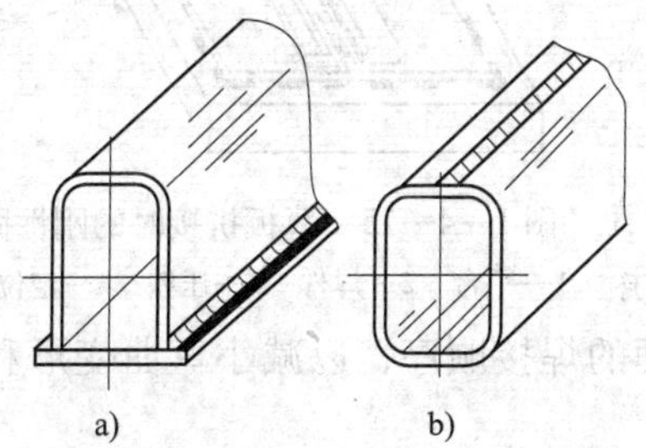

图 1—4—12　箱形结构的焊缝位置
a）不合理　b）合理

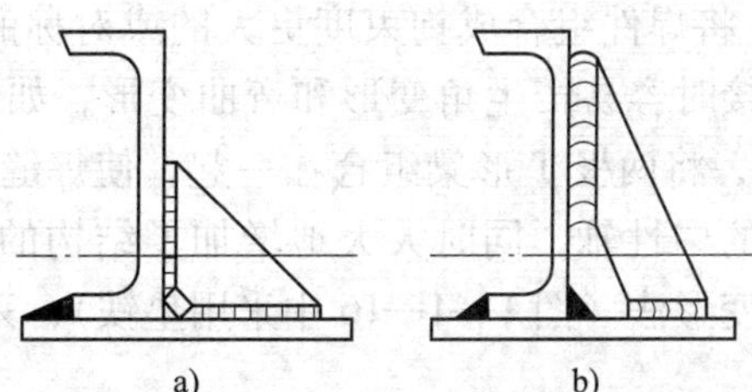

图 1—4—13　合理安排焊缝位置以防止变形
a）不合理　b）合理

2. 工艺措施

（1）留余量法。此方法就是在下料时将零件的长度或宽度尺寸按设计尺寸适当加大，留出余量以补偿焊件的收缩，余量的大小可根据公式并结合生产经验来确定。留余量法主要适用于防止焊件的收缩变形。

（2）反变形法。此方法就是根据焊件的变形规律，焊前预先将焊件向着与焊接变形相反的方向人为地进行变形（反变形量与焊接变形量相等），使之达到相互抵消的目的。此方法对控制焊接变形很有效，但必须准确地估计焊后可能的变形方向和变形量，可根据焊件的结构特点和生产条件灵活运用。

反变形法主要用于控制角变形和弯曲变形。如图 1—4—14 所示，V 形坡口单面对接焊时，可利用反变形法防止角变形。图 1—4—14a 所示是不采取反变形的情况，焊后构件将发生角变形；图 1—4—14b 所示是焊前预先将坡口处垫起，形成反变形角度，然后再焊接，焊后构件基本达到平直。

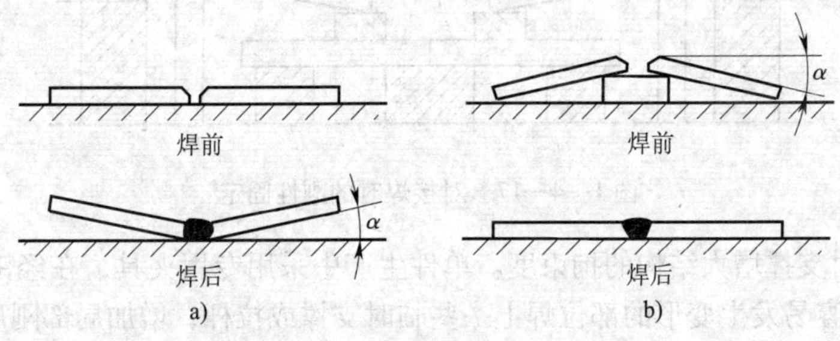

图 1—4—14　V 形坡口单面对接焊时的反变形法
a）不采取反变形　b）采取反变形

（3）刚性固定法。采用适当办法来增加焊件的拘束度，以达到减小其变形的目的，这就是刚性固定法。然而，刚性固定法会增大接头中的残余应力，对于一些焊后易裂的材料应慎用。常用的刚性固定法有以下几种：

1）将焊件固定在刚性平台上。薄板焊接时，可用定位焊将其固定在刚性平台上，并且用压铁压住焊缝附近区域，如图 1—4—15 所示，待焊缝全部焊完冷却后，再铲除定位焊缝，这样可减小薄板焊接时产生的波浪变形。

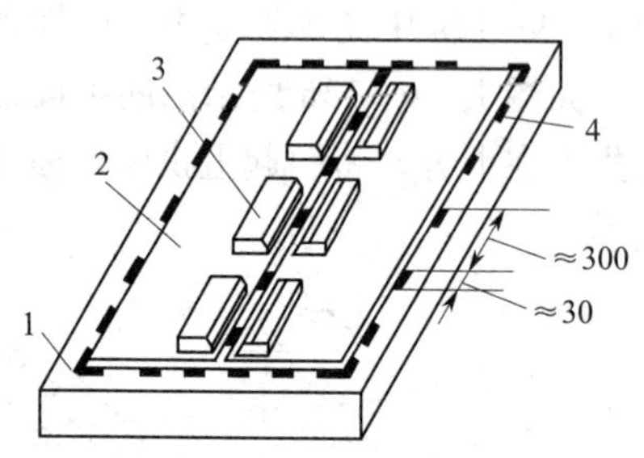

图 1—4—15　薄板拼接时的刚性固定
1—平台　2—焊件　3—压铁　4—定位焊缝

2）将焊件组合成拘束度更大的或对称的结构。T 形梁焊接时容易产生角变形和弯曲变形，如图 1—4—16 所示，将两根 T 形梁组合在一起，使焊缝对称于结构截面的中性轴，同时大大地增加了结构的刚度，并配合反变形法（图 1—4—16 中采用垫铁），采用合理的焊接顺序，以减小弯曲变形和角变形。

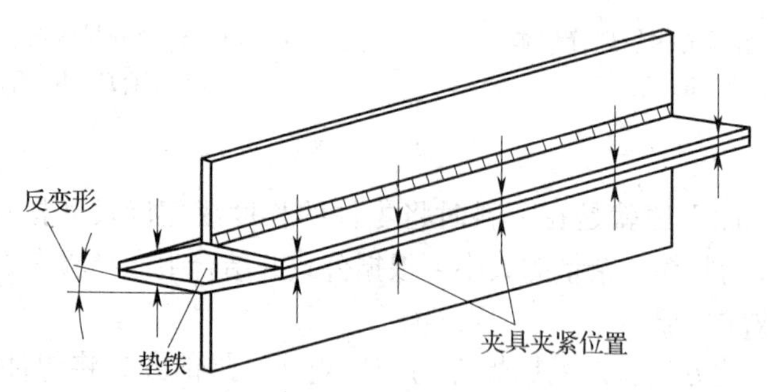

图 1—4—16　T 形梁的刚性固定与反变形

3）利用机械夹具增加焊接结构的拘束度。如图 1—4—17 所示为利用夹紧器将焊件固定，以增大焊件的拘束度，防止构件产生角变形和弯曲变形的应用实例。

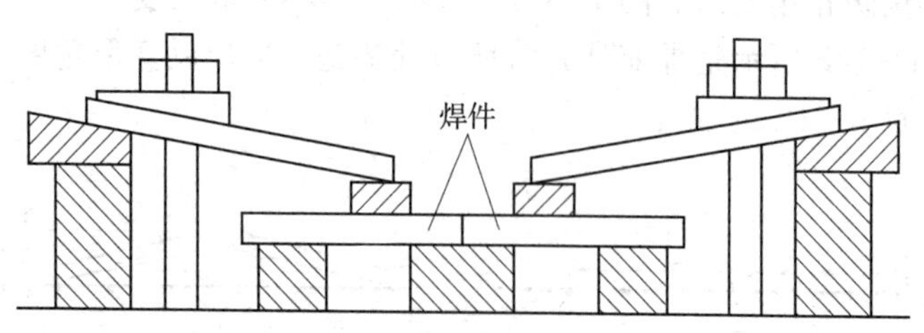

图 1—4—17　对接焊时的刚性固定

4）利用临时支撑增大结构的拘束度。单件生产中采用专用夹具，在经济效益方面不合理。因此，可在容易发生变形的部位焊上一些临时支撑或拉杆，增加局部刚度，以有效地减小焊接变形。如图 1—4—18 所示为防护罩焊接时的临时支撑。

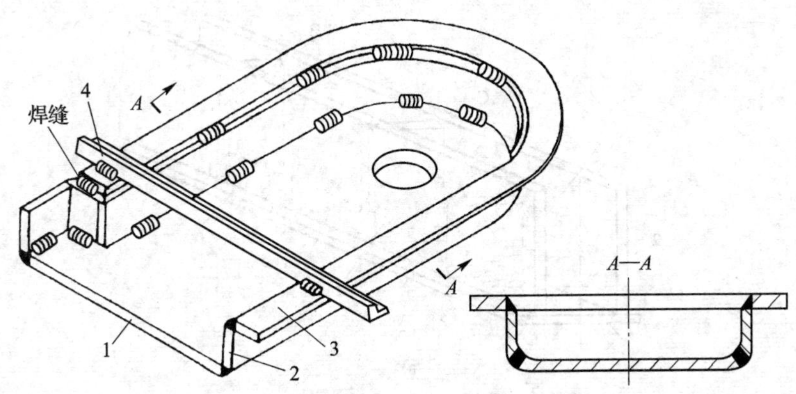

图 1—4—18　防护罩焊接时的临时支撑

1—底板　2—立板　3—缘口板　4—临时支撑

（4）选择合理的装配—焊接顺序。装配—焊接顺序对焊接结构变形的影响很大。因此，在无法使用焊接胎夹具的情况下施焊，一般都须选择合理的装配—焊接顺序，使焊接变形减至最小。为了控制和减小焊接变形，装配—焊接顺序应符合以下原则：

1）化整为零、分步施焊。大型而复杂的焊接结构，若条件允许，可把它分成若干个结构简单的部件，单独进行焊接，然后再总装成整体。这种“化整为零，集零为整”的装配—焊接方案的优点是：部件的尺寸和刚度已减小，利用焊接胎夹具克服变形的可能性增加；交叉对称施焊所要求的焊件翻转与变位也变得容易；更重要的是，可以把对总体结构变形影响最大的焊缝分散到部件中焊接，将其不利影响减小或消除。总之，只有所划分的部件易于控制焊接变形，部件总装时焊接量少，才能实现控制总变形量的目的。

2）对称结构的合理施焊。施焊的焊缝应尽量靠近结构截面的中性轴。如图 1—4—19a 所示为桥式起重机的主梁结构，梁的大部分焊缝处于箱形梁的上半部分，其横向收缩会引起梁的下挠弯曲变形，而该梁的制造技术中要求箱形主梁具有一定的上挠度，为了解决这一矛盾，除了将左右腹板预制上挠度外，还应选择最佳的装配—焊接顺序，使下挠的弯曲变形最小。

根据该梁的结构特点，一般先将上盖板与两腹板装成 Π 形梁，最后装下盖板，组成封闭的箱形梁。Π 形梁的装配—焊接顺序是影响主梁上挠度的关键因素，应先将各长、短肋板与上盖板装配，焊接焊缝 A，然后同时装配两块腹板，焊接焊缝 B 和 C。这时，产生的下挠弯曲变形最小。因为 Π 形梁产生下挠弯曲变形的主要原因是焊缝 A 的收缩，焊缝 A 离 Π 形梁截面中性轴越近，引起的弯曲变形越小。该方案中，在装配腹板之前焊接焊缝 A，结构中性轴最低，因为焊缝 A 距梁的截面中性轴最近，引起的下挠弯曲变形最小。因此，该方案是较理想的装配—焊接顺序，在实际生产中应用广泛。

3）非对称结构的合理施焊。焊缝非对称布置的结构，装配—焊接时应先焊焊缝少的一侧。如图 1—4—20a 所示的压力机压型上模，截面中性轴以上的焊缝多于中性轴以下的焊缝，装配—焊接顺序不合理，最终将产生下挠弯曲变形。解决的办法是先由两人对称地焊接焊缝 1 和 1′（见图 1—4—20b），此时，将产生较大的上挠弯曲变形（变形量为 f_1），并增大了

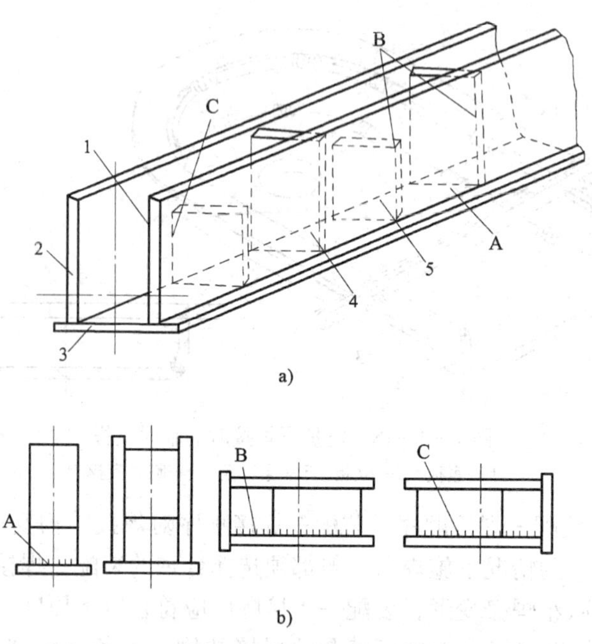

图 1—4—19 桥式起重机主梁的装配—焊接

a）桥式起重机的主梁结构 b）Π 形梁的装配—焊接方案

1、2—腹板 3—上盖板 4—大肋板 5—小肋板

结构的刚度；再按如图 1—4—20c 所示的位置焊接焊缝 2 和 2′，产生下挠弯曲变形（变形量为 f_2）；最后，按如图 1—4—20d 所示的位置焊接焊缝 3 和 3′，产生下挠弯曲变形（变形量为 f_3）。这样，$f_1 \approx f_2 + f_3$，由于方向相反，弯曲变形则会基本相互抵消。

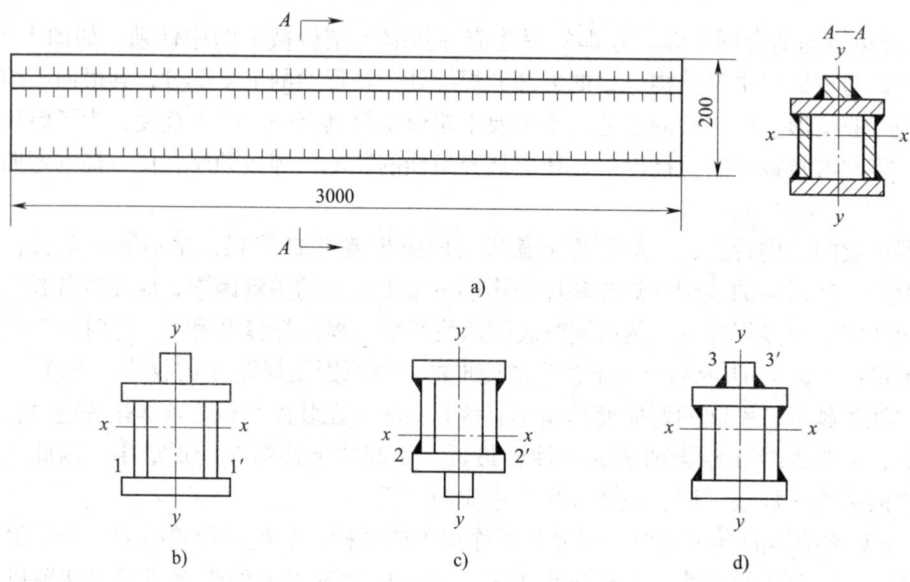

图 1—4—20 压力机压型上模的装配—焊接

a）压力机压型上模 b）、c）、d）焊接顺序

4）对称焊缝的合理施焊。焊缝对称布置的结构，应由偶数个焊工对称地施焊，如图1—4—21所示为圆筒体对接焊缝焊接顺序，此圆筒体应由2名或4名焊工对称施焊。

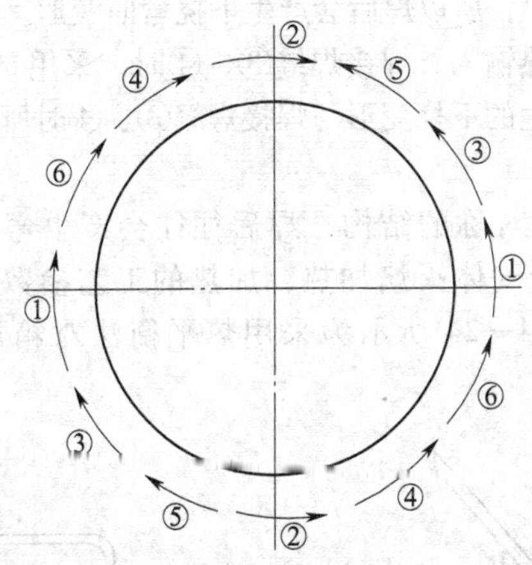

图1—4—21　圆筒体对接焊缝焊接顺序

5）长焊缝的合理施焊。1 m以上长焊缝可采用如图1—4—22所示的顺序和方向进行焊接，以减小焊接后的收缩变形。优先选择图1—4—22a、b所示的施焊顺序；在实际生产中，图1—4—22b所示的焊接顺序用得较多。

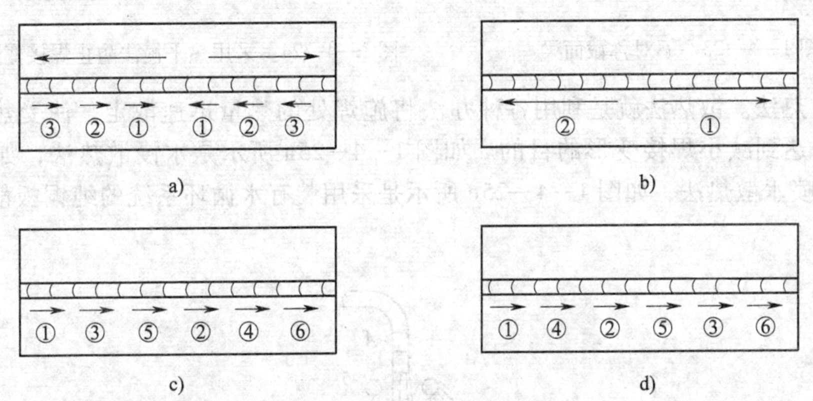

图1—4—22　长焊缝的焊接顺序和方向

（5）选择合理的焊接方法和焊接参数。由于各种焊接方法的热输入不相同，因而产生的变形也不一样，能量集中和热输入较低的焊接方法可有效地减小焊接变形。在常用的焊接方法中，焊接变形由大到小的顺序为气焊、电渣焊、埋弧焊、焊条电弧焊、气体保护焊等。采用CO_2气体保护焊焊接中厚钢板的变形比气焊和焊条电弧焊小得多，更薄的板可以采用脉冲钨极氩弧焊、激光焊等方法焊接。电子束焊的焊缝很窄，变形极小，焊后仍具有较高的精度，一般用于经精加工的工件。

焊接参数影响焊接热输入，而焊接热输入是影响变形量的关键因素，当焊接方法确定后，可通过调节焊接参数来控制热输入。在保证熔透和焊缝无缺陷的前提下，应尽量采用小的焊接热输入。根据焊件结构特点，灵活地运用热输入影响变形的规律，能实现控制变形的目标。如图1—4—23所示的不对称截面梁，因焊缝①、②离结构截面中性轴的距离 s 大于焊缝③、④到中性轴的距离 s'，所以焊后会产生下挠弯曲变形。如果在焊接焊缝①、②时采用多层焊，每层选择较小的热输入；焊接焊缝③、④时，采用单层焊，选择较大的热输入，这样焊接焊缝①、②时所产生的下挠变形与焊接焊缝③、④时所产生的上挠变形能够相互抵消，焊后构件基本达到平直。

（6）热平衡法。焊缝不对称的结构，焊后往往会产生弯曲变形。如果在焊缝对称的位置上，与焊接同步进行气体火焰加热，加热的工艺参数选择适当，可以大大减小焊件的弯曲变形。如图1—4—24所示为采用热平衡法对箱形结构的焊接变形进行控制。

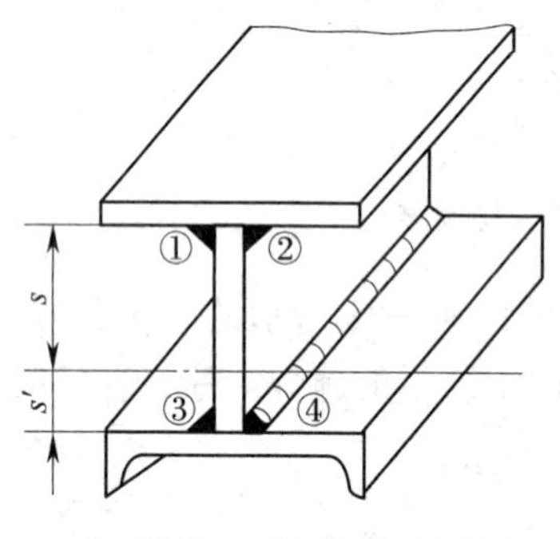

图1—4—23　不对称截面梁

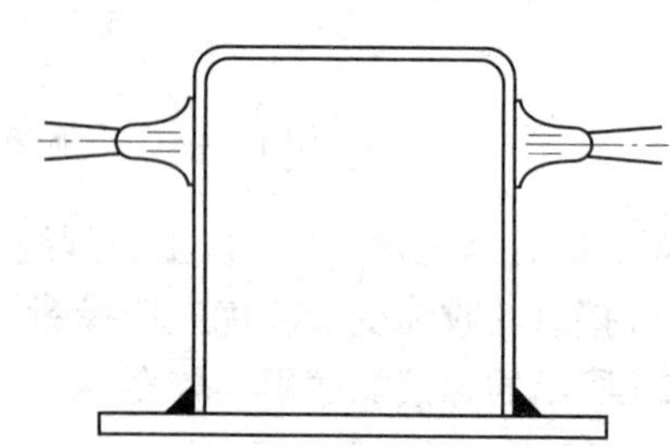
图1—4—24　采用热平衡法防止焊接变形

（7）散热法。散热法就是利用各种办法将施焊处的热量迅速散走，使受热区的温度大大降低，达到减小焊接变形的目的。如图1—4—25a所示是水浸散热法，如图1—4—25b所示是喷水散热法，如图1—4—25c所示是采用装有水循环系统的纯铜板散热垫进行散热。

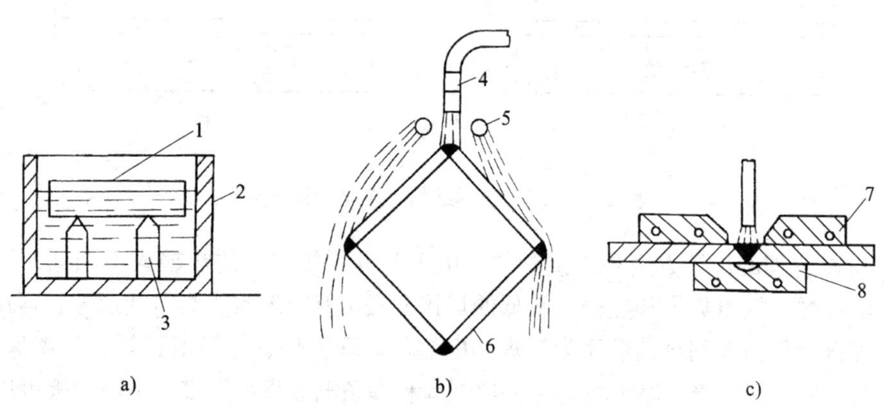

图1—4—25　散热法示意图

a）水浸散热法　b）喷水散热法　c）散热垫散热法

1、6—焊件　2—水槽　3—支撑架　4—焊炬　5—喷水管　7、8—纯铜板散热垫

在焊接结构的实际生产过程中，应充分估计各种变形，分析各种变形的规律，根据现场条件合理选用一种或几种方法，有效地控制焊接变形。

三、矫正焊接变形的基本方法

在焊接结构生产中，首先应采取各种措施防止和控制焊接变形。但是焊接变形是难以避免的，因为影响焊接变形的因素很多，生产中无法兼顾或全方位控制。当焊接结构的变形超出技术要求允许的变形范围时，就必须对焊件的变形进行矫正。常用的焊接变形矫正方法有手工矫正法、机械矫正法、火焰加热矫正法等。

1. 手工矫正法

手工矫正法就是利用锤子等工具锤击焊件的变形处，主要用于矫正一些小型简单焊件的弯曲变形和薄板的波浪变形。

2. 机械矫正法

机械矫正法就是利用机械装置或工具来矫正焊接变形，如利用千斤顶、拉紧器、压力机等装置将焊件校直或校平。机械矫正法一般适用于塑性较好的、形状简单的焊件，如图1—4—26所示。

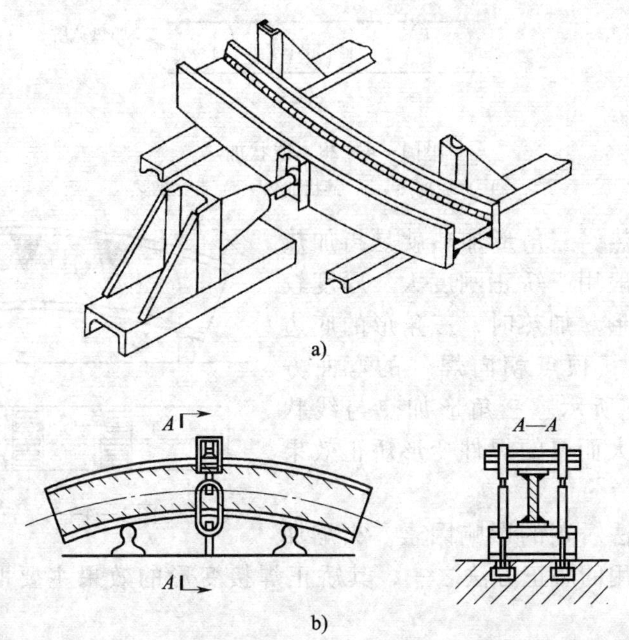

图1—4—26　机械矫正法矫正梁的弯曲变形

a）用千斤顶矫正　b）用拉紧器矫正

3. 火焰加热矫正法

火焰加热矫正法就是利用火焰对焊件进行局部加热，使焊件产生新的变形去抵消焊接变形。火焰加热矫正法在生产中应用广泛，主要用于矫正弯曲变形、角变形、波浪变形等，也可用于矫正扭曲变形。火焰加热的方式有点状加热、线状加热和三角形加热。

（1）点状加热。如图 1—4—27 所示，加热点的数量应根据焊件的结构形状和变形情况而定。厚板的加热点直径 d 较大，薄板的加热点直径则较小，加热点直径通常不小于 15 mm，两点间距为 50～100 mm。变形量大时，加热点之间的距离 a 应小一些；反之，变形量小时，加热点间距离应大一些。

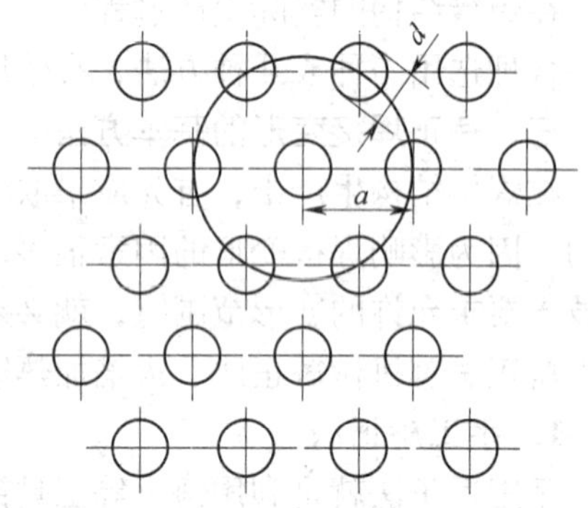

图 1—4—27　点状加热

（2）线状加热。火焰沿直线缓慢移动或同时做横向摆动，形成一个加热带的加热方式，称为线状加热。线状加热有直线加热、链状加热和带状加热三种形式，如图 1—4—28 所示。线状加热可用于矫正波浪变形、角变形和弯曲变形等，多用于矫正变形量大、刚度大的构件。

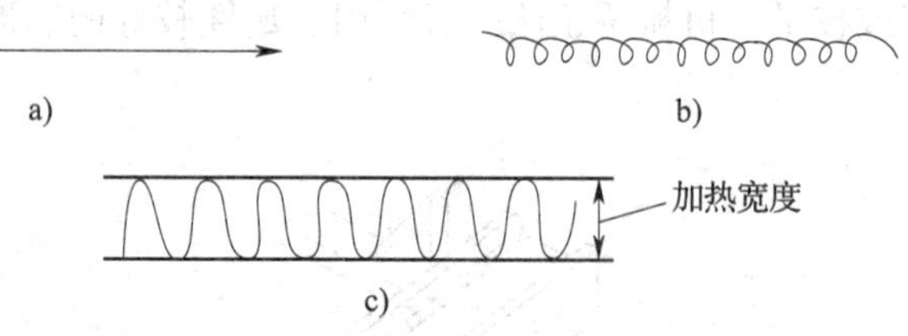

图 1—4—28　线状加热

a）直线加热　b）链状加热　c）带状加热

（3）三角形加热。三角形加热就是指加热区域呈三角形，一般用于矫正刚度大、厚度较大的结构的弯曲变形。加热时，三角形的底边应在焊件的拱边上，顶点朝向焊件的弯曲方向，如图 1—4—29 所示。三角形加热与线状加热联合使用，对大而厚的焊件变形矫正效果更佳。

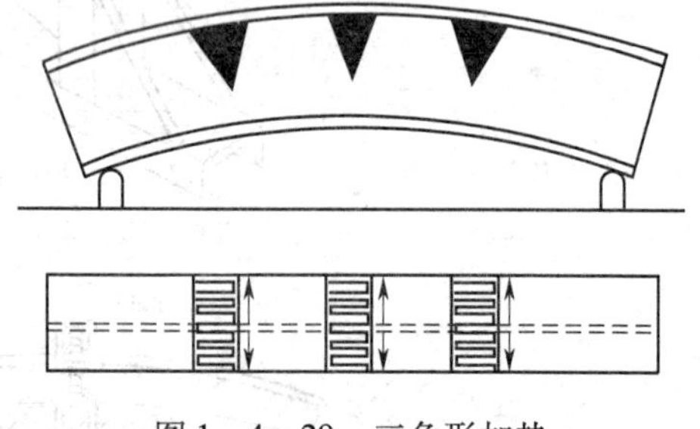
图 1—4—29　三角形加热

（4）火焰加热法矫正的影响因素。火焰加热法是生产中最常用的矫正方法之一，其矫正焊接变形的效果主要取决于以下三个因素：

1）加热方式。加热方式一般取决于焊件的结构形状和焊接变形形式，薄板的波浪变形应采用点状加热，焊件的角变形可采用线状加热，弯曲变形多采用三角形加热。

2）加热位置。确定加热位置是火焰加热矫正法的关键，若加热位置不正确，不仅起不到矫正的作用，反而会加重变形。加热位置的选择应根据焊接变形的形式和变形方向而定。

3）加热温度和加热区的面积。加热温度和加热区的面积应根据焊件的变形量及焊件材质确定，当焊件变形量较大时，加热温度应高一些，加热区的面积应大一些。加热温度一般控制在 600～800℃，防止过热过烧。

任务实施

一、焊前准备

1. 安全生产

按焊工安全操作规程穿戴好劳动保护用品。

2. 材料准备

（1）母材。5 块材质为 6060/T6 的铝型材板，两根材质为 6060/T6 的铝型材边梁。

（2）焊材：ER5356（AlMg5）。

（3）保护气体：70% He + 30% Ar。

3. 设备准备

MIG 自动焊机。

4. 工夹具准备

重铁，横梁，横向支撑，F 钳，电动往复锯，如图 1—4—30 所示。

图 1—4—30　车顶工装组成示意图

二、工艺参数选择

1. 预热温度

$T \geqslant 10$℃；相对湿度 RH≤60%。

2. 焊接参数

焊接电流 $I = 178$ A，电弧电压 $U = 23$ V，焊接速度 $v = 12.5$ mm/s，气体流量为 20 ~ 25 L/min。

3. 焊接方法

MIG 自动焊。

4. 电源极性

直流反接。

5. 焊接位置

平焊。

6. 焊接层数

一层一道。

三、制定控制车顶焊接变形的措施

1. 焊接方法

利用 MIG 焊控制变形。MIG 焊电弧集中，热影响区小，因此变形得到一定的控制。

2. 焊接材料

母材采用型材插入式或镶嵌式结构，如图 1—4—31 所示。该类接头形式使接头具有整体刚性，增加了抵抗变形的能力，从而控制焊接变形。

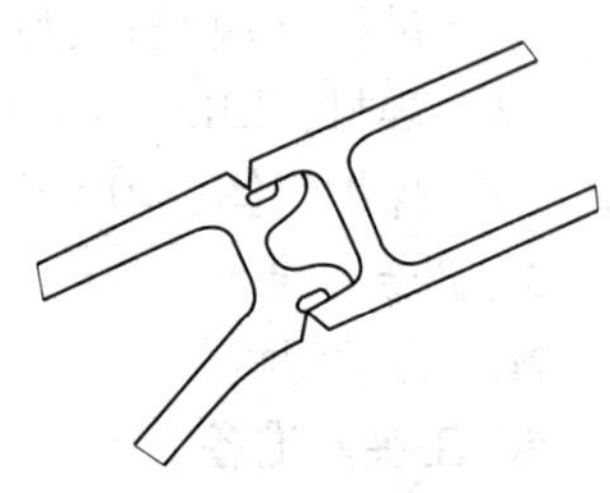

图 1—4—31 型材接头形式示意图

3. 焊接顺序

采用对称自动焊接，先焊①、③两条焊缝，再焊②、④两条焊缝，最后焊⑤、⑥两条焊缝（见图 1—4—32），能有效地控制焊接变形。

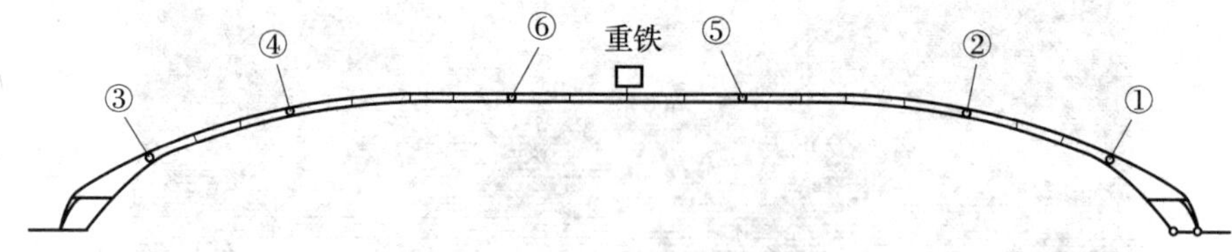

图 1—4—32 焊接顺序及重铁放置位置示意图

4. 刚性固定

（1）外加负载刚性固定。如图 1—4—32 所示，在车顶的中间板上加负载。即在车顶中间压上一块重铁，以控制总体变形，方便后续焊缝得以顺利完成。

（2）工装刚性固定。利用焊接胎夹具，包括横梁、横梁支撑和 F 钳，在车顶组装、焊接过程中通过焊接胎夹具将其固定，很好地控制焊接变形。

5. 分段焊接

焊前先磨刷中心板两侧焊缝；利用自动焊机焊接中间型材，长度方向上每 300 mm 焊接 100 mm 的焊道；然后把大部件焊机返回以便磨刷焊道。大部件焊机焊接边梁与侧板间的焊缝，每间隔 300 mm 焊接 100 mm 的焊道。如图 1—4—33 所示，通过分段施焊，能有效地减小收缩变形的叠加，从而控制总体的焊接收缩变形。

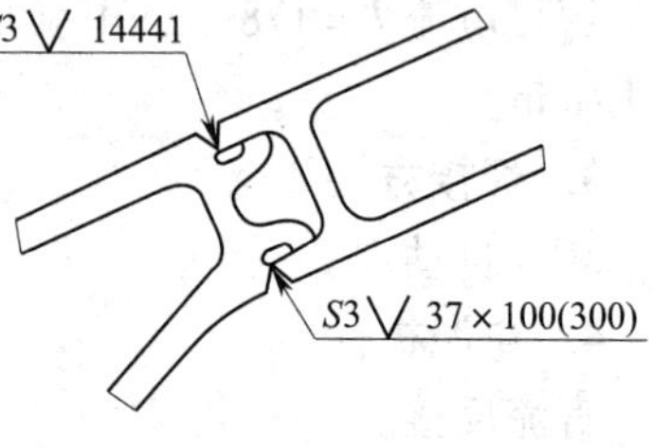

S3 14441

S3 37 × 100(300)

图 1—4—33 接头焊缝符号

四、焊接检验及调修

车顶装正后，测量两边梁到一位端定位面的距离，保证差值在 1 mm 以内，对车顶焊缝进行检查修磨，渗透探伤。

任务评价

表 1—4—1 为本任务的评分标准。

表 1—4—1　　评分标准

序号	考核内容	评分标准	配分	得分
1	焊接残余变形的分类及影响因素	理解焊接残余变形的分类及影响因素	10	
2	控制焊接残余变形的措施	采用合理的措施控制焊接残余变形	30	
3	矫正焊接变形的措施	采用正确的方法矫正焊接变形	30	
4	车顶装配—焊接顺序	装配—焊接顺序正确	20	
5	安全文明生产	根据情况酌情扣分	10	
总分			100	

思考与练习

1. 焊接变形可按哪几种方法分类？每种分类又如何细分？
2. 影响焊接变形的因素有哪些？具体如何影响？
3. 控制焊接变形的措施可以从哪两方面入手？
4. 从设计方面考虑如何控制焊接变形？
5. 从工艺措施方面考虑如何控制焊接变形？
6. 消除焊接变形的措施有哪些？
7. 地铁车辆车顶组焊时，试分析焊接方法采用 MIG 自动焊、电源极性采用直流反接的目的。

模块二　焊接结构生产辅助装备使用

在焊接生产中，除了装配焊接前的生产准备工作之外，占劳动量最多的是装配焊接过程。依据产品结构和装配焊接工艺的不同，装配和焊接占用的劳动量也不相同。按照比较早期的统计，焊接工作占全部生产时间的10%～80%，其余为装配和其他辅助作业时间。在手工焊时，这类时间消耗占总劳动量的50%；自动焊时，占70%；电渣焊时，占80%。显然，欲缩短生产周期、节约劳动时间、提高产品质量和降低产品成本，以取得好的经济效益，除了采用自动化焊接工艺外，还要靠采用先进的装配工艺，缩短装配及焊接辅助工序时间来达到目的，需使整个焊接生产过程（包括焊接过程和装配及其他辅助工序）机械化和自动化。即除采用埋弧自动焊、气体保护焊、气电焊、电渣焊和电阻焊等机械化和自动化程度高的焊接方法外，在工件装配、工件翻转变位、焊机移动和对中、焊件运输等过程中，都要实现机械化和自动化。这些都要求采用装配焊接辅助机械装备，以达到预期的效果。

任务1　使用焊接坡口机开坡口

技能点

◎ 操作坡口机加工焊接坡口

知识点

◎ 常用坡口机

◎ 坡口机安全操作技术

任务提出

焊接结构产品为了满足使用要求，有些焊缝要求全焊透，因此在焊接之前需要在待焊处开坡口。国家标准及行业标准对重要产品的重要部位要求采用机械方法在待焊处开坡口，如采用刨床、铣床、车床和坡口机等，以避免在采用氧乙炔焰开坡口时焊接部位渗碳。例如，压力容器受压元件待焊处开坡口。

某厂接到制作压力容器的任务，钢板卷制成筒体前的尺寸为 1 000 mm × 200 mm × 10 mm，选用合适的平板坡口机，开出如图 2—1—1 所示尺寸的焊接坡口。该坡口为压力容器受压元件待焊处坡口，需保证坡口尺寸正确，表面光洁。

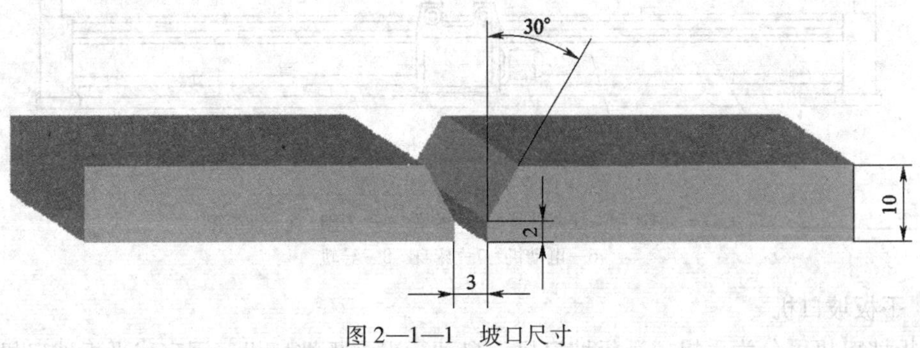

图 2—1—1　坡口尺寸

任务分析

机械制备板边坡口通常采用铣床、刨床及坡口加工机加工。小尺寸板的板边坡口，使用刨床或铣床即可满足需求；而加工大尺寸板的板边坡口，则需要选用适宜的坡口加工机。在坡口加工过程中，需按相应的操作技术要求进行操作，以便完成任务。

相关知识

一、坡口机概述

坡口加工常用的方法有机械切割和气割两类。采用机械加工方法可加工各种形式的坡口，如 I 形、V 形、U 形、X 形及双 U 形等。机械加工坡口常用的设备有车床、铣床、刨边机及坡口机等。

如图 2—1—2 所示，刨边机可加工各种形式的直线坡口，并有较好的表面质量，加工的尺寸准确，不易产生加工硬化和淬硬组织，特别适合低合金高强钢、高合金钢、复合钢板及不锈钢等的加工。缺点是机械外形尺寸大，价格昂贵。

坡口机是管道或平板在焊接前加工端面倒角坡口的专用工具，解决了火焰切割、磨光机磨削等操作工艺的角度不规范、坡口面粗糙、工作噪声大等缺点，具有结构简单、操作简便、角度标准等优点。所加工的板材，除厚度外，在理论上不受直径、长度、宽度的限制。

按用途，坡口机主要分为压力容器坡口机（如外卡式管道坡口机、板材坡口机和内涨式坡口机）、工程机械坡口机（如自动坡口机、便携式坡口机）、桥梁坡口机和机械设备坡口机（如火焰切割坡口机、电动坡口机）。从加工零件种类来看，坡口机可分为平板坡口机和管子坡口机两大类。

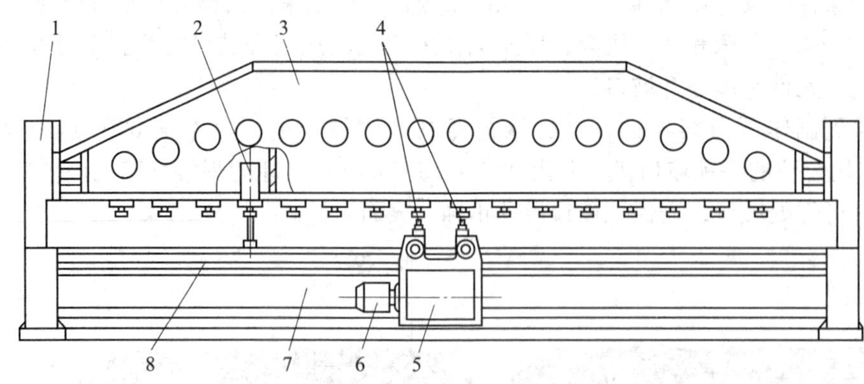

图 2—1—2　刨边机

1—立柱　2—压紧装置　3—横梁　4—刀架　5—进给箱
6—电动机　7—床身　8—导轨

1. 平板坡口机

平板坡口机可分为手提式平板坡口机、自动行走平板坡口机、固定式平板坡口机等，如图 2—1—3 所示。

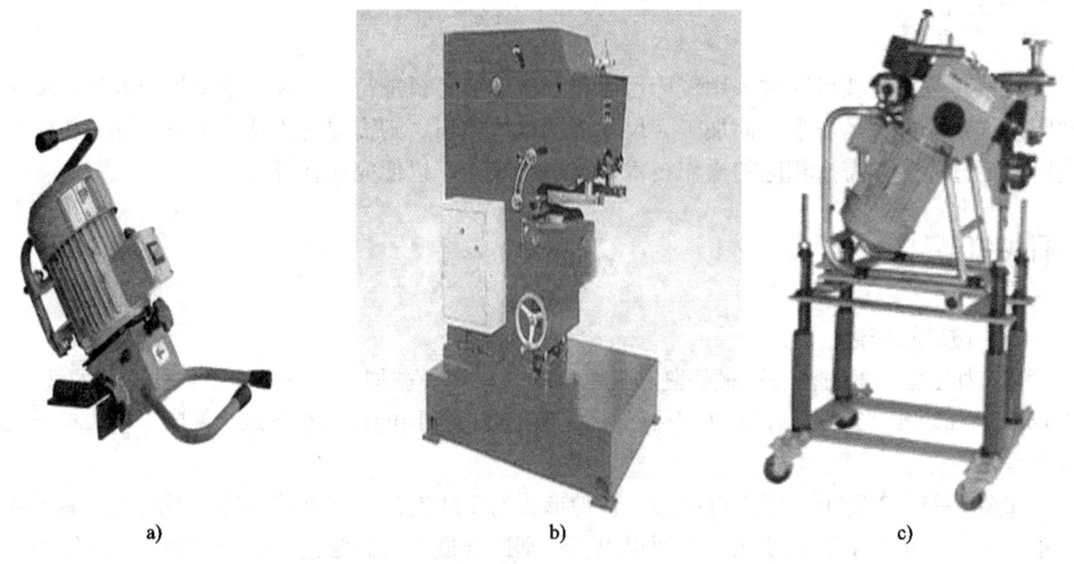

图 2—1—3　平板坡口机

a）手提式平板坡口机　b）自动行走平板坡口机　c）固定式平板坡口机

平板坡口机主要利用滚动剪切原理，在滚刀旋转带动钢板前进的相对运动中，将钢板的边角切除。

在生产中使用范围较广的板边开坡口机械为固定式平板坡口机，主要用于碳素结构钢板及不锈钢板等的坡口加工。固定式平板坡口机设备体积小、结构简单、操作方便，加工的坡口尺寸正确、表面光洁，与气割开坡口相比，能耗低，加工坡口的速度快（为气割的 3 倍以上），且不需清理毛刺，效率高（是铣床或刨床的 20 倍），在理论上不受工件直径、长度、宽度的限制。它的最大加工厚度可达到70 mm，是目前国内最理想的钢板焊前坡口加工设备。

固定式平板坡口机的技术参数：

加工钢板厚度：6 ~45 mm；

坡口角度范围：25° ~55°；

加工最小直边：2 mm；

电动机型号：Y112M -4 kW/1 440 r/min；

主轴转速：7. 7 r/min。

固定式平板坡口机构造如图 2—1—4 所示。

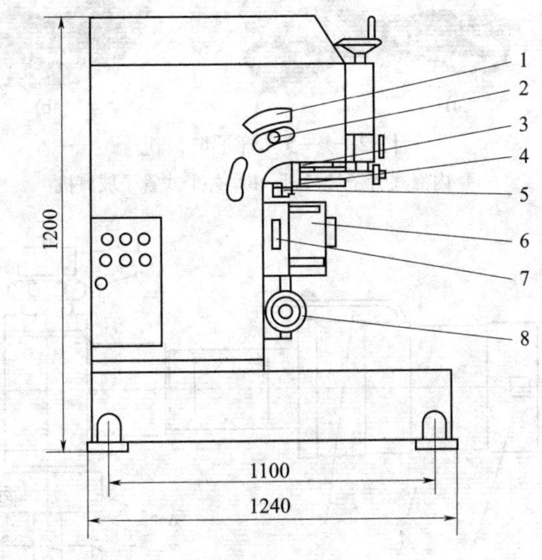

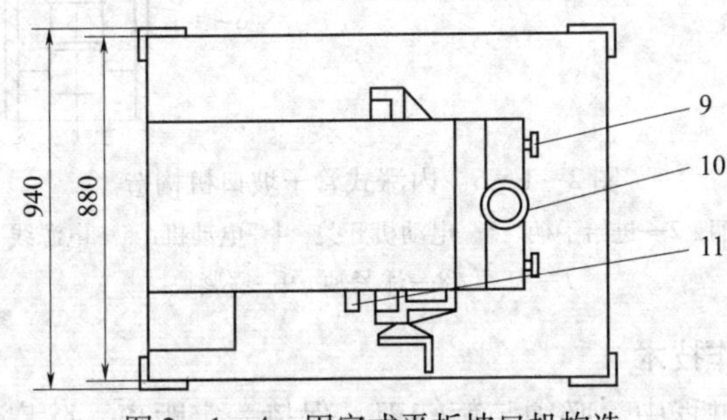

图 2—1—4　固定式平板坡口机构造

1—角度指示尺　2—锁紧螺母　3—顶紧螺钉　4—滚剪刀　5—挡轮　6—滑轮台
7—升降指示标牌　8—升降手轮　9—锁紧把手　10—压紧手轮　11—调节手轮

2. 管子坡口机

管子坡口机具有结构紧凑、体积小、质量轻、操作方便、切削平稳、加工范围大等特点。管子坡口机按驱动力分为电动管子坡口机、气动管子坡口机两大类，按固定方式分为内涨式管子坡口机、外卡式管子坡口机等，如图 2—1—5 所示。

内涨式管子坡口机采用模块化设计，质量轻。电动机和气动马达开闭容易，使用刻度盘使进给尺寸精确，其构造如图 2—1—6 所示。外卡式管子坡口机常用于工作空间狭小的小管径管道坡口加工，可加工各等级碳钢、合金钢、不锈钢等的管材，采用外卡定位安装，简单轻巧、装夹稳定、使用方便。

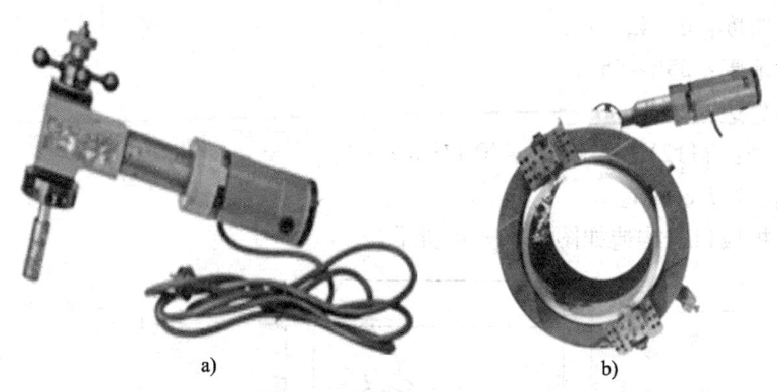

a)　　b)

图 2—1—5　管子坡口机

a）内涨式管子坡口机　b）外卡式管子坡口机

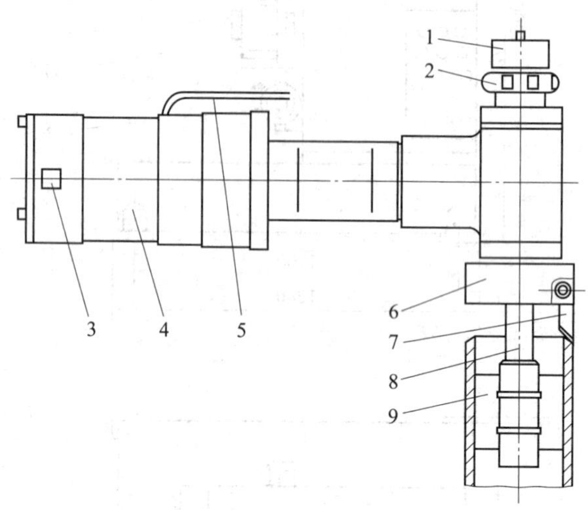

图 2—1—6　内涨式管子坡口机构造

1—涨紧手柄　2—进给手柄　3—电动机开关　4—电动机　5—电源线　6—刀盘　7—刀具　8—涨紧轴　9—涨紧块

二、坡口机安全操作技术

坡口加工机械操作过程中，必须与旋转刀具保持一定距离，除启动和停止本设备外，手臂须与旋转部件保持至少 10 cm 的距离；在靠近机械作业时，必须佩戴护目眼镜，并佩戴听觉保护装置或隔声器具；不能戴手套操作机械；作业时产生的金属屑需小心处置，以免烫伤。具体操作注意事项如下：

1. 作业前

（1）操作人员应穿工作服并扎紧袖口，工作时不得戴手套，长发和发辫应盘入帽内，严禁穿短裤、裙子、凉鞋或拖鞋。

（2）检查机械、仪表及工具等的完好情况，机床保险螺栓及销子不得松动，机床外露的传动轴、传动带、齿轮、带轮等的保护罩完好，转动部位不得放有工具、量具或其他物品。

（3）检查各处油位及各油标，应有足够油量。

（4）机床应良好接地。

2. 作业中

（1）操作人员在工作过程中不得擅自离开工作岗位。

（2）夹具应完好。

（3）油压系统的油路应严密、畅通，油压、油量及油温应保持在规定范围内。

（4）机床周围地面上的油污及杂物应及时清理。

（5）冬季气温较低时，应先开动机床空转，待机油溶化后方可进行工作。

（6）两人操作一台机床时，应分工明确并由一人负责指挥，工作时必须加强联系。

（7）装卸较重的工件时，应有他人配合或使用起重机械。

（8）操作人员的面部不得正对刀口，不得在刀架的行程范围内检查切削面。

（9）机床开动后，严禁将头、手指伸入其回转行程内。

（10）严禁在运行的机床上面递送工具、夹具及其他物品或直接用手触摸加工件。

（11）严禁用手拿沾有切削液的棉纱冷却转动的工件或工具。

（12）机床上的边角料及剪切下的零星料严禁直接用手清除，缠在刀具上或工件上的带状切屑必须用铁钩清除，清除时必须停车。

（13）操作机床时，不得将脚架在机床上或靠在机床上。如遇停电，必须立即切断电源，退出刀架。

（14）切削脆性金属或高速切削时应戴防护眼镜，并按切屑飞射方向加设挡板；切削铸铁时应戴口罩。

（15）当检查精度、测量尺寸、校对冲模剪口或加工件变动位置、机床发生不正常响声时，必须停车。

3. 作业后

作业完毕，停机切断电源，锁好电闸箱，保养好机械，清理场地。

任务实施

一、操作前准备

根据本任务，对尺寸为1 000 mm×200 mm×10 mm的钢板加工如图2—1—1所示的坡口。熟悉施工方案的相关内容，如机械类型、操作方法及安全注意事项等。

本任务实施选用固定式平板坡口机，要求熟悉固定式平板坡口机的构造。

二、操作要领

1. 调整角度

松开坡口机两侧墙板上的四个锁紧螺母，摇动调节手轮，从指针及刻度标牌上可直接看出所需调整的角度数值，然后锁紧螺母。

2. 调整直边

摇动升降手轮，可从标牌上直接看到指针所指的预留的直边（坡口的钝边）高度为2 mm。

3. 调整压紧装置

把待加工件（或同厚度的样板）放在工作台上，松开锁紧把手，然后转动压紧手轮，使压辊轻轻压住钢板，拧紧锁紧把手。如加工件又厚又窄，用顶紧螺钉顶紧墙板；如加工较大尺寸钢板的坡口，压辊可与钢板保持一定间隙；如加工很窄的钢板需配附加压辊，附加压辊的安装需依靠两边半圆孔卡在两长压辊上。

4. 加工坡口

完成了上述操作，即可开启电源，使刀具转动，把工件待加工面贴在后支撑轮及支撑块上，然后将工件轻轻推进至与刀具啮合的位置，工件即自动进料至加工完坡口。

三、坡口质量检查

为了保证后续装配和焊接质量，坡口加工后必须进行认真的检查。主要检查坡口的形状是否符合要求，如坡口的角度、钝边等尺寸是否在合格范围之内；坡口是否光滑、平整；氧化铁等是否清理干净。

任务评价

表 2—1—1 为本任务的评分标准。

表 2—1—1　　评分标准

序号	考核内容	评分标准	配分	得分
1	熟悉坡口机类型、功能、工作原理	熟悉相关内容	20	
2	调整坡口机的角度	安全、正确操作	10	
3	调整直边	安全、正确操作	15	
4	调整压紧装置	安全、正确操作	10	
5	坡口加工	安全、正确操作	15	
6	坡口检查	坡口尺寸符合要求	20	
7	安全文明生产	酌情扣分	10	
总分			100	

思考与练习

1. 坡口加工按加工方法、材料类型分别可分为哪几种？
2. 平板坡口机分为哪几种？
3. 管子坡口机是如何分类的？
4. 简要叙述平板坡口机和管子坡口机的工作原理。
5. 简要叙述平板坡口机加工坡口的具体操作步骤。
6. 试述坡口加工时的安全操作技术。

任务2 使用焊接工装夹具组焊

技能点

◎ 使用焊接工装夹具组焊

知识点

◎ 焊接工装夹具的特点及基本要求

◎ 焊接工装夹具的结构

◎ 焊接工装夹具安全操作技术

任务提出

在焊接结构生产中，组对是一个重要的环节，组对质量将直接影响结构的尺寸精度和焊缝质量，因此，在焊接结构生产中要保证组对的质量。

某装配车间接到如下生产任务：使用焊接工装夹具进行如图2—2—1所示两节筒体的组焊，要求根据焊接结构外形、构造和尺寸，选用焊接工装夹具，在此基础上，正确使用并安全操作焊接工装夹具，保证筒体外形平直，并保证圆度及坡口尺寸，确保结构的装配焊接质量达到要求。

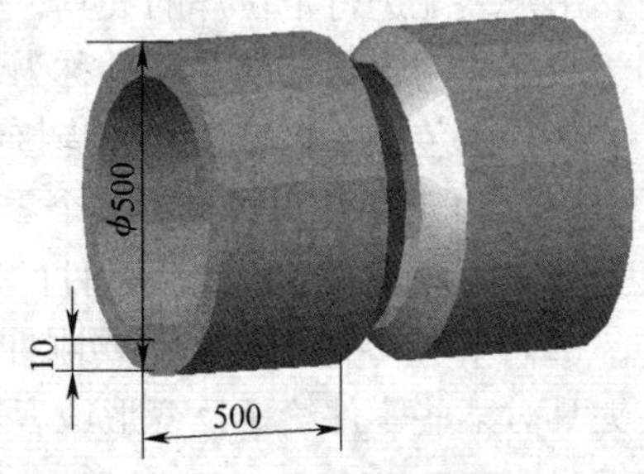

技术要求

1. 同轴度偏差不大于3mm。
2. 直线度偏差不大于5mm。
3. 圆度偏差不大于3mm。
4. 装配间隙为2mm。

图2—2—1 筒体装配示意图

任务分析

筒体组对前，首先准备所需的装配用设备和工装夹具。装配开始时用工装夹具调整两筒体的圆度，装配过程中控制两筒体的同轴度，调整合格后进行定位焊和正常焊接。

相关知识

一、焊接工装夹具的特点及基本要求

1. 组对

组对是指将两个或两个以上的工件用焊接的方法临时连接在一起的生产措施。常用组对工艺如下：

（1）组对时，坡口间隙、错边量、坡口角度应符合要求。

（2）组对时，应尽量少用工装夹具，确需点焊定位块等工装夹具时，应尽量避免待焊

机件损伤。

（3）需要焊接工装夹具、吊耳时需统一设置，并与筒体同材质。

（4）组对前需找正筒体圆度，对刚度较差的筒体，尽量采用专用撑圆组对夹具，并测量端口周长，根据周长进行修复、调整。

（5）组对时，应严格控制错边、间隙，并保证间隙的均匀一致性。

（6）严禁强力组对，定位焊缝间距应均匀分布，定位焊缝高度不大于 5 mm。

（7）严禁对材料表面进行烘烤。定位焊缝不得有裂纹，否则应清除重焊；如存在气孔、夹渣时也应去除。

（8）熔进永久焊缝内的定位焊缝两端应便于接弧，否则应予修整。

（9）定位焊及临时工装夹具的焊接需采用与筒体相同的焊接工艺及焊接材料。

2. 焊接工装夹具的特点

焊接工装夹具是将焊件准确定位并夹紧，用于装配和焊接的工艺装备。在焊接结构生产中，用来装配进行定位焊的夹具，称为装配夹具；专门用来焊接的夹具，称为焊接夹具；既用于装配又用于焊接的夹具，称为装配焊接夹具。以上几类夹具统称为焊接工装夹具。焊接工装夹具由装配—焊接工艺和焊接结构的形式决定，其具有以下特点：

（1）由于焊件一般是由多个零件组焊而成的，这些零件的装配和定位焊在焊接工装夹具上需按顺序进行，因此，零件的定位和夹紧是单独进行的。

（2）焊接零件不是都需要刚性固定。焊接过程中，为了减小或消除焊接变形，要求工装夹具对某些零件给予反变形或者进行刚性固定，甚至允许某些零件在某一方向上能够自由伸缩。

（3）装配焊接后工件的结构尺寸增大，质量增加，形状变得复杂，所以增加了焊接工装夹具拆卸的难度。

（4）焊接工装夹具受力复杂。例如，焊接时承受焊接应力，夹紧时承受焊件的重力，甚至还有装配时承受锤击力等。

（5）焊接工装夹具尺寸一般较大，装配夹具和装焊夹具上的夹紧点、定位点较多，因此设计难度较大。

（6）焊接工装夹具主要用来保证结构连接件的相对位置精度和整体结构的形状精度。

3. 对焊接工装夹具的基本要求

（1）焊接工装夹具应动作迅速、操作方便，操作位置要处于操作人员容易接近的部位。特别是手动夹具，操作力不能过大，频率不能过高，操作高度应设在操作人员容易用力的部位。当夹具处于夹紧状态时，应设置必要的安全连锁保护装置。

（2）焊接工装夹具应有足够的装配、焊接空间，不能影响焊接操作和观察，不得妨碍焊件装卸。所有的定位元件和夹紧机构应与焊道保持适当的距离，或者布置在焊件的下方或侧面。夹紧机构的元件应能自由伸缩或转位。

（3）夹紧可靠，刚度适当，夹紧后既不会使焊件松动滑移，也不会拘束焊件而产生较大应力。

（4）夹紧时不能损坏焊件表面。夹紧薄件和软质材料的焊件时，应限制夹紧力，或者采取限制夹紧压头行程限位，加大压头接触面积，加铜、铝软质衬垫等措施。接近焊接部位的夹具，应考虑隔热和防止飞溅等措施，防止夹紧机构和定位器表面损伤。

（5）用于大型结构的夹具，特别是夹紧体要有足够的强度。

（6）同一夹具上，定位器和夹紧机构的结构形式不宜过多，并且尽量只选用一种动力源。

（7）焊接工装夹具应具有较好的制造工艺和较高的生产效率。尽量选用通用型、标准型的夹紧机构或使用标准零部件来制作焊接工装夹具。

二、焊接工装夹具的结构

焊接工装夹具按动力源可分为七类，即手动夹具、气动夹具、液压夹具、磁力夹具、真空夹具、电动夹具、混合式夹具。

一套完整的焊接工装夹具主要由定位器、夹紧机构、夹具体组成，如图 2—2—2。

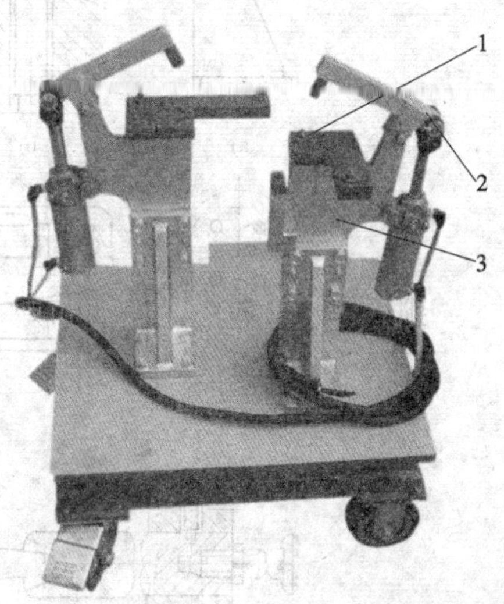

图 2—2—2　焊接工装夹具示意图
1—定位器　2—夹紧机构　3—夹具体

1. 定位器

工件的定位是指工件在夹具中的位置按照一定的要求确定下来，将必须约束的自由度逐一予以限制。

定位器是将待装配零件在装焊夹具中固定于正确位置的器具，也可称为定位元件。结构较复杂的定位器称为定位机构。

在焊接作业时，为了保证零件和部件获得正确的装配位置，必须对工件进行定位。焊接结构装配时，常用的定位器有挡铁、支撑钉、定位销、V 形铁、定位样板等。挡铁、支撑钉可用于平面定位，定位销用于焊件与孔的定位，V 形铁用于圆柱体、圆锥体的定位，定位样板用于焊件与已定位焊件之间的定位。定位器可制成拆卸式、进退式及翻转式等形式，其常见形式如图 2—2—3 所示。

2. 夹具体

夹具体是安装定位器和夹紧机构的部分，可用来设置和固定各种定位器和夹紧机构。各种焊接变位器设备上的工作台、装焊车间的各种平台都是夹具体。

对夹具体的具体要求如下：

（1）有足够的强度和刚度。

（2）便于实施装配和焊接作业。

（3）能容易地拆卸焊好的焊件。

（4）容易清除焊渣、铁锈等污物。

（5）具备必要的导电、散热、通水、导气及通风等条件。

（6）有利于定位器和夹紧机构位置的调节和补偿。

（7）必要时，应具有反变形功能。

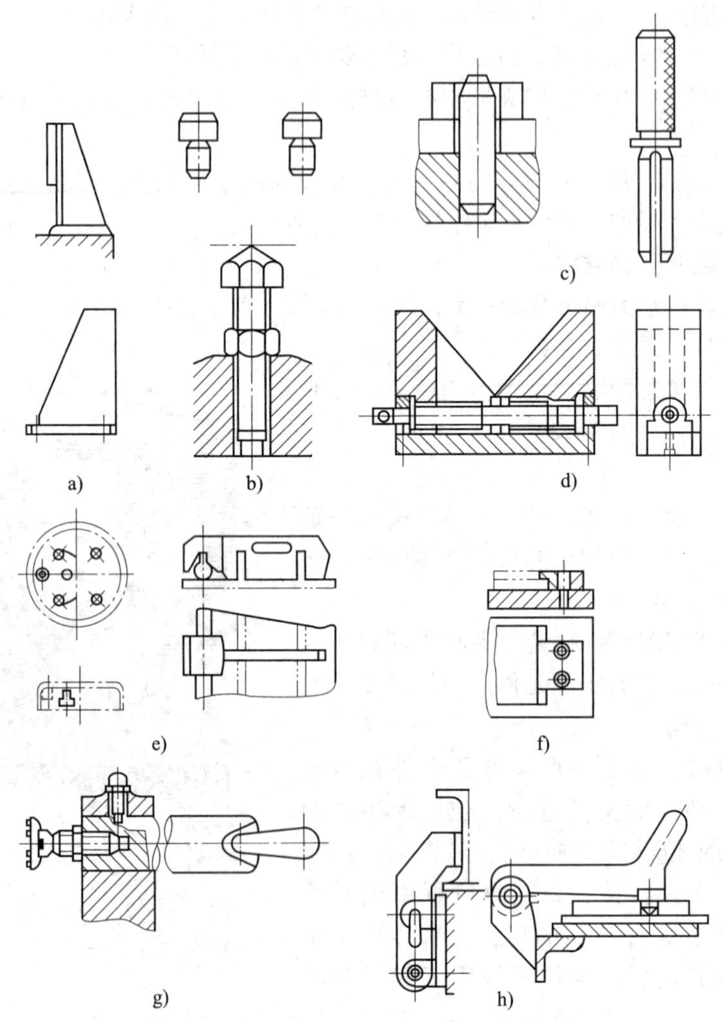

图 2—2—3　定位器的常见形式

a）挡铁　b）支撑钉　c）定位销　d）V 形铁　e）定位样板

f）拆卸式定位器　g）进退式定位器　h）翻转式定位器

3. 夹紧机构

夹紧机构一般由动力装置、中间传动机构和夹紧元件等组成。其中，动力装置是产生原始力的部分，是指机动夹紧时所用的气压、液压或电动机等动力装置，手动夹紧则不需要这些动力装置；中间传动机构即中间传力部分，是用于接受原始力并将它传递或转变为夹紧力的机构；夹紧元件是夹紧机构的最终执行元件，通过它与工件受压面直接接触而完成夹紧。传动机构与夹紧元件合起来便构成夹紧机构。

（1）手动夹紧机构。手动夹紧机构是以人力为动力，通过手柄或脚踏板操作，用于装焊作业的机构。手动夹紧机构具有结构简单、能自锁的特点，多用于单件和小批量生产中。手动夹紧机构的典型结构与应用见表 2—2—1。

表 2—2—1　　手动夹紧机构的典型结构与应用

名称	举　例	应　用
手动螺旋夹紧器	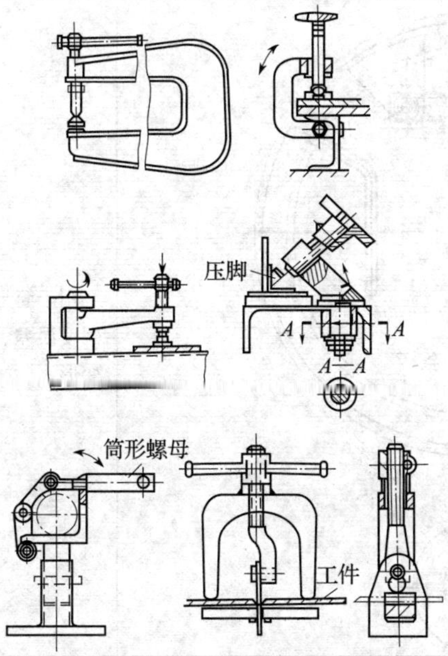 压脚 A A A—A 筒形螺母 工件	结构简单，形式多样，适应面广，夹紧力较大，自锁性能好，但螺旋行程较小，动作缓慢，效率较低，多用于单件和小批量生产
手动螺旋拉紧器	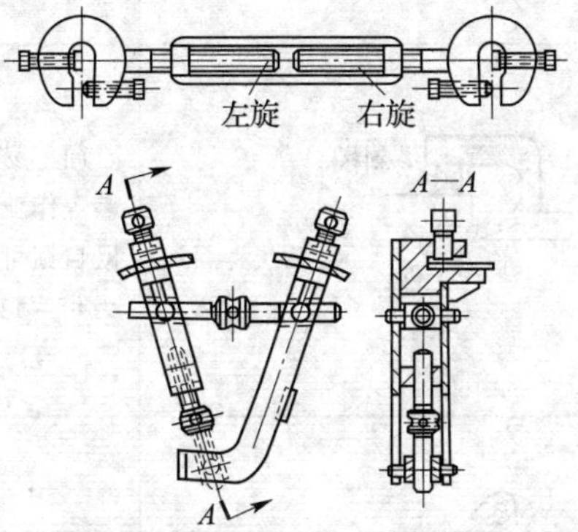 左旋　右旋 A A A—A	通过螺旋的扩力作用，将工件拉拢。在装配和矫形作业中应用较多的直线螺旋拉紧器已标准化、系列化
手动螺旋推撑器	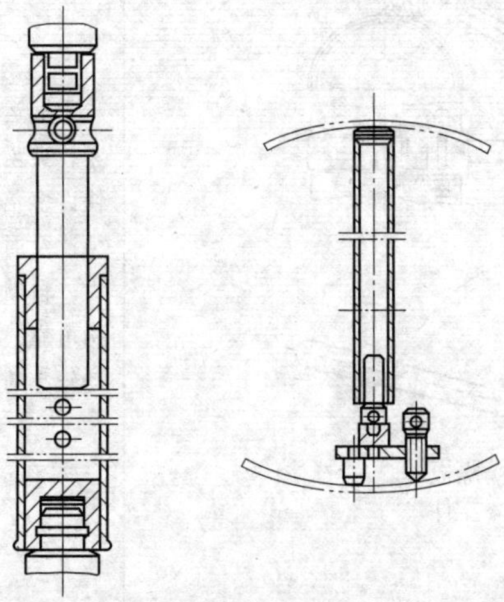	用于支撑工件、防止变形和校正变形

续表

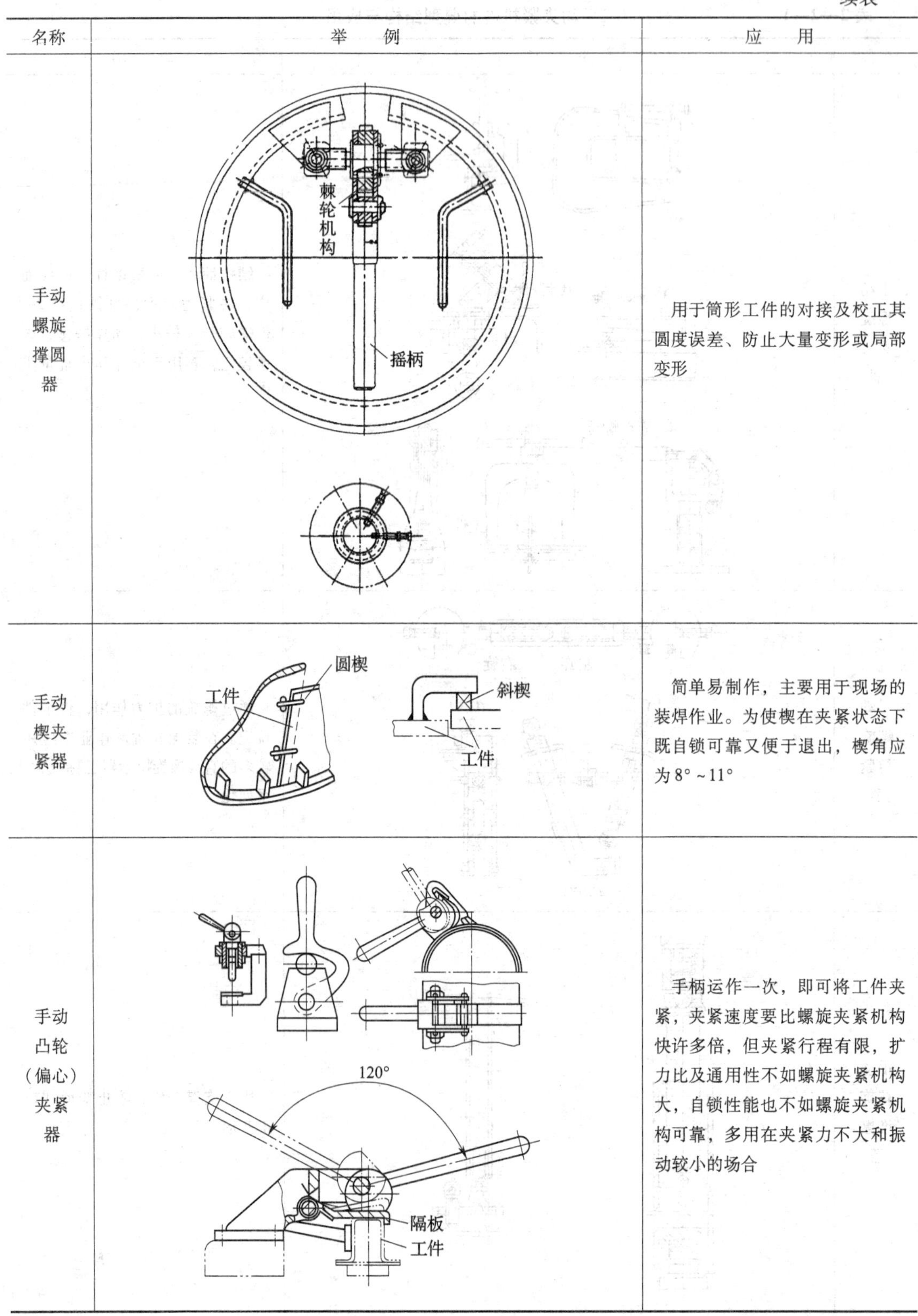

名称	举　例	应　用
手动螺旋撑圆器		用于筒形工件的对接及校正其圆度误差、防止大量变形或局部变形
手动楔夹紧器		简单易制作，主要用于现场的装焊作业。为使楔在夹紧状态下既自锁可靠又便于退出，楔角应为8°～11°
手动凸轮（偏心）夹紧器		手柄运作一次，即可将工件夹紧，夹紧速度要比螺旋夹紧机构快许多倍，但夹紧行程有限，扩力比及通用性不如螺旋夹紧机构大，自锁性能也不如螺旋夹紧机构可靠，多用在夹紧力不大和振动较小的场合

续表

名称	举　例	应　用
手动凸轮(偏心)—杠杆夹紧器	垫板 压紧杠杆 A A A—A	经凸轮或偏心轮扩力后再经杠杆扩力来实现夹紧，动作迅速，但自锁可靠性不如螺旋—杠杆夹紧器，是一种应用较广泛的夹具
手动杠杆—铰链夹紧器	手柄	借助杠杆与连接板的组合实现夹紧作用。其夹紧速度快，夹头开度大，派生结构多，机动灵活，使用方便，常用来夹紧薄板金属构件。在装焊生产线上应用较多

（2）气动和液压夹紧机构。气动夹紧机构以压缩空气为动力源，推动气缸动作，实现工件夹紧。液压夹紧机构以压力油为传力介质，推动液压缸动作，实现工件夹紧。通常气动夹紧机构所用的压缩空气压力为0.4～0.6 MPa，液压夹紧机构采用的油压是3～8 MPa。气动（液压）夹紧机构的典型结构与应用见表2—2—2。

表2—2—2　　气动（液压）夹紧机构的典型结构与应用

名称	举　例	应　用
气动（液压）夹紧器	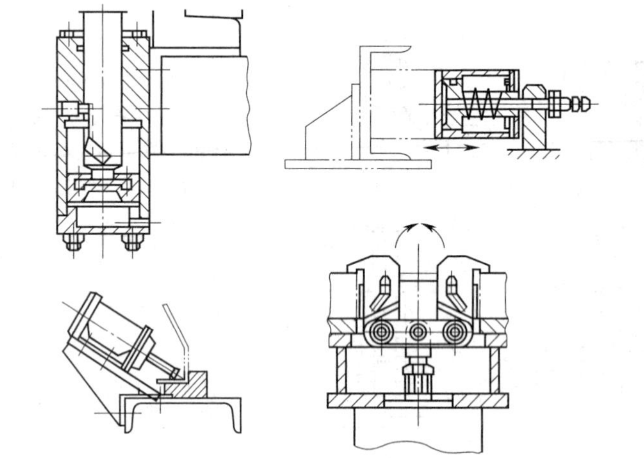	气动（液压）夹紧器是通过气缸（液压缸）的直接作用以夹紧焊件的机构，其夹紧力即为气缸（液压缸）的推力，应用广泛
气动（液压）杠杆夹紧器	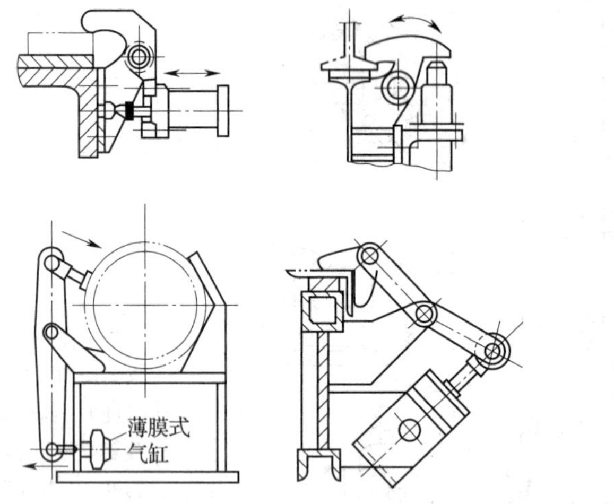 薄膜式气缸	气缸（液压缸）推力通过杠杆的进一步扩力或缩力后实现夹紧作用，形式多样，适用范围广，在装焊生产线上应用较多
气动（液压）斜楔夹紧器	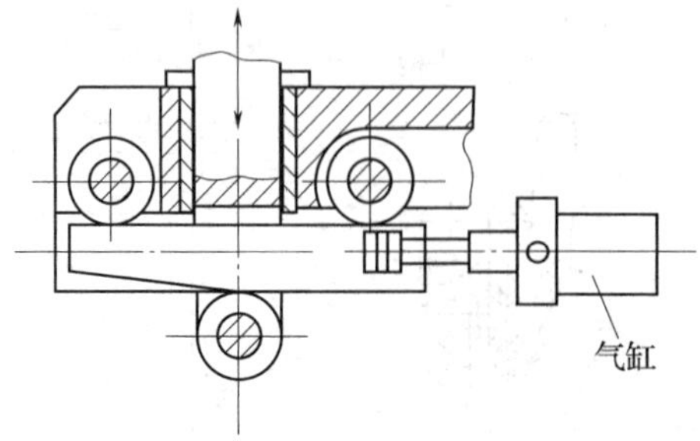 气缸	气缸（液压缸）推力通过斜楔进一步扩力后实现夹紧作用，扩力比较大，可自锁，但夹紧行程小，机械效率低，在装焊作业中应用较少

续表

名称	举　　例	应　　用
气动（液压）撑圆器	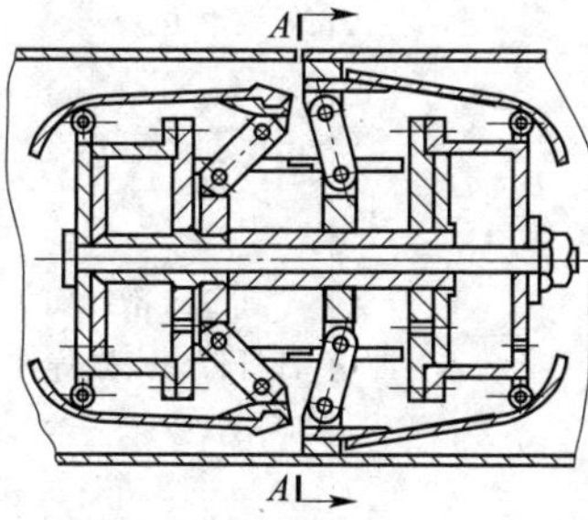 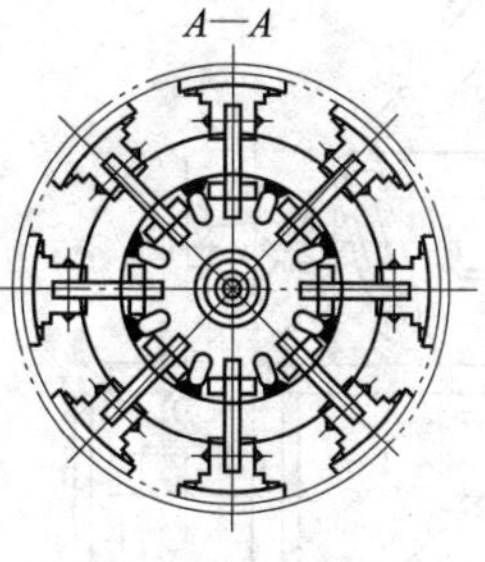 A—A	与手动撑圆器相比，推撑力大，圆周受力均匀，但体积大，机动性差，一般不能自锁，主要用于中小壁厚、大径筒节的对接和整形
气动（液压）拉紧器	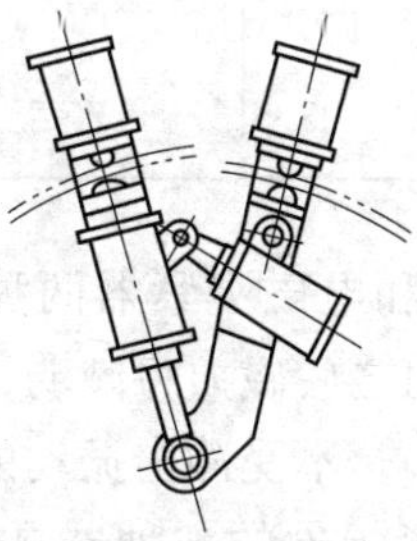 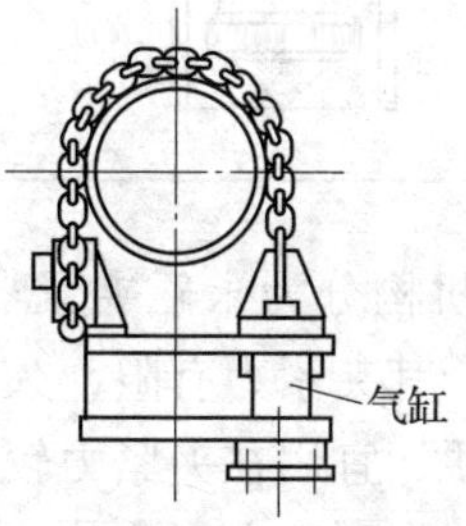 气缸	通过气缸或液压缸的作用，将焊件拉拢或拉紧，拉力大，不能自锁，用于厚、大件的装焊作业
气动（液压）铰链—杠杆夹紧器	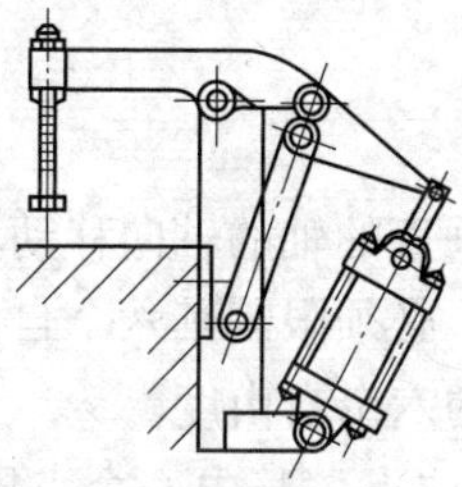 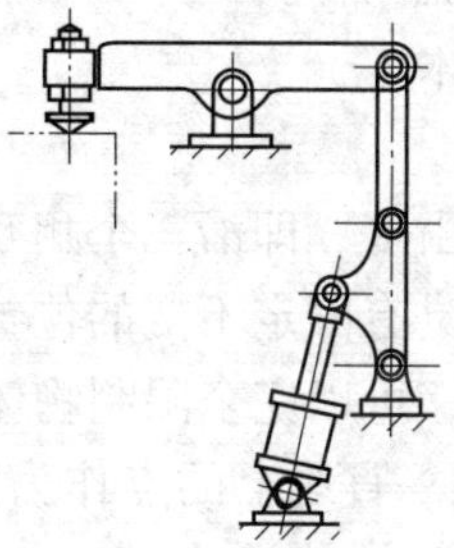 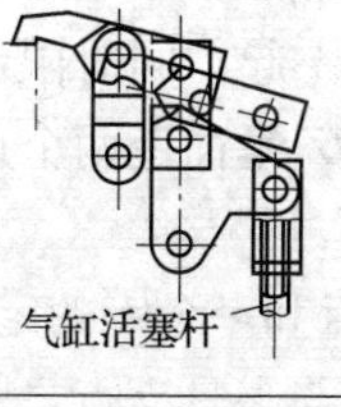 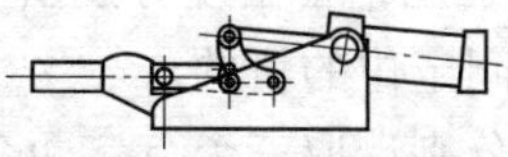 气缸活塞杆	气动（液压）铰链—杠杆夹紧器是通过杠杆与铰链的组合，将气缸（液压缸）推力传递到焊件上实现夹紧的机构。其扩力比大，有自锁性能，机械效率高，夹头开度大，形式多样，多用于动作频繁的大批量生产场合
气动（液压）凸轮—杠杆夹紧器	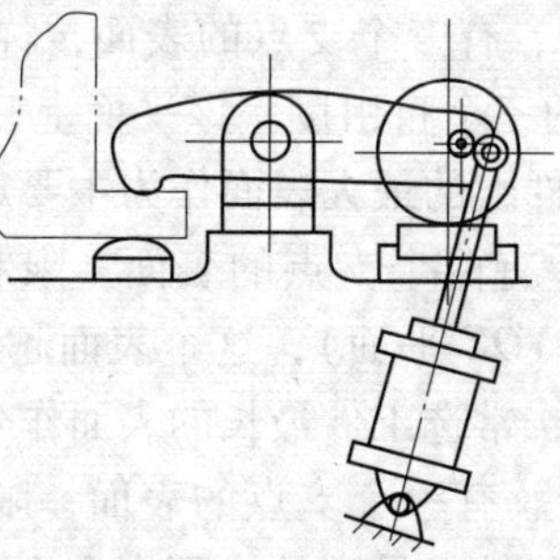	气缸（液压缸）推力经凸轮或偏心轮扩力后，再经杠杆扩力或缩力来夹紧焊件。有自锁性能，扩力比大，但夹头开度小，夹紧行程不大，在装焊作业中应用较少

续表

名称	举　例	应　用
气动（液压）杠杆—杠杆夹紧器	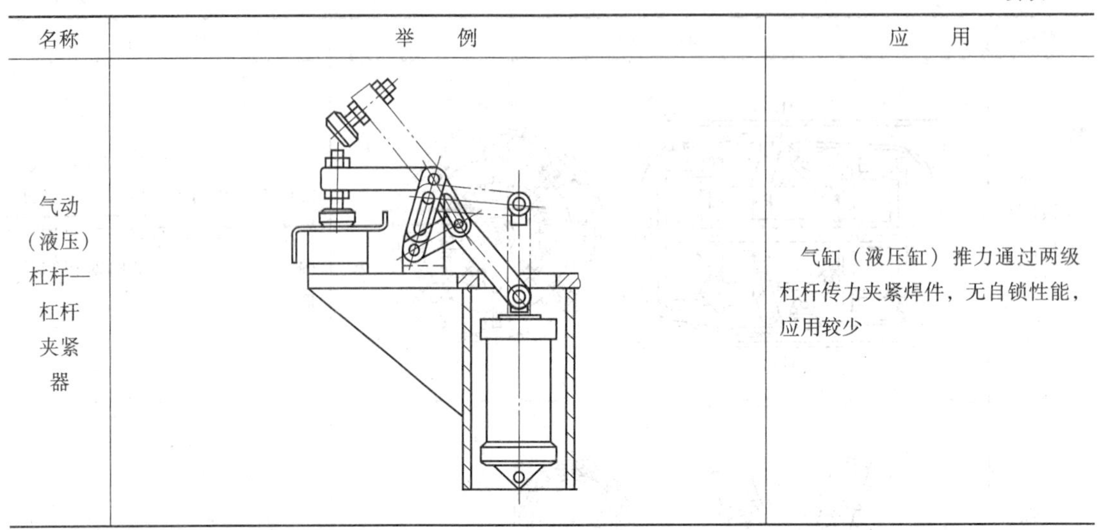	气缸（液压缸）推力通过两级杠杆传力夹紧焊件，无自锁性能，应用较少

（3）磁力夹紧机构。磁力夹紧机构分为永磁夹紧器和电磁夹紧器两种。永磁夹紧器是利用永久磁铁夹紧焊件的一种器具，其夹紧力有限，久用之后磁力将减弱，但永磁夹紧器结构简单，不消耗电能，使用经济简便，宜用在夹紧力较小、不受冲击振动的场合。其外形及应用如图 2—2—4 所示。电磁夹紧器是利用电磁力来夹紧焊件的一种器具，其夹紧力较大，由于供电电源不同，分为直流和交流两种。

三、焊接工装夹具安全操作技术

1. 装配定位

一个物体在三维空间有六个自由度，即沿三个相互垂直的轴的轴向移动和绕这三个轴的旋转运动。显然，要使物体在空间具有固定不变的位置，必须限制其六个自由度。通常，采用如图 2—2—5 所示的六点定位法，可以完全限制物体的六个自由度。

在 *XOY* 平面上，选三个不在同一直线上的点作为定位点。其中一个点即可限制沿 *X* 方向移动；两个点在一起，可限制绕 *Z* 轴的转动；三个点在一起，同时限制了沿 *X* 方向的移动、绕 *Z* 轴和绕 *Y* 轴的转动。剩余的三个自由度分别由 *YOZ* 平面上两个点和 *XOZ* 平面上一个点予以限制，从而达到物体在空间定位的目的。

在空间互相垂直的三个面上，分别选取三个点、两个点和一个点的定位方法称为六点定位法。沿三个方向的夹紧力 F_1、F_2和 F_3保证了工件三个面与夹具支点之间的相互接触。

（1）主要定位基准。与坐标平面平行、有三个支点的表面，称为主要定位基准（见图 2—2—5 中的 *XOY* 平面），它限制了物体的三个自由度。该平面上三个支点间距越大，越有利于保持该表面的精度。因此，常选择工件上的最大表面作为主要定位基准。

（2）导向定位基准。与坐标面平行、有两个支点的表面，限制了物体的两个自由度，称其为导向定位基准（见图 2—2—5 中的 *YOZ* 平面），这个表面越长，两支点的间距越大，则工件的侧面位置也就越精确可靠。所以，常选工件最长的表面作为导向基准。

（3）止推定位基准。与坐标平面平行、有一个支点的表面，限制了物体最后一个自由度，称其为止推定位基准。实际中，常选工件上最窄的表面作为止推定位基准。

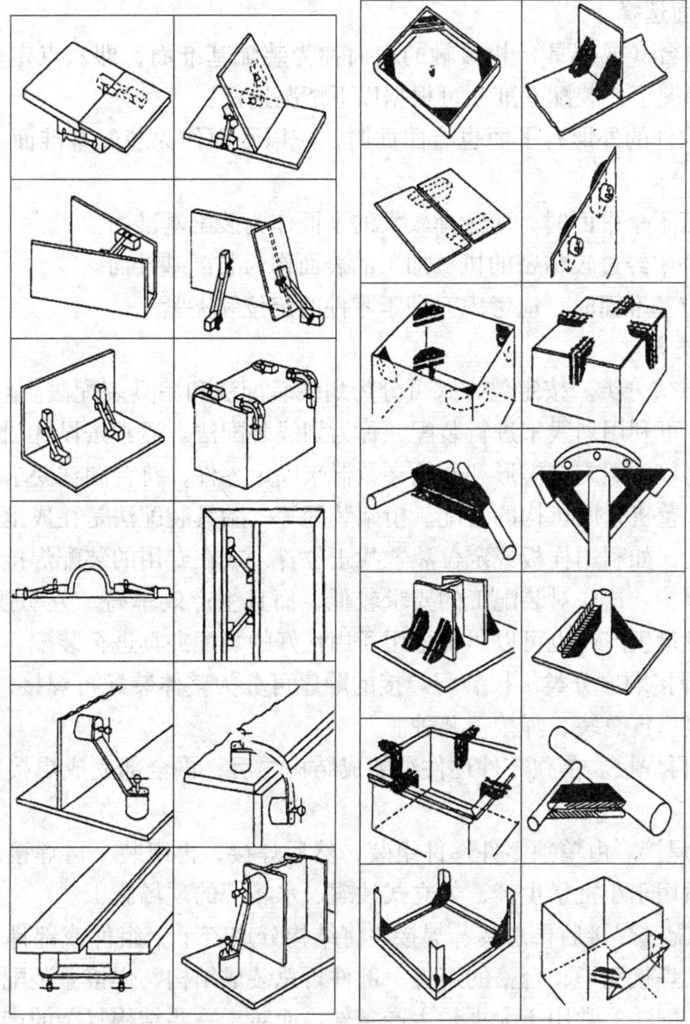

图 2—2—4　永磁夹紧器外形及应用

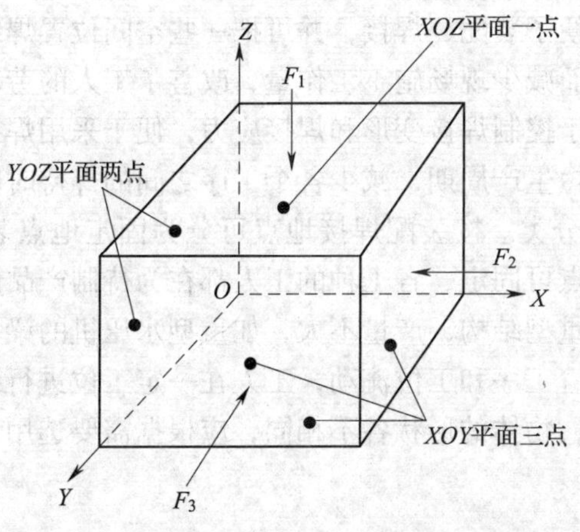

图 2—2—5　六点定位法

2. 装配基准面选择

零件与装配平台（或模具）相接触的表面称为装配基准面，即六点定位规则中的主要定位基准。一般情况下，装配基准面可根据以下情况选择：

（1）金属结构件的外形有平面也有曲面时，应以平面作为装配基准面（模具装配时除外）。

（2）零件有若干个平面时，应选择较大的平面作为装配基准面。

（3）选择零件中经过较精密的机械加工的表面作为装配基准面。

（4）选择定位基准面时，应考虑有利于零件的定位和夹紧。

3. 装配工艺方法

（1）按定位方式分类。按定位方式可分为划线装配法和胎具装配法。对于单件小批量、结构简单的产品，可利用划线来进行装配，称为划线装配法。通常按设计图样上零件的相互位置划线，再用简单的螺旋、楔形和凸轮夹紧器来固定零件，符合图样要求后加以固定，如吊车梁的装配、起重机金属机构的装配、桁架装配等。胎具装配法是在成批、大量生产情况下，采用胎具装配，如利用样板或定位装置找正位置，或在专用的装配焊接夹具上装配定位焊，或直接完成焊接，这样对装配工的要求较低，而且生产效率高，劳动强度也有所下降。因此，即使是小批量生产，也可以尽量采用通用性好的装配夹具进行装配。

（2）按装配焊接顺序分类。按装配焊接的顺序可分为整体装配再焊接，边装配边焊接，按部件装配、焊接后再总装、焊接等几种。

1）整体装配再焊接。单独零件逐件组装成结构之后，再全部完成焊接，只适用于结构简单的单件生产。

2）边装配边焊接。由单独零件逐件组装，然后焊接，再组装、再焊接，直至完成整个结构。这种方法适用于小批量生产，如立式油罐、水箱等的现场施工。

3）按部件装配、焊接后再总装、焊接。将结构分成若干个组件或部件，将各组件、部件各自单独装配、焊接完毕，合格的组件、部件再总装成结构，焊接总装配焊缝。这种装配方法称为分部件装配法，常用于大批量生产条件。而对于一些结构复杂的产品，即使是单件生产，采用部件装配法也有很大优越性。这种装配方法是将大型复杂件分为尺寸较小、较为简单的组件、部件等，方便了装配、焊接，并可把一些空间位置焊缝变为平面焊缝，大大增加在厂房内的工作量，从而减少现场施工工作量，改善了工人的劳动条件。这种装配方法的装配焊接质量高，还有利于控制焊接变形和焊接应力，便于采用焊接工装夹具等。分部件装配法可以提高生产率，缩短生产周期，减少各个工序之间的等待时间。

（3）按装配焊接地点分类。按装配焊接地点可分为固定地点装配法和流动装配法。实际生产中，产品装配的地点可固定，各工种的工人都在为待制产品服务，这是固定地点装配的特点，生产的产品多是重型结构，产量不大，如重型水压机的梁、水轮机转轮等。流动装配的焊接产品更多的是顺着工序和工位流动，工人在一定工位进行装配、焊接。

总之，在实际工作中，物体的形状各不相同，应根据需要选用不同的工装夹具，选择不同的装配方式。

4. 定位装配及测量

在装配筒体构件时，以限制工件的径向位移为主，需要工件沿轴向位移，常采用有一定长度的支撑胎具。这种胎具对于每一节圆筒表面选择四个定位点，有效地控制了圆筒工件的径向位移。在选择定位点时，应视具体情况灵活掌握应用。

在装配过程中，随时对工件进行测量，以保证装配质量符合设计图样的要求。在多数情况下应选择设计基准或工艺基准作为测量基准，个别情况下允许以辅助基准作为测量基准来对工件进行测量。结构装配时，主要的测量要素有线性尺寸、平行度和水平度、垂直度和铅垂度、同轴度和角度等几种。

（1）线性尺寸。线性尺寸是指焊件上被测点、线、面与测量基准间的距离。线性尺寸的测量主要是利用各种刻度尺（卷尺、盘尺、直尺）来完成。

（2）平行度和水平度。平行度是指焊件上被测的线（或面）相对于测量基准线（或面）的平行程度。平行度的测量是指测量焊件上线上的两点（或面上的三点）到基准的距离，若相等就平行，否则就不平行，如图 2—2—6 所示。水平度就是测定零件上被测的线（或面）是否处于水平位置。施工装配中常用水平尺、水准仪、经纬仪等来测量零件的水平度。

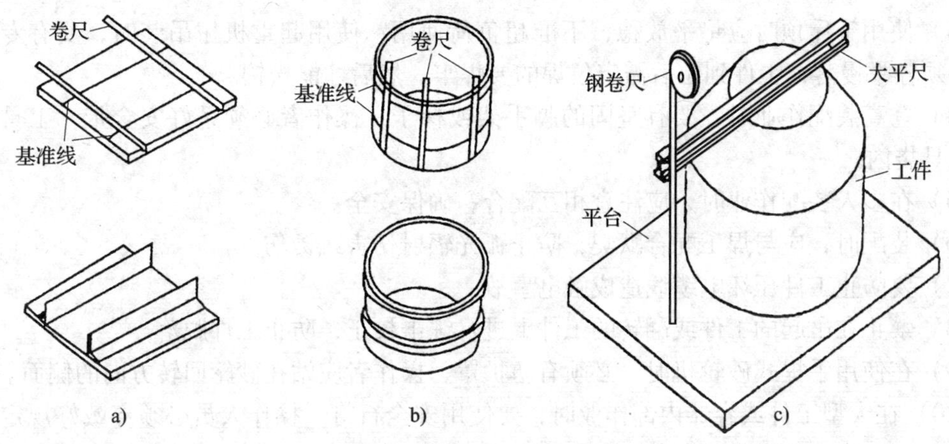

图 2—2—6　平行度的测量

a）板件平行度的测量　b）钢带圈间平行度的测量　c）上、下筒沿平行度的测量

（3）垂直度和铅垂度。垂直度是指焊件上被测的直线（或面）相对于测量基准线（或面）的垂直程度。尺寸较小的工件可以利用 90°角尺直接测量；工件尺寸较大时，可以采用辅助线测量法，即用刻度尺作为辅助线测量直角三角形的斜边长。铅垂度的测量是指测定焊件上的线或面是否与水平面垂直，常用吊线锤或经纬仪来测量。

（4）同轴度和角度。同轴度是指焊件上具有同一轴线的几个零件装配时其轴线的重合程度。角度的测量通常是利用各种角度样板来进行。同轴度和角度的测量如图 2—2—7 所示。

目前，我国只有专业化程度较高的大型工厂采用或部分采用了机械化装配作业，而有的工厂还是用手工工具和简单的装配夹具进行装配，在装配过程中还需要与吊车、焊工协同作业。同时，在装配时工件不仅存在机械性损伤、高空坠落、大件倾倒压伤等不安全因素，还存在噪声污染、弧光辐射和焊接烟尘等不环保因素。所以，在装配作业时应注意：

（1）检查各种锤头工作面有无卷边、伤痕，锤把应坚固、无裂纹，锤把与锤头连接处应加铁楔。

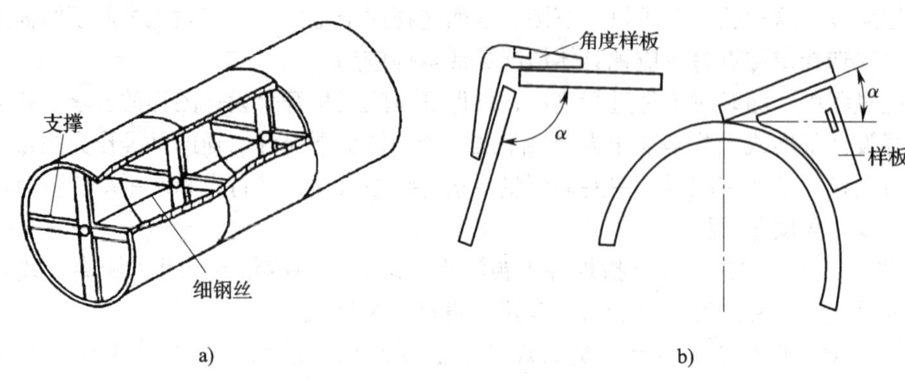

图 2—2—7　同轴度和角度的测量

a）在圆筒内拉钢丝测量同轴度　b）角度的测量

（2）打大锤不准戴手套，严禁两人对打。不得用手指示意锤击处，应用手锤或棒尖指点。

（3）使用千斤顶时应垫平放稳，不准超负荷使用；使用起重机械吊装时，要有专人指挥，必须轻举慢落，工件到位后需定位焊的要焊牢，然后才能松钩。

（4）登高装配作业时，要有坚固的脚手架或梯子，操作者必须系好安全带，工具只准放在工具袋内。

（5）在多人装配作业时，应注意相互配合，确保安全。

（6）装配时，应与焊工配合默契，防止弧光辐射伤害或烫伤。

（7）要防止工件压坏电缆线造成触电事故。

（8）禁止在吊起的工件或翻转的工件上进行锤击校正，防止工件脱落。

（9）在使用手提式砂轮机时，必须有防护罩，操作者应站在砂轮回转方向的侧面。

（10）在大型工件或容器内部作业时，要使用安全行灯。操作人员必须穿戴好规定的防护用品，以防触电及机械损伤事故的发生。

任务实施

本任务先在 V 形架上组对定位，再采用焊条电弧焊在滚轮架上焊接完成，这样可以使焊缝始终位于平焊位置，便于操作，保证焊缝质量。

一、装配前准备

1. 材料准备

母材为 20g 钢，焊材采用 E4303 焊条，规格为 ϕ3. 2 mm、ϕ4. 0 mm。焊接设备选用 ZX7 - 400 直流逆变焊机。

2. 工艺准备

装配前应熟悉图样、规程规范及作业方案的相关规定，熟悉装配场地及装配设备，并准备好测量器具及工装。熟悉装配要求，圆筒形工件对接的基本要求是环向不错边，纵向保持在同一直线上。其中，对接后的整体同轴度是装配过程中必须注意控制的。

二、操作要领

筒节间的环缝装配方法有立式装配法和卧式装配法两种。立式装配法是在装配平台或车间地面上进行，而卧式装配法多在焊接滚轮架或V形架上进行。

1. 筒体组对、装配

将两筒节置于V形架上，保证两筒节的同轴度，同时保证不得有错边现象，根部间隙为1.5～2 mm，钝边为1 mm，在筒节圆周上进行三点均布的定位焊，如图2—2—8所示，定位焊点长15～20 mm。由于定位焊缝是正式焊缝的一部分，不得有裂纹、夹渣、未焊透等缺陷，所使用的焊条应与正式焊接时的焊条一样，定位焊结束后用角向磨光机将焊渣和飞溅清理干净。另外，定位焊缝两端应尽可能修磨成斜坡，以形成优质接头。

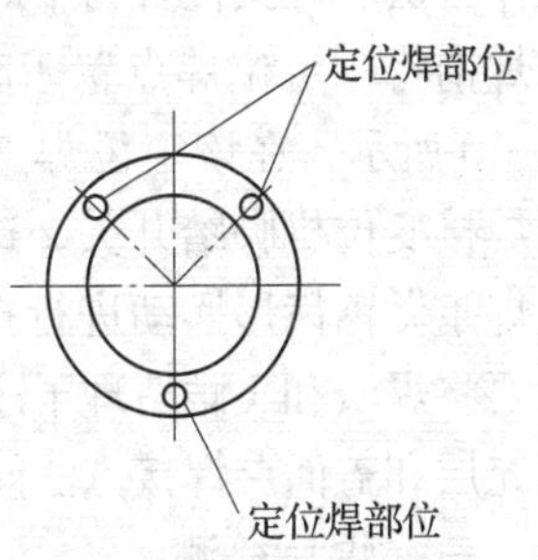

图2—2—8　定位焊位置示意图（俯视图）

2. 卧式装配

卧式装配法在生产中运用比较多，如图2—2—9所示。先将要组装的筒节置于滚轮架1上，将另一筒节放在小车式滚轮架4上，移动辅助装配夹具3，同时调节夹具中线*M—M*使其与滚轮架1上的筒节端面对齐。再调节小车式滚轮架4上可升降和平移的四个滚轮，使其上的筒节与*M—M*线对齐。当两筒节连接可靠后，将小车式滚轮架4上的筒节推向滚轮架1，通过夹具固定后进行定位焊。当筒体有多个筒节时，可按照上述方法依次完成装配。

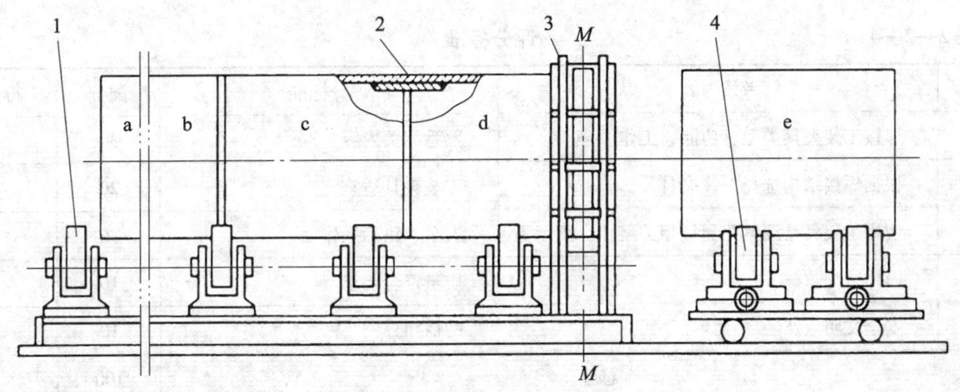

图2—2—9　筒节的卧式装配法

1—滚轮架　2—顶焊搭板　3—辅助装配夹具　4—小车式滚轮架

3. 焊接工艺参数

筒体的焊接采用三层三道焊，焊接工艺参数见表2—2—3。

表2—2—3　**焊接工艺参数**

焊道层数	焊条直径（mm）	焊接电流（A）	电源极性
打底焊（1）	3.2	100～120	直流反接
填充焊（2）	4.0	230～250	直流反接
盖面焊（3）	4.0	220～240	直流反接

4. 筒体焊接

筒节环焊缝要求全焊透，因此采用单面焊双面成形操作方法。焊接位置为平对接焊，首先进行打底层焊接，施焊前将一定位焊点置于时钟1点位置附近，如图2—2—10所示，在该定位焊点上引弧，引弧成功后用脚踩下焊接变位机脚踏开关，这时筒节做逆时针转动，同时使焊条做锯齿形摆动进行打底层焊接。打底层焊接完成后要将焊渣和飞溅清理干净，然后焊接填充层和盖面层，填充层和盖面层焊接方法同打底层。

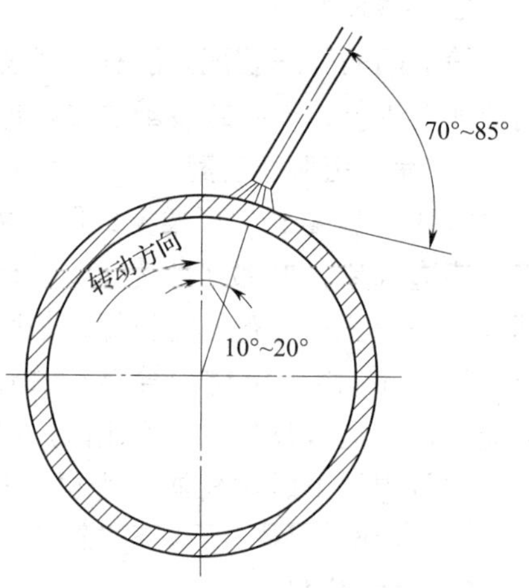

图2—2—10　焊接位置示意图

三、焊后检测

筒体直线度检查是在通过中心线的水平面和垂直面，即沿圆周0°、90°、180°、270°四个部位，拉ϕ0.5 mm细钢丝测量，测量的位置离筒体纵缝中心线的距离不小于100 mm，当筒体厚度不同时，所计算直线度应减去厚度差。

任务评价

表2—2—4为本任务的评分标准。

表2—2—4　　**评分标准**

序号	考核内容	评分标准	配分	得分
1	焊接工装夹具类型、功能、工作原理	熟悉相关内容	30	
2	根据焊接结构选择工装夹具	工装夹具适宜	20	
3	使用工装夹具调整并测量相关尺寸、角度等	安全、正确操作	30	
4	筒体装配	质量符合要求	10	
5	安全文明生产	酌情扣分	10	
总分			100	

思考与练习

1. 什么叫做工装夹具？焊接工装夹具按动力源可分为哪几类？
2. 完整的焊接工装夹具由哪些部分组成？焊接时常用的定位器有哪些？
3. 夹紧机构按动力源可分为哪几类？
4. 焊接工装夹具有哪些特点？
5. 对焊接工装夹具有哪些基本要求？
6. 装配工艺方法可从哪些方面进行分类？具体如何分类？
7. 筒节之间的装配方法可分为哪几种？

任务3　使用焊接自动变位机调整焊位

技能点

◎ 使用焊接变位机调整焊位

知识点

◎ 常用焊接变位设备

◎ 焊接变位机安全操作技术

任务提出

焊接位置有平焊、立焊、横焊、仰焊，其中立焊、横焊、仰焊位置的焊接操作较为困难，焊接质量也难以保证。因此，可采用焊接变位设备改变焊件、焊机或焊工的空间位置，以较好地解决立焊、横焊、仰焊等较困难的焊位的焊接问题。由于焊接产品的多样性，焊接变位设备也有很多种，大多情况下需要根据所焊产品特点选择合适的焊接变位设备。

如图2—3—1所示为轴承座，针对轴承座焊缝位置较多的结构特点，请选择合适的焊接变位设备，以将所焊产品的各种焊接位置调整为最佳的平焊位置。

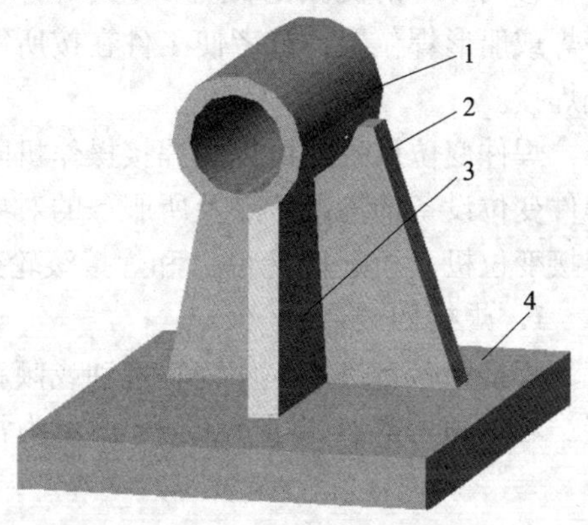

图2—3—1　轴承座

1—轴承套管　2—支板　3—肋板　4—底板

任务分析

焊接如图2—3—1所示轴承座时，先焊接支板、肋板，底板、轴承套管再分别与支板、肋板组焊接。为使焊接位置始终处在平焊位置，则必须采用焊接变位机。选择合适的焊接变位机，需要了解所焊产品的各种焊接位置，明确需要变换的焊接位置，确定变位机的功能。用焊接变位机焊接该轴承座，要完成轴承座在变位机上的正确装夹，焊接时按操作技术和安全技术操作变位机，使焊接位置始终处于最佳位置。

相关知识

一、焊接变位设备概述

焊接变位设备是指通过改变焊件、焊机或焊工的空间位置，来完成机械化、自动化焊接的各种机械设备。

使用焊接变位设备可以缩短焊接辅助时间，提高劳动生产率，减轻工人劳动强度，保证和改善焊接质量，并可充分发挥各种焊接方法的效能。

如图 2—3—2 所示，焊接变位设备可分为以下三类：焊件变位设备、焊机变位设备、焊工变位设备。

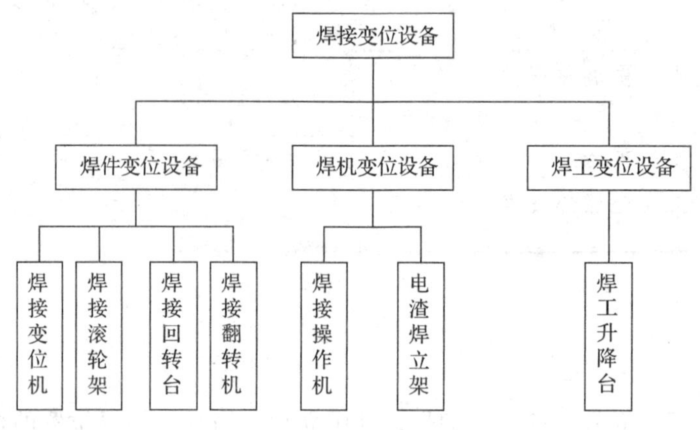

图 2—3—2　焊接变位设备类型

二、焊件变位设备

移动焊件的机械化装置可以使焊件移动、翻转，以便使工件上的焊缝转到最适于施焊的平焊或船形焊位置；或者使工件在按所需施焊速度绕水平轴、垂直轴或倾斜轴转动的同时完成焊接。

焊件变位设备还可以和焊接操作机配套使用，从而大大提高焊接质量和生产效率。根据焊件变位设备的构造特点及所服务的对象，可以把这类设备分为焊接回转台、焊接翻转机、焊接变位机（万能回转台）和焊接滚轮架。

1. 焊接回转台

焊接回转台是使焊件绕垂直轴或倾斜轴回转的焊件变位设备，主要用于回转体焊件的焊接、堆焊和切割。如图 2—3—3 所示为常用的焊接回转台。

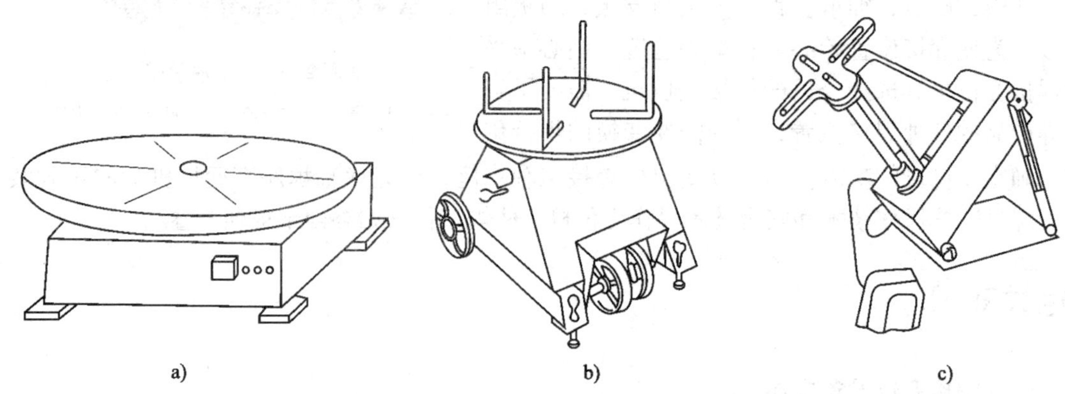

图 2—3—3　常用的焊接回转台

a）固定式回转台　b）移动式回转台　c）倾角可调式回转台

焊接回转台多采用直流电动机驱动，工作台转速均匀可调。对于大型绕垂直轴旋转的焊接回转台，在其工作台面下方均设有支撑滚轮，工作台面上也可以进行装配作业。有的工作台还做成中空的，以适应管材与接盘的焊接。

2. 焊接翻转机

焊接翻转机是使焊件绕水平轴转动或倾斜，使之处于有利装焊位置的焊件变位设备。焊接翻转机种类较多，常见的有框架式、头尾架式、链式、环式、推举式等（见图2—3—4），其基本特征及使用场合见表2—3—1。

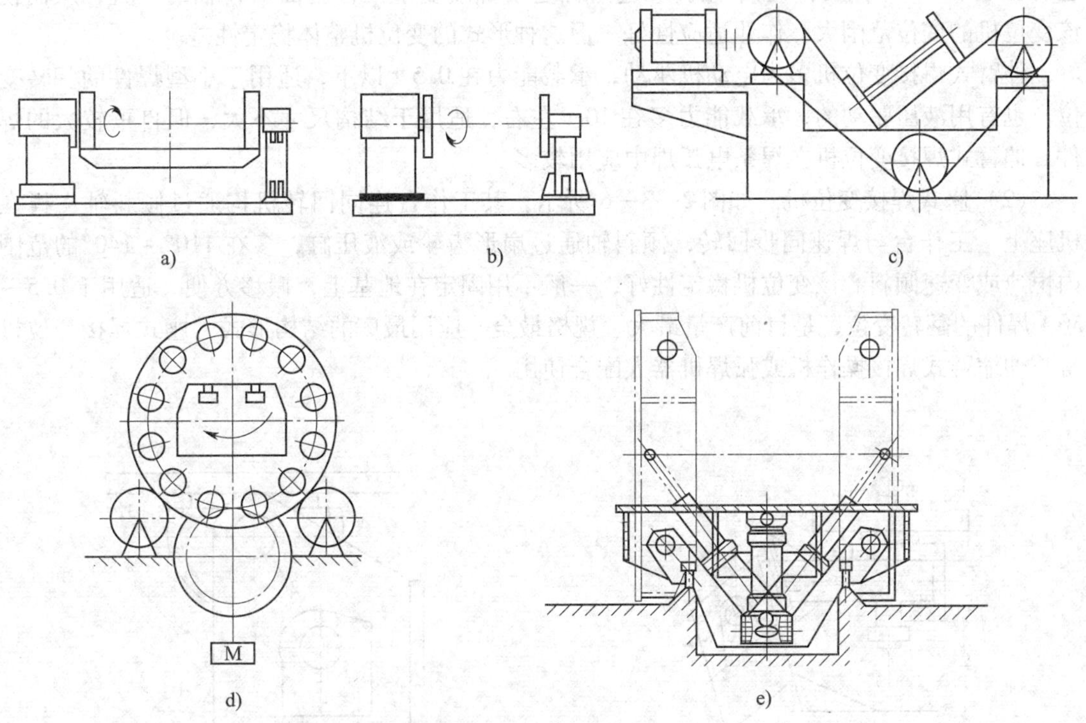

图2—3—4 焊接翻转机

a）框架式 b）头尾架式 c）链式 d）环式 e）推举式

表2—3—1 常用焊接翻转机的基本特征及使用场合

形式	变位速度	驱动方式	使用场合
框架式	恒定	机电或液压（旋转液压缸）	板结构、桁架结构等长焊件的倾斜变位，工作台上可以进行装配作业
头尾架式	可调	机电	轴类和椭圆形焊件的环缝焊、表面堆焊时的旋转变位
链式	恒定	机电	装配定位后，自身刚度很大的梁柱型构件的翻转变位
环式	恒定	机电	装配定位后，自身刚度很大的梁柱型构件的转动变位。在大型构件的组对与焊接中应用较多
推举式	恒定	液压	各类构件的倾斜变位。装配和焊接作业在同一工作台上进行

3. 焊接变位机

焊接变位机是在焊接作业中将焊件回转并倾斜，使焊件上的焊缝处于有利施焊位置的焊件变位设备。

焊接变位机主要用于机架、机座、机壳、法兰、封头等非长形焊件的翻转变位。焊接变位机按结构形式可分为以下三种。

（1）伸臂式焊接变位机。如图 2—3—5 所示，其回转工作台绕回转轴旋转并安装在伸臂的一端，伸臂一般相对于某一转轴成一定角度回转，而此转轴的位置多是固定的，但有的也可在小于 100°的范围内上下倾斜。这两种运动都改变了工作台面回转轴的位置，从而使该变位机的变位范围大，作业适应性好。但这种形式的变位机整体稳定性差。

伸臂式焊接变位机多为电动机驱动，承载能力在 0.5 t 以下，适用于小型焊件的翻转变位。也有用液压驱动的，承载能力多在 10 t 左右，适用于结构尺寸不大，但自重较大的焊件。伸臂式焊接变位机在焊条电弧焊中应用较多。

（2）座式焊接变位机。如图 2—3—6 所示，其工作台连同回转机构通过倾斜轴支撑在机座上，工作台与焊速同步回转，倾斜轴通过扇形齿轮或液压缸，多在 110° ~ 140°的范围内恒速或变速倾斜。该变位机稳定性好，一般不用固定在地基上，搬移方便，适用于 0.5 ~ 50 t 焊件的翻转变位，是目前产量最大、规格最全、应用最广的结构形式。座式焊接变位机常与伸缩臂式焊接操作机或弧焊机器人配合使用。

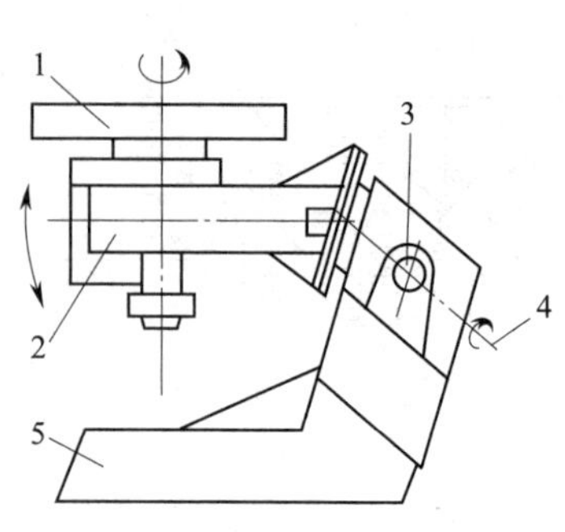

图 2—3—5　伸臂式焊接变位机

1—回转工作台　2—伸臂　3—倾斜轴

4—转轴　5—机座

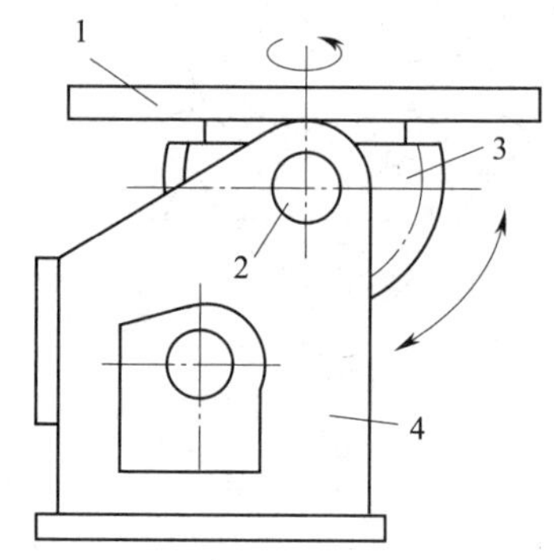

图 2—3—6　座式焊接变位机

1—回转工作台　2—倾斜轴

3—扇形齿轮　4—机座

（3）双座式焊接变位机。如图 2—3—7 所示，工作台安装在“┐_┌”形架上，以所需的焊接速度回转；“┐_┌”形架装在两侧的机座上，多以恒速或所需的焊接速度绕水平轴线转动。该变位机不仅稳定性好，而且如果设计得当，可使焊件安放在工作台上后，随“┐_┌”形架倾斜的综合重心位于或接近倾斜机构的轴线，从而使倾斜驱动力矩大大减小。因此，重型焊接变位机采用这种结构。

双座式焊接变位机适用于 50 t 以上大尺寸焊件的翻转变位，在焊接作业中，常与大型门式焊接操作机或伸缩臂式焊接操作机配合使用。

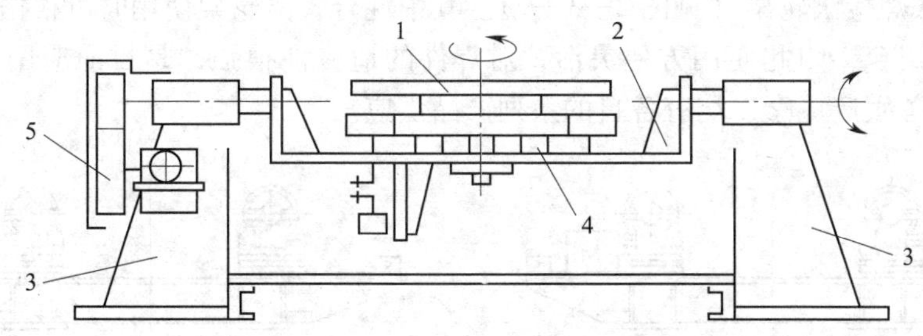

图 2—3—7　双座式焊接变位机

1—工作台　2—“ ┘└ ”形架　3—机座　4—回转机构　5—倾斜机构

焊接变位机工作台的回转运动多采用直流电动机驱动、无级变速。近年来出现的全液压焊接变位机，其回转运动是用液压马达来驱动的。工作台的倾斜运动有两种驱动方式，一种是电动机经减速器减速后，通过锥齿轮带动工作台倾斜或通过螺旋副使工作台倾斜，另一种是采用液压缸直接推动工作台倾斜。这两种驱动方式都有应用，在小型变位机上以电动机驱动为多。工作台的倾斜速度多是恒定的，但对应用于空间曲线焊接及空间曲面堆焊的变位机，则采用无调速。工作台的升降运动几乎都采用液压驱动，通过柱塞式或活塞式液压缸进行。

在重型座式和双座式焊接变位机中，常采用双锥齿轮的倾斜机构，锥齿轮或用一个单独的电动机驱动，或用各自的电动机分别驱动。在分别驱动时，电动机之间设有转速联控装置，以保证转速的同步。另外，在驱动系统的控制回路中，应有行程保护、过载保护、断电保护及工作台倾斜角度指示等功能。

4. 焊接滚轮架

焊接滚轮架是借助主动滚轮与焊件之间的摩擦力，带动焊件旋转的焊件变位设备。

焊接滚轮架主要用于筒形焊件的装配与焊接。若对主、从动滚轮的高度做适当调整，也可进行锥体、分段不等径回转体的装配与焊接。对于一些非圆长形焊件，若将其装夹在特制的环形卡箍内，也可在焊接滚轮架上进行装焊作业。

(1) 按结构形式分类。焊接滚轮架分为长轴式焊接滚轮架和组合式焊接滚轮架。

1) 长轴式焊接滚轮架。滚轮沿两平行轴排列，与驱动装置相连的一排为主动滚轮，另一排为从动滚轮（见图 2—3—8），也有两排均为主动滚轮的，主要用于细长薄壁焊件的组对与焊接。

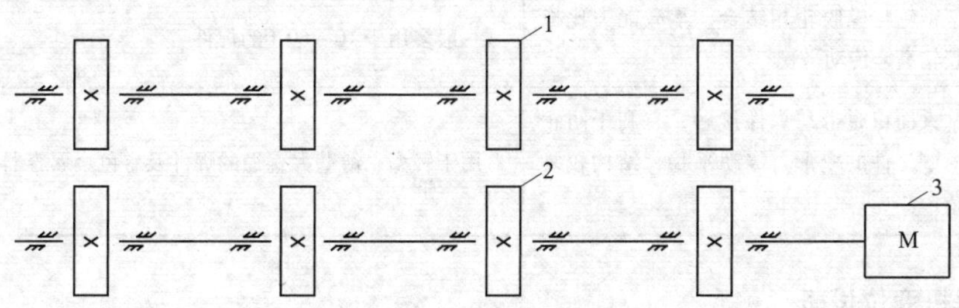

图 2—3—8　长轴式焊接滚轮架

1—从动滚轮　2—主动滚轮　3—驱动装置

2）组合式焊接滚轮架（见图 2—3—9）。其中混合式滚轮架使用时可根据焊件的质量和长度进行任意组合，因此使用方便灵活，对焊件的适应性很强，是目前应用最广的结构形式。国内外有关生产厂家，均有各自的系列产品供应。

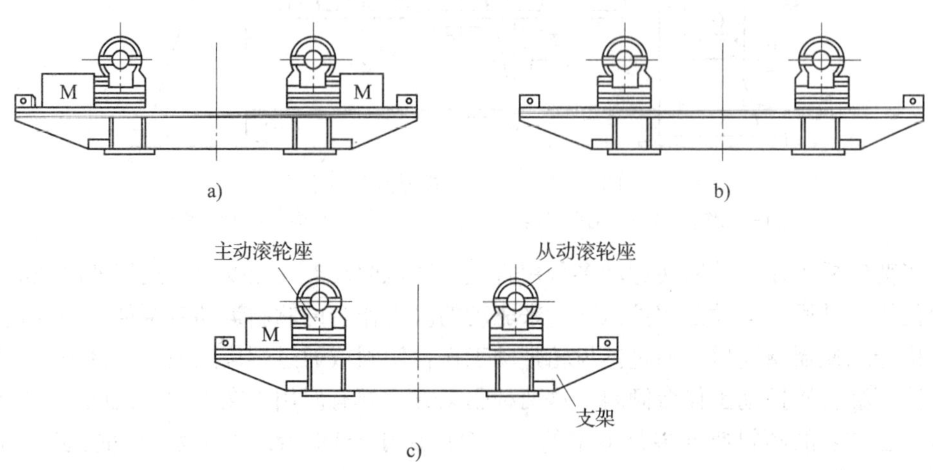

图 2—3—9　组合式焊接滚轮架

a）主动滚轮架　b）从动滚轮架　c）混合式滚轮架

（2）按滚轮材料分类。焊接滚轮架分为金属材料滚轮，如铸钢、合金球墨铸铁等，以及非金属材料滚轮，如橡胶等。金属滚轮承载能力强，制造简单，适用于中大型工件。滚轮外缘包橡胶，可避免擦伤工件，还可以增加滚轮与工件之间的摩擦力，使工件在转动过程中不易打滑。此外，橡胶质软易变形，可以增加工件承压面积，适用于薄壁钢件或铜、铝工件，避免表面产生凹陷或划痕，但其承载能力比金属材料小得多。常用的有四种滚轮结构，其特点和适用范围见表 2—3—2。

表 2—3—2　　　滚轮的特点和适用范围

类型	特点	适用范围
钢轮	承载能力强，制造简单	一般用于重型焊件和需要热处理的焊件，以及额定载重量大于 60 t 的滚轮架
橡胶轮	外缘包橡胶，摩擦力大，传动平稳，但橡胶易压坏	一般多用于小于 10 t 的焊件和有色金属容器
组合轮	钢轮与橡胶轮相结合，承载能力比橡胶轮高，传动平稳	一般多用于 10 ~ 60 t 的焊件
履带轮	大面积履带与焊件接触，有利于防止薄壁工件的变形，传动平稳，结构较复杂	用于轻型、薄壁大直径的焊件及有色金属容器

三、焊机变位设备

焊机变位设备是改变焊接机头空间位置进行焊接作业的机械设备，主要包括焊接操作机和电渣焊立架。

1. 焊接操作机

焊接操作机能将焊接机头（焊炬）准确送到待焊位置，并保持在该位置或以选定焊速沿设定轨迹移动焊接机头。

（1）平台操作机。平台操作机主要用于筒形容器的外纵缝和外环缝的焊接。焊接外纵缝时，容器横放在平台下固定不动，焊机在平台上沿专用轨道以焊接速度移动完成焊接。当焊接外环缝时，焊机固定，容器放置在滚轮架上回转完成焊接。台车的移动可以调整平台与容器之间的位置，使容器吊装方便。一般平台上还设置手动起重装置，用于吊装焊丝、焊剂等重物。

平台操作机有单轨式和双轨式两种类型。为防止倾覆，单轨式操作机需在车间的墙上或柱上设置另一轨道；双轨式操作机在台车或立架上放置配重以达到平衡，从而增加操作机工作的稳定性。

（2）悬臂式操作机。此种操作机的焊接机头安装在悬臂的一端，并可沿悬臂移动，悬臂安装在立柱上，可绕立柱回转和沿立柱升降。焊机可随悬臂用台车沿地轨做纵向运动。当它与焊件翻转装置（如焊接滚轮架）配合使用时，可以焊接不同直径容器的纵、环焊缝。应当指出的是生产中采用立柱及台车沿地轨的运动速度作为焊接速度是不恰当的，因地轨的纵向运动仅用于调整悬臂与容器之间的相对位置。

（3）门架式操作机。门架的两立柱可沿地轨行走，由一台电动机驱动，通过传动轴带动两侧的驱动轮运行，以保证左右同步。横梁由另一台电动机带动两根螺杆传动进行升降。焊机可沿横梁上的轨道沿长度方向行走。当门架式操作机仅完成钢板的拼接或平行面的焊接任务时，横梁的高度一般是不可调的，而是依靠焊接机头的调节以对准焊缝。门架式操作机的几何尺寸大，占用车间面积大，因此使用不够广泛，主要适用于批量生产的专业车间。

2. 电渣焊立架

焊接结构生产过程中，许多厚板的拼接以及厚板结构焊接常采用电渣焊。电渣焊生产时，焊缝多处于立焊位置，焊接机头沿专用轨道由下而上运动。由于产品结构的多样化，可按产品的结构形式与尺寸设计配备一套专用的电渣焊接机械设备——电渣焊立架，装在标准的电渣焊机头上进行焊接。

为使电渣焊正常进行，必须有供焊机上下运动的辅助装置，该装置也是一种焊接操作机。通常电焊机厂提供立柱式的装置，但由于高度不够，或有其他需要，一般使用方自行设计可提升焊机连同焊工的电渣焊立架。这种立架可用于焊接立缝，与滚轮架配合也可用于焊接环缝。立架装置在台车上，台车可沿轨道移动到焊接位置。也有设计成悬挂式的用于电渣焊焊接立缝的装置，这种装置的结构是在车间柱子的上部安装一个可以回转的悬臂梁，梁上悬挂附有焊机垂直导轨的立柱，立柱安装在可沿悬臂梁移动的小车上，这种立柱可以是伸缩结构的。

四、焊工变位设备

焊工变位设备主要指的是焊工升降台。焊工升降台是将焊工连同施焊器材升降到所需高度，以利于装焊作业的焊工变位设备。它主要用于高大焊件的手工和半机械化焊接，也用于装配作业和其他需要登高作业的场合。

焊工升降台按结构形式可分为肘臂式、套筒式（见图 2—3—10）和铰链式三类（见图 2—3—11）。

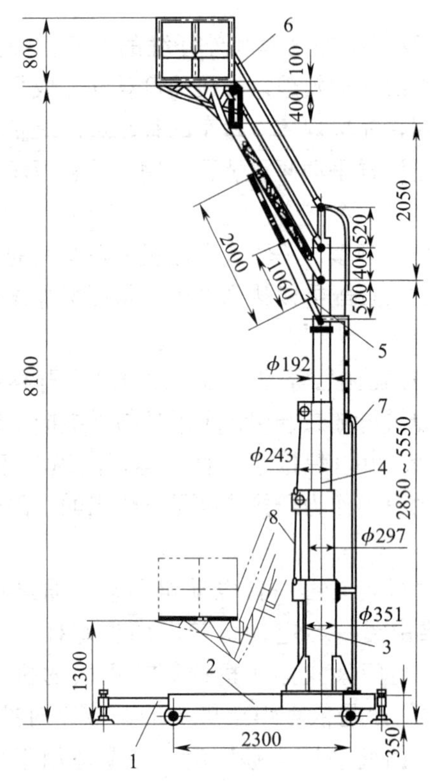

图 2—3—10　套筒式焊工升降台

1—可伸缩支撑座　2—行走底座　3—升降液压缸　4—升降套筒总成　5—工作台升降液压缸　6—工作台　7—扶梯　8—滑轮

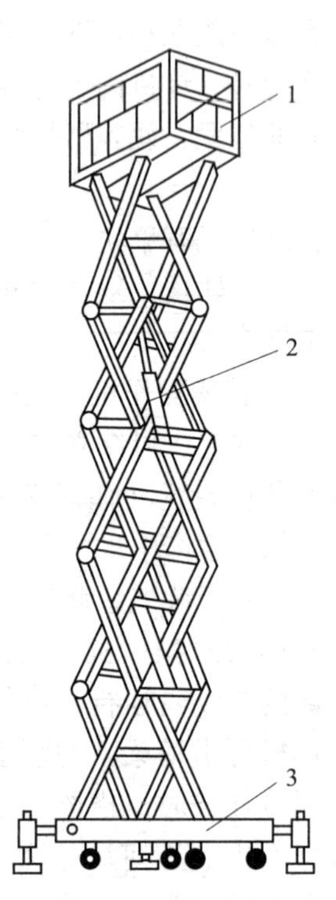

图 2—3—11　铰链式焊工升降台

1—工作台　2—推举液压缸　3—底座

肘臂式焊工升降台又分为管结构（见图 2—3—12）和板结构（见图 2—3—13）两种，前者自重小，但焊接制造工艺复杂；后者自重较大，但焊接制造工艺简单，整体刚度大，是目前应用较广的结构形式。

焊工升降台几乎都采用手动油泵驱动，其操纵系统一般有两套，一套在地面上操纵，粗调升降高度；一套在工作台上操纵，进行细调。

五、焊接变位机安全操作技术

操作焊接变位机需遵守安全操作规程，具体操作规程如下：

（1）吊装工件时必须平稳，不能有大幅度摆动，防止工件碰撞夹具，以免损坏夹具；必须安装稳妥后才能将吊索拿离工件。

（2）拆卸工件时，必须先用吊索将工件吊稳后才能将工件松开，工件落到夹具上时要轻放，不得对夹具及变位机有过大的冲击，以避免损坏夹具。

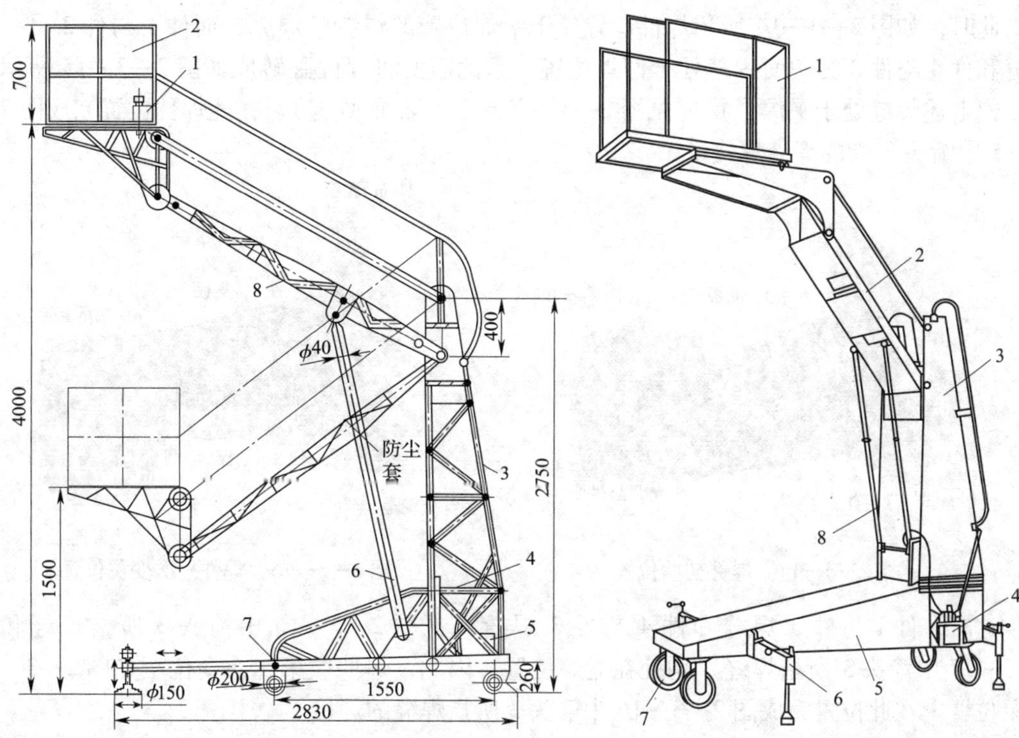

图 2—3—12　肘臂式管结构焊工升降台

1—脚踏油泵　2—工作台
3—立架　4—油管　5—手摇油泵
6—液压缸　7—行走底座　8—转臂

图 2—3—13　肘臂式板结构焊工升降台

1—工作台　2—转臂　3—立柱
4—手摇液压泵　5—底座　6—撑脚
7—走轮　8—液压缸

（3）工件安装必须按要求定位，夹具的所有螺母、螺栓都要拧紧，压板压紧，安装完成后需试运转检查，确认装稳后才能正式作业。

（4）转动前应检查工件回转范围内有无其他物品，避免发生碰撞，工件转至作业位置后，需将电源开关关闭，切断电源防止误操作。

（5）工件安装时需注意工件中心，不得偏离重心位置，不得超重、超负荷运行。

（6）需要登高焊接时，需用登高踏板，且登高踏板必须放置稳妥后，操作者才能登高操作。

任务实施

一、变位前准备

1. 明确需要变位的焊接位置

经任务分析，从减小焊接变形及应力的角度考虑，应先焊件 2、件 3 焊缝（图 2—3—14 中箭头 1 指的焊缝），组对好的焊件应置于如图 2—3—14 所示位置；件 2、件 3 焊缝焊完后，在同一焊件位置将件 1 与件 2 焊缝和件 4 与件 2 焊缝（图 2—3—14 中箭头 2 指的焊缝）焊完。

此时，如图 2—3—14 所示焊件位置处于平焊位置的焊缝已焊完，而件 1 与件 2 另一面焊缝和件 4 与件 2 另一面焊缝处于仰焊位置，因此需要将焊件翻转成如图 2—3—15 所示位置，使上述焊缝处于平焊位置（见图 2—3—15 箭头 2′指的焊缝）。在此焊件位置完成图 2—3—15 中箭头 2′指的焊缝焊接。

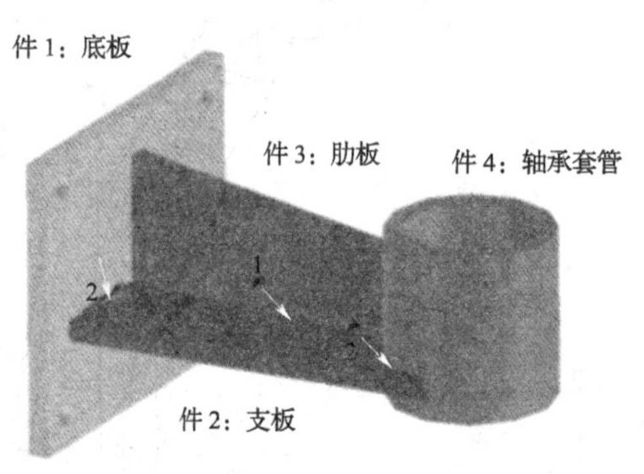

图 2—3—14　焊件初始位置

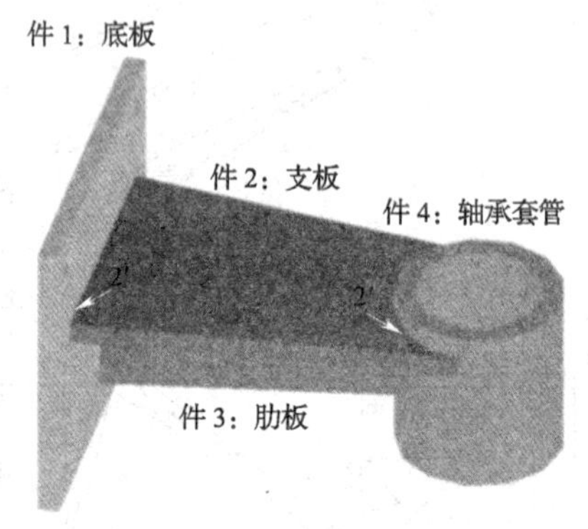

图 2—3—15　焊件一次变位位置

这时，件 1 与件 3 焊缝和件 4 与件 3 焊缝（见图 2—3—16 中箭头 3 所指焊缝和图 2—3—17 中箭头 3′所指焊缝）均处在立焊位置。因此，焊件做第二次变位至如图 2—3—16 所示位置。在此位置完成图 2—3—16 中箭头 3 所指焊缝的焊接。

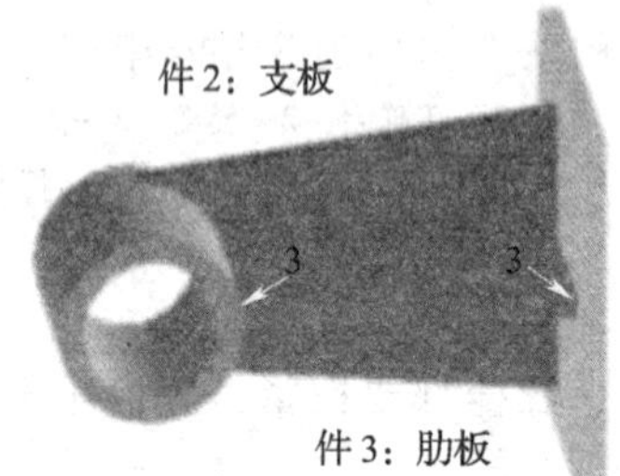

图 2—3—16　焊件二次变位位置

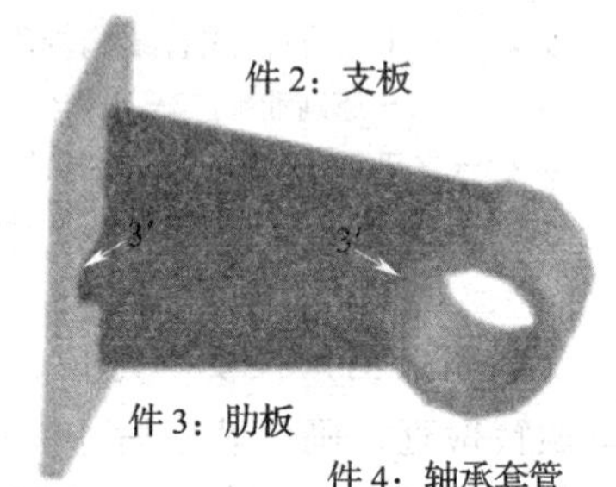

图 2—3—17　焊件三次变位位置

至此，仅剩图 2—3—17 中箭头 3′所指焊缝，其处在仰焊位置，需要焊件第三次变位至如图 2—3—17 所示位置。在此位置完成箭头 3′所指焊缝的焊接。

2. 选择焊接变位机及装夹焊件初始位置

根据轴承座的各种焊接位置及需要变位的焊接位置和各类焊接变位机功能，选择座式焊接变位机（见图 2—3—6）。

焊件定位焊后整体装在变位机回转工作台上。

装配过程：先将定位焊后的焊件固定在变位机回转工作台上，然后转动变位机机构，使回转工作台处于近垂直状态，最后转动变位机回转工作台使焊件至初始位置。

二、操作要领

按图 2—3—18 所示轴承座焊接时初始位置、变位顺序及各次变位后的焊件位置以及焊接工艺焊接焊件。

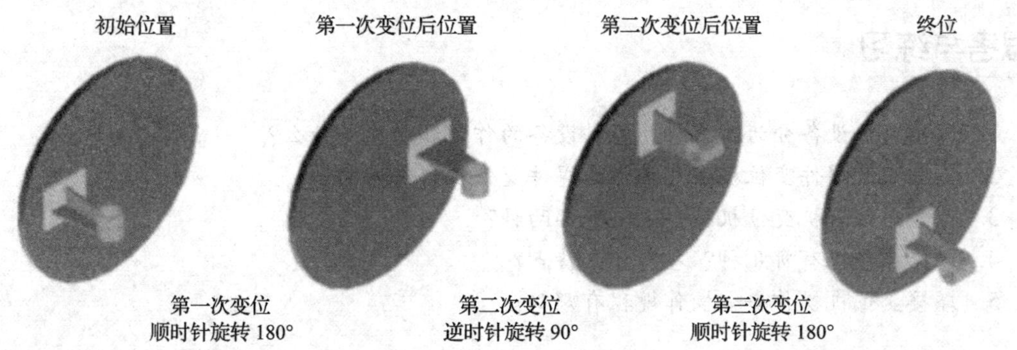

图 2—3—18　轴承座焊接时初始位置、变位顺序及各次变位后的焊件位置

1. 初始位置

将底板与支板、支板与肋板、轴承套管与支板间的正面角焊缝焊完。

2. 第一次变位

将支板与底板、轴承套管与支板的背面焊缝焊完。

3. 第二次变位

将支板与底板间的焊缝焊完。

4. 终位（第三次变位）

将肋板与底板的另一面焊缝焊完。

任务评价

表 2—3—3 为本任务的评分标准。

表 2—3—3　　**评分标准**

序号	考核内容	评分标准	配分	得分
1	了解焊接变位机的类型、功能及工作原理	能正确区分变位机的类型、功能及工作原理	20	
2	根据焊接结构合理选择焊接变位机	能根据产品结构合理选择焊接变位机	20	
3	使用焊接变位机实现焊件位置变换	能正确使用焊接变位机	30	
4	焊接产品的质量符合工艺要求	根据产品技术要求酌情扣分	20	
5	安全文明生产	酌情扣分	10	
总分			100	

思考与练习

1. 焊接变位设备分为哪三种？各种设备的作用和功能是什么？
2. 什么叫做焊件变位机械？常用的焊件变位机械有哪些？
3. 什么叫做焊机变位机械？主要有哪两种？
4. 焊接操作机有哪几种？各有什么特点？
5. 焊接变位机操作安全操作规程有哪些？

模块三 焊接结构生产工艺过程设计

焊接结构生产过程是指将制造焊接结构的材料（包括基本金属材料和各种辅助、填充材料，外购毛坯和零件等）经设备（材料准备设备、装配焊接设备等）加工制成产品的过程。

焊接结构生产工艺取决于产品的结构形式。从原材料进厂复检入库到产品最终检验合格入库，其基本的加工工艺有钢材的矫正、钢材的表面预处理、按图划线或用数控切割机下料、冲压、成形、坡口加工、切削加工、总装焊接、热处理、无损检测、最终耐压及气密性等性能试验、成品后处理、涂装、包装入库等。

任务1 机械零部件焊接生产工艺过程设计

技能点

◎ 设计机械零部件焊接生产工艺过程

知识点

◎ 焊接结构生产过程

◎ 焊接结构生产工艺过程设计与分析

◎ 焊接结构生产方案技术经济性比较

任务提出

简单地说，焊接结构生产过程就是将由各种金属轧制的成材或其他金属坯料经过一系列的加工，最终制成具有一定用途的金属构件或产品的过程。合理地设计一个焊接结构生产工艺过程，不仅是组织焊接结构生产的基础，也是安全高效、高质、经济生产焊接结构产品的保证。

本任务是通过合理的工艺设计，制作如图 3—1—1 所示的锻压机开式机身，要求通过合理的工艺过程设计，既要保证尺寸公差要求，又要保证形位公差要求，还要在制作过程中控制焊接残余应力，以防止在最终机械加工后机身变形。锻压机开式机身图样如图 3—1—2 所示。

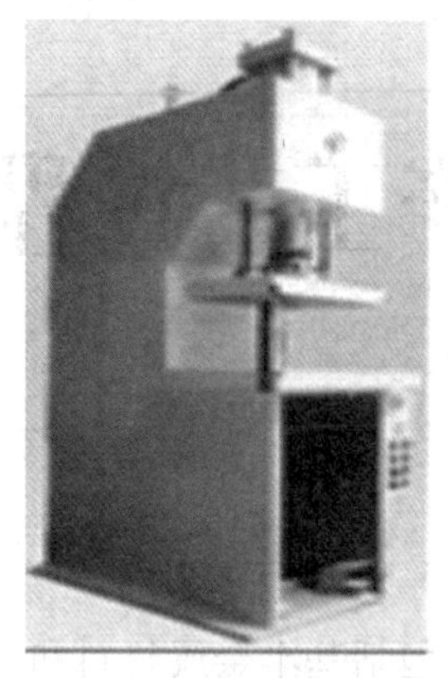

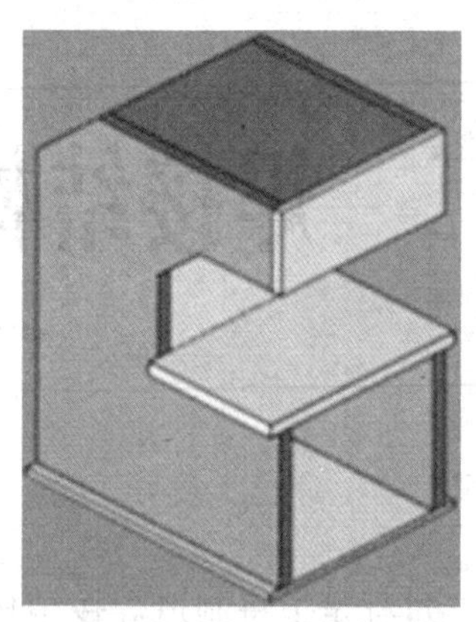

图 3—1—1　锻压机开式机身

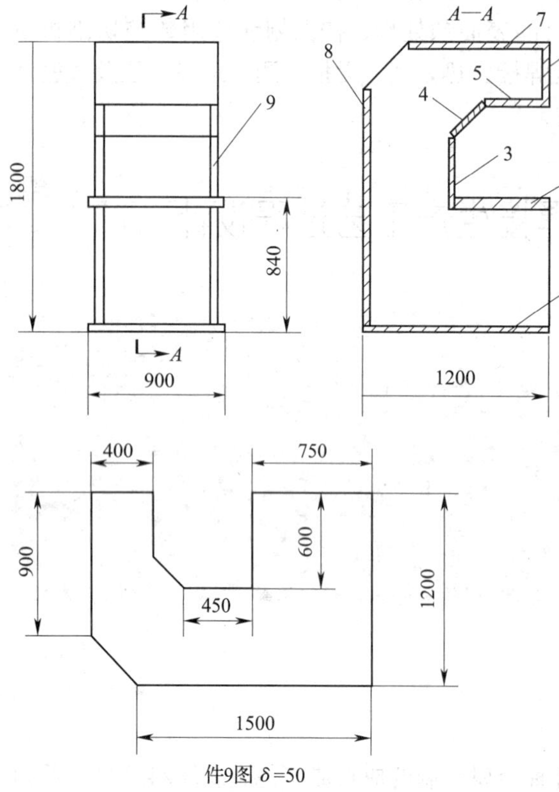

技术要求

1. 采用半自动氧乙炔焰切割机或机械焊缝接口。
2. 各板对侧板的垂直度为5mm。
3. 处在外表面的焊缝增高均要打磨平，咬边需补焊后再打磨平。
4. 各焊缝均为连续焊，如采用K形接口，钝边为0~1mm。

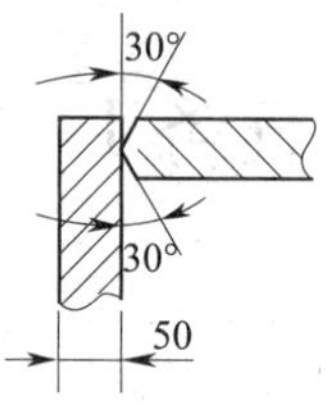

序号	名称	数量	材料	备注
9	钢板	2	Q235	
8	板1500 × 700 × 10	1	Q235	
7	板900 × 700 × 10	1	Q235	
6	板100 × 900 × 10	1	Q235	
5	板560 × 700 × 10	1	Q235	
4	板280 × 700 × 10	1	Q235	
3	板150 × 700 × 10	1	Q235	
2	板600 × 900 × 60	1	Q235	
1	压板1200 × 900 × 50	1	Q235	

锻压机开式机身	比例		
	件数	1	
制图	质量		共1张 第1张
校对			
审核			

件9图 $\delta=50$

图 3—1—2　锻压机开式机身图样

任务分析

如图 3—1—1 所示的锻压机开式机身，在制作中主要是控制其尺寸和形位误差，特别是各板与侧板的垂直度以及图样中件 5 与件 7 的平行度。因此，控制焊接残余应力和焊接残余变形是关键问题，而解决这个问题的关键是设计合理的工艺流程与工艺措施。制定工艺流程要完成下列工作：

（1）准备工作。

（2）工艺过程（方案）分析并进行优化，确定工艺过程（方案）。

（3）编制工艺规程。

（4）按工艺过程（方案）组织生产。

相关知识

随着焊接结构使用条件及要求日益苛刻，对焊接设计以及生产控制等也提出了更高的要求。焊接设计包括焊接结构设计、焊接生产工艺过程设计、焊接检验设计等。焊接产品的生产过程如图 3—1—3 所示。

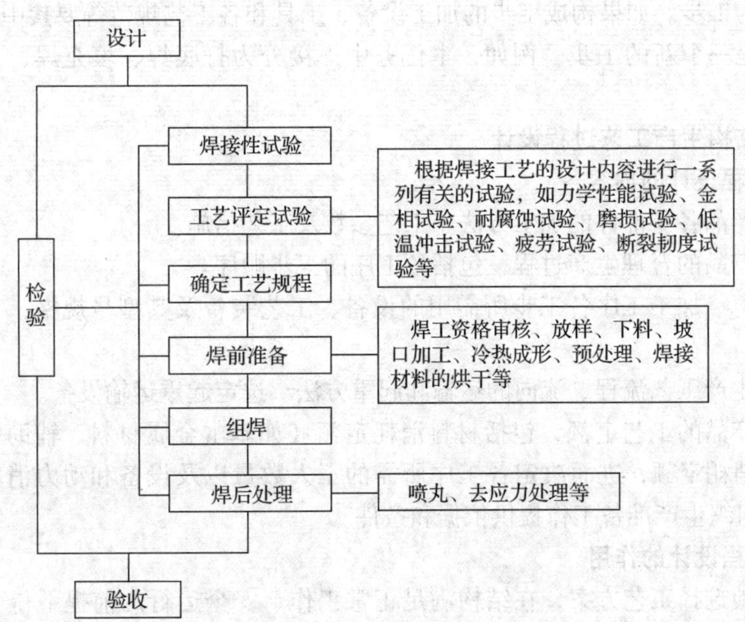

图 3—1—3　焊接产品的生产过程

一、焊接结构生产过程

1. 生产过程

焊接结构生产过程是一个包括多道加工工序和多项工艺内容的复杂的综合性生产过程。在任何工厂或车间里，通过劳动使原材料或半成品的形状和质量不断地按照人们的意志发生改变的过程称为生产过程。

2. 辅助生产过程

在生产过程中，不直接改变零件形状、尺寸和材料性能，且不属于零部件装配焊接操作的工作称为辅助生产过程，例如材料供应、零部件的运输和保管、质量检验、技术准备等。

3. 工艺过程

为了生产一个合格的产品，要采用一个或几个不同的加工工艺（如下料、加工、装配和焊接等）。生产过程中直接改变零件形状、尺寸和材料性能，或将零部件进行装配焊接等的加工过程称为工艺过程。工艺过程是生产过程中处理工艺技术方面问题的直接技术措施，也是进行生产的基础。焊接工艺过程主要由以下内容组成：

（1）工序。由一个或一组工人，在一个工作地点，连续完成一个零件（或同时完成几个零件）的那部分工艺过程称为工序。划分工序的主要依据是工作地点是否改变和加工是否连续完成。工序是工艺过程的基本组成部分，并且是生产计划的基本单元。

焊接结构生产工艺过程的基本工序包括划线、下料、成形、坡口加工、装配、焊接、矫正、成品检验、涂装等。

（2）工位。工件在加工设备中所占的每个工作位置称为工位，工位是工序的一部分。

（3）工步。在某加工工序中，工件所用的加工设备、工具和各工艺规范均保持不变的那部分工作称为工步。如果构成工步的加工设备、工具和各工艺规范等要素中有一个发生变化，则认为其是一个新的工步。例如，本任务中焊接分为打底焊、填充焊、盖面焊三个工步。

二、焊接结构生产工艺过程设计

1. 工艺过程设计的内容

（1）确定产品各零部件的加工方法、工艺参数及工艺措施。

（2）确定产品的合理生产过程，包括各工序的工步顺序。

（3）决定每一加工工序各工步所需用的设备、工艺装备及其型号规格，对非标准设备提出设计要求。

（4）拟订生产工艺流程、流向的运输和起重方法，选定起重运输设备。

（5）计算产品的工艺定额，包括材料消耗定额（如基本金属材料、辅助材料、填充金属等）和工时消耗定额，进而决定各工序所需的工人数量以及设备和动力消耗等，为后续的设计工作及组织生产准备工作提供依据和条件。

2. 工艺过程设计的作用

（1）合理地选择工艺方案，在结构满足正常工作、安全运行的前提下得到最佳的经济效益。

（2）根据工艺方案进行生产，组织各工序的技术检验，有利于尽早发现质量问题，并尽快消除焊接缺陷。

（3）便于组织生产部门根据生产计划和工艺规程下达任务，组织调度、安排生产、质量检验、劳动组织、材料供应及成本的核算等，使整个生产有序进行。

（4）在新产品投入生产前，要依据产品的工艺规程进行车间平面设计、设备的选用与布置、专用夹具和工艺装备的设计与制造、原材料及人员的配备，以及各辅助部门的安排等。

（5）可以不断地积累生产经验，提高企业人员的技术素质和技能水平。

3. 工艺过程设计的依据

（1）产品的技术条件。产品的技术条件规定了对产品的质量要求，即它对产品的几何形状与尺寸精度、材料的内部组织与性能以及表面质量都作出了明确的规定，所以它是制定工艺过程的首要依据。

（2）材料的加工工艺性能。材料的加工工艺性能包括变形抗力、塑性以及形成缺陷的倾向性等内容。它反映材料的加工难易程度，决定并影响材料的加工方式和方法。显然它是制定工艺过程的重要依据。

（3）生产规模大小。一般来说，生产规模大小有两个含义，即企业规模的大小和各产品批量的大小。

（4）产品成本。产品成本是生产效果的综合反映。一般来说，材料的加工工艺性能越差，产品技术要求越高，其工艺过程就越复杂，产品成本必然相应提高；反之，则成本下降。因此，成本的高低在一定程度上是工艺过程是否合理的反映。

（5）工人的劳动条件。所采用的工序必须保证安全生产而又不污染环境，否则应采取妥善的防护措施。

还应指出，工艺过程设计的各项依据是相互影响、相互联系的，任何片面强调某一方面的做法都会给生产带来不良后果。

4. 工艺过程设计的方法

焊接结构是金属结构中一种最主要的结构形式。工艺过程设计在焊接结构的生产过程中是一个非常重要的环节，是保证焊接结构正常、安全使用，以及决定结构制造工艺是否更趋合理，做到技术先进、经济合理的前提。一般进行焊接结构工艺设计时考虑的因素如图 3—1—4 所示。

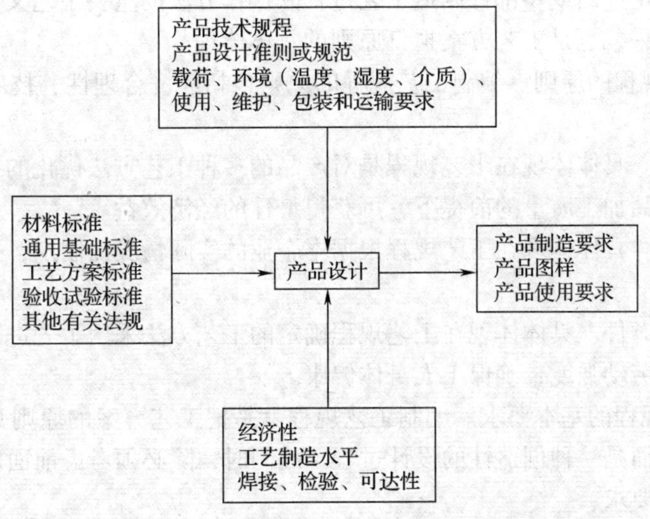

图 3—1—4　焊接结构工艺设计时考虑的因素

5. 工艺过程设计的程序

（1）设计准备。收集设计所需的原始资料，包括产品设计图样及技术条件、产品的生产计划，以及对工厂（车间）生产能力的调查等。

（2）产品工艺过程分析。通过对产品结构技术要求的分析，寻求产品从原材料到成品整个制造过程的工艺方法，研究并解决制造中可能出现的技术问题。

（3）拟订工艺方案。综合工艺过程分析的结果，提出制造产品的工艺原则和主要技术措施，对重大问题作出明确规定。工艺过程分析与拟订工艺方案往往是平行而又交叉进行的，方案可能有多个，应通过论证比较后筛选出最佳方案。

（4）编制工艺文件。把经审批的工艺方案具体化，编写出用于管理和指导生产的工艺文件。其中最主要的是工艺规程。

6. 工艺文件

（1）工艺方案。根据产品设计要求、产品类型和企业的生产能力，提出工艺技术准备工作的具体任务和措施的指导性文件称为工艺方案，它是工艺过程设计的重要内容。工艺方案一经审批，即成为编制各种工艺文件的依据。工艺方案拟订的主要内容如下：

1）规定关键质量问题的解决原则和方法，包括零部件的加工方法。

2）提出工艺试验研究课题和工艺装备配置，并提出专用工装的设计原则和设计要求。

3）规定生产组织形式和工艺路线安排的原则和意见。

4）决定工艺规程制定的原则和形式。

（2）工艺路线。在焊接结构生产中，各生产工序的排列顺序称为生产工艺路线或工艺流程。表示工艺路线的框图称为工艺流程图，如图3—1—5所示。

（3）工艺规程。焊接结构生产从分析施工图开始，一直到焊接产品检验合格出厂为止，要经过很多工序。技术人员必须根据不同焊接结构的特点，编制焊接结构制造工艺，选用工艺装备。凡是用文字、图形和表格等形式，对某个焊件科学地规定其工艺方案和规程，选用相应工艺装备的技术文件称为焊接工艺规程。

工艺规程是规定产品或零部件制造工艺过程和操作方法的重要工艺文件。它是产品工艺过程设计的直接结果，也是工艺方案拟订原则的具体体现。

1）编制工艺规程的原则。编制工艺规程的原则包括经济合理性、技术可行性和良好的劳动条件。

①经济合理性。具体体现在工艺规程是对产品的多种工艺方法优化的结果，其所确定的工艺方法在保证产品加工质量的前提下，可获得最佳的经济效益。

②技术可行性。具体体现在工艺规程根据本企业的实际情况而制定，企业有能力和条件实施。

③良好的劳动条件。具体体现在工艺规程确定的工艺方法采用了先进的机械化、自动化装备，可减轻工人劳动强度，确保工人身体健康。

2）编制工艺规程的基本要求。编制工艺规程就是把工艺方案的原则具体化。这并不是简单地填写表格，而是一种创造性的设计过程。编制时，除必须考虑前面所提及的设计原则外，还应达到下列要求：

①工艺规程应做到正确、完整、统一和清晰。

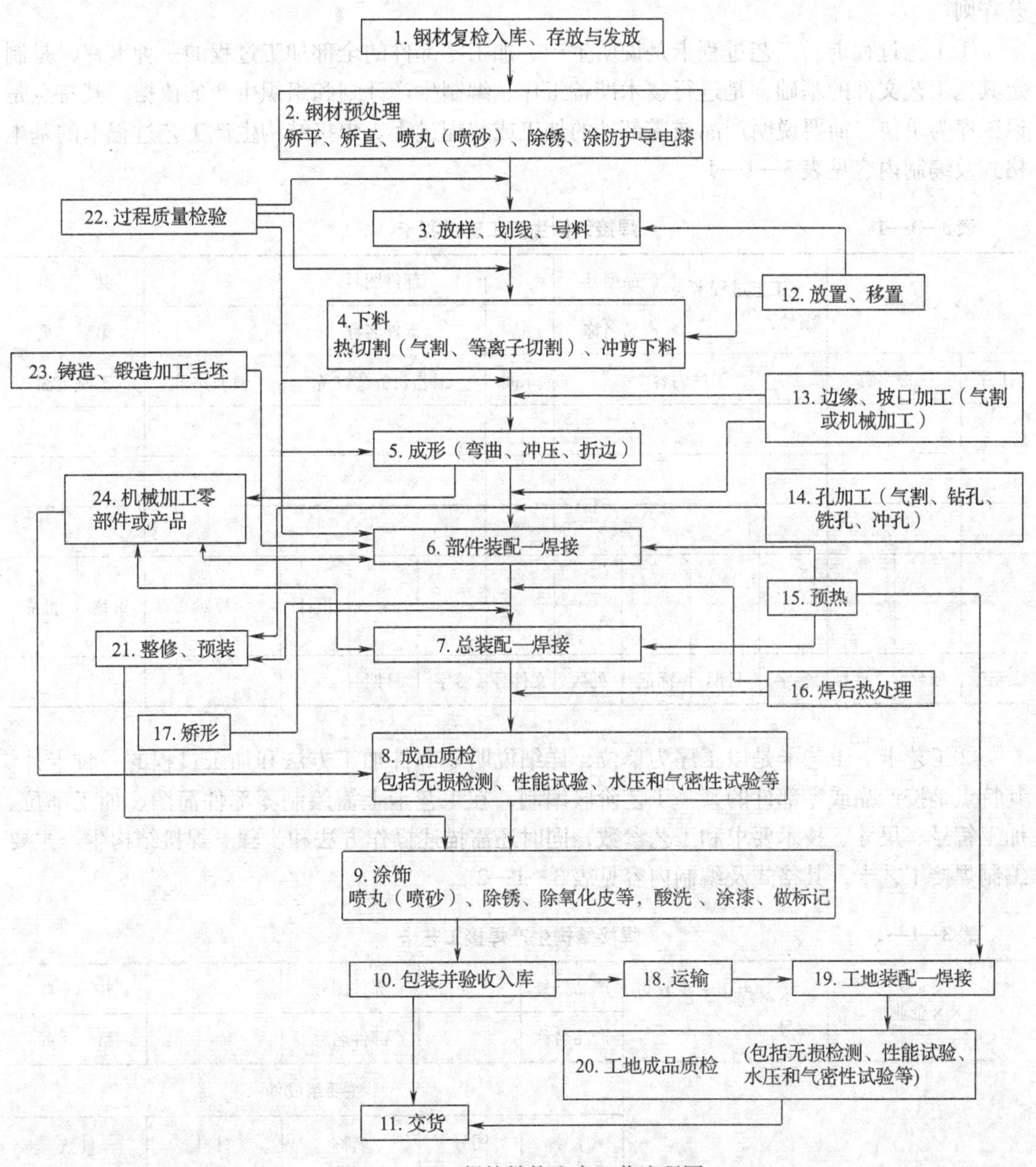

图 3—1—5　焊接结构生产工艺流程图

②工艺规程的格式、填写方法、使用的名词术语和符号均应按有关标准规定，计量单位应采用法定计量单位。

③同一产品的各种工艺规程应协调一致，不得互相矛盾。结构特征和工艺特征相似的零部件，尽量设计具有通用性的典型工艺规程。

④每一栏中填写的内容应简要、明确、规范。对于难以用文字说明的工序或工序内容，应绘制示意图，并标明加工要求。

3）工艺规程的主要文件。工艺规程的主要文件包括工艺过程卡、工艺卡、工序卡和工艺守则。

①工艺过程卡。工艺过程卡是说明生产、加工零部件的全部加工过程的一种卡片，是制定其他工艺文件的基础，是进行技术准备工作、编制生产计划和组织生产的依据。其特点是以工序为单位，简要说明产品或零部件的加工或装配过程。焊接结构生产工艺过程卡的基本格式及编制内容见表3—1—1。

表3—1—1　　焊接结构生产工艺过程卡

<table>
<tr><td colspan="3" rowspan="2">××企业</td><td colspan="2" rowspan="2">××工艺过程卡
编号：</td><td colspan="2">产品型号</td><td></td><td colspan="3">部件图号</td><td></td><td colspan="2">共　页</td></tr>
<tr><td colspan="2">产品名称</td><td></td><td colspan="3">部件名称</td><td></td><td colspan="2">第　页</td></tr>
<tr><td>工序</td><td colspan="2">工序名称</td><td colspan="4">工序内容</td><td>车间</td><td colspan="3">工艺装备及设备</td><td>辅助材料</td><td colspan="2">工时定额</td></tr>
<tr><td></td><td colspan="2"></td><td colspan="4"></td><td></td><td colspan="3"></td><td></td><td colspan="2"></td></tr>
<tr><td></td><td colspan="2"></td><td colspan="4"></td><td></td><td colspan="3"></td><td></td><td colspan="2"></td></tr>
<tr><td></td><td colspan="2"></td><td colspan="4"></td><td></td><td colspan="3"></td><td></td><td colspan="2"></td></tr>
<tr><td></td><td></td><td></td><td></td><td></td><td></td><td></td><td></td><td></td><td></td><td rowspan="2">设计</td><td rowspan="2">校对</td><td rowspan="2">审核</td><td rowspan="2">批准</td></tr>
<tr><td></td><td></td><td></td><td></td><td></td><td></td><td></td><td></td><td></td><td></td></tr>
<tr><td>标记</td><td>处数</td><td>文件号</td><td>签字</td><td>日期</td><td>标记</td><td>处数</td><td>文件号</td><td>签字</td><td>日期</td><td></td><td></td><td></td><td></td></tr>
</table>

②工艺卡。工艺卡是以工序为单位，详细说明零部件加工方法和加工过程的一种卡片。其特点是按产品或零部件的某一工艺阶段编制，在工艺卡上需绘制零部件简图、加工部位、加工符号、尺寸、技术要求和工艺参数，同时还需描述操作方法和步骤。焊接结构生产主要编制焊接工艺卡，其格式及编制内容见表3—1—2。

表3—1—2　　焊接结构生产焊接工艺卡

<table>
<tr><td rowspan="2">××企业</td><td rowspan="2">××焊接工艺卡
编号：</td><td>产品型号</td><td></td><td>部件图号</td><td></td><td>共　页</td></tr>
<tr><td>产品名称</td><td></td><td>部件名称</td><td></td><td>第　页</td></tr>
<tr><td colspan="2" rowspan="8">产品（或零部件）焊接简图</td><td colspan="5">主要组成件</td></tr>
<tr><td>序号</td><td>图号</td><td>名称</td><td>材料</td><td>件数</td></tr>
<tr><td></td><td></td><td></td><td></td><td></td></tr>
<tr><td></td><td></td><td></td><td></td><td></td></tr>
<tr><td></td><td></td><td></td><td></td><td></td></tr>
<tr><td></td><td></td><td></td><td></td><td></td></tr>
<tr><td></td><td></td><td></td><td></td><td></td></tr>
<tr><td></td><td></td><td></td><td></td><td></td></tr>
</table>

续表

工序号	工序焊接操作内容	焊接设备	工艺装备	焊接方法	焊接材料		电弧电压	焊接电流	其他工艺参数	工时	
					焊条/焊丝	焊剂					
								设计	校对	审核	批准
标记	处数	文件号	签字	日期	标记	处数	文件号	签字	日期		

③工序卡。工序卡是在工艺过程卡的基础上，为某一道工序编制的完整、详细的工艺文件。工序卡上须有工序图，表示本工序完成后的零件形状、尺寸及公差，零件的定位和装夹方式等。焊接结构生产装配工序卡的格式及编制内容见表3—1—3。

表3—1—3　　焊接结构生产装配工序卡

××企业	装配工序卡编号：	产品型号	产品名称	零件图号	零件名称	共　页
工序号	工序名称	车间	工段	设备	工序工时	共　页
简图						

工步号	工步内容						工艺装备	工段	辅助材料	工时定额	
								设计	校对	审核	批准
更改标记	处数	文件号	签字	日期							

④工艺守则。工艺守则是按某一专业工种而编制的基本操作规程，其特点是具有通用性。在焊接结构生产中，焊接工艺守则是必不可少的工艺文件。焊接工艺守则的编制内容包括焊接方法、焊接材料、焊接设备、焊前准备、焊接顺序及操作、焊接工艺参数、焊前预热及焊后热处理、焊缝返修等。

三、焊接结构生产工艺过程分析

任何一项技术都会产生技术和经济两个方面的效果。技术方面的效果不仅表现为达到了技术条件的要求，而且表现为提高了产品质量和改善了劳动条件等。经济方面的效果，表现为劳动量的减少、劳动生产率的提高以及材料消耗的减少等。所采取的技术措施在技术和经济两个方面都取得好的效果，才是最合理的工艺。但是，这两个方面通常并不是统一的，在决策前应进行工艺过程分析。工艺过程分析的原则是在保证技术条件的前提下，取得最大经济效益。工艺过程分析的目的是通过对不同工艺方案的技术和经济两个方面的比较，确定最佳的工艺方案。

确定工艺方案时，首先应根据零件的生产纲领确定其相应的生产类型。生产类型确定以后，零件制造工艺过程的总体轮廓也就勾画出来了。

1. 生产纲领

生产纲领是指企业在计划期内应当生产产品的品种、规格及产量和进度计划。计划期通常为一年，所以生产纲领也通常称为年度生产纲领。生产纲领不同，工装夹具设计的内容和要求也不相同。按照生产纲领的大小，焊接生产可分为三种类型：单件生产、大量生产、成批生产。焊接结构生产类型的划分见表 3—1—4。不同的生产类型，其特点也是不一样的，因此，所选择的加工路线、设备情况、人员素质、工艺文件等也是不同的。

表 3—1—4　　焊接结构生产类型的划分

生产类型		产品类型及同种零件的年产量（件）		
		重型	中型	轻型
单件生产		5 以下	10 以下	100 以下
成批生产	小批生产	5 ~ 100	10 ~ 200	100 ~ 500
	中批生产	100 ~ 300	200 ~ 500	500 ~ 5 000
	大批生产	300 ~ 1 000	500 ~ 5 000	5 000 ~ 50 000
大量生产		1 000 以上	5 000 以上	50 000 以上

（1）单件生产。当产品的种类繁多、数量较少、重复制造较少时，其生产性质可认为是单件生产，编制工艺规程时应选择适应性较广的通用装配焊接设备、起重运输设备和其他工装设备，这样可以在最大程度上避免设备的闲置。使用机械化生产是得不偿失的，通常可选择技能等级较高的工人进行手工生产，充分挖掘工厂的潜力，尽可能降低生产成本。编制的工艺规程应简明扼要，只需粗定工艺路线并制定必要的技术文件。

例如，单件小批量生产工字梁时，可采用简单、自制的工字梁装配胎具，选择焊条电弧焊、CO_2气体保护焊或埋弧焊。

（2）大量生产。当产品的种类单一、数量很多，工件的尺寸和形状变化不大时，其性质接近于大量生产。因为要长时间重复加工，所以宜采用机械化、自动化水平较高的流水线生产，每道工序都由专门的机械和工装完成，加工同步进行，生产设备负荷越大越好。对于大量生产的产品，要求制定详细的工艺规程和工序，尽可能实现工艺典型化、规范化。

例如，成批生产工字梁时，由于工字梁数量、批量增加，在夹具设计上应考虑减少制造中工字梁的搬运、翻转次数和辅助时间，并尽量减少成品后的矫正工作量。工字梁的装配可在气动或液压专用夹具上进行，焊接可采用埋弧自动焊或自动 CO_2 气体保护焊。

（3）成批生产。成批生产的产品具有周期性重复加工的特点，机械化程度介于单件生产和大量生产之间。应部分采用流水线作业，但加工节奏不同步，应有较详细的工艺规程。

例如，在生产大量工字梁中应采用机械化、自动化水平高的流水线生产，每道工序由专用机械完成，板料和半成品采用辊道输送机构，大大减少工件的吊运和翻转次数，减轻工人劳动强度，提高生产效率。采用埋弧焊或自动 CO_2 气体保护焊。

从以上工字梁的单件小批、成批及大量生产加工过程可以看出，由于生产纲领不同，加工工字梁所用的设备数量和辅助机械、起重运输设备等均不一样。从经济上分析，采用机械化和自动化水平高的生产条件，虽一次性投资大，但产量高，其每件生产成本要比单件小批量生产的要少，回收投资快、效益高。此外，采用机械化、自动化生产，产品质量高，质量稳定。

2. 技术经济要求

（1）产品的技术要求。产品使用性能方面的要求：强度、刚度、韧性等力学性能要求；物理、化学、耐低温、耐高温、耐磨、耐腐蚀性等特殊性能要求；结构的致密性、耐压等要求。产品的尺寸和形位精度方面的要求：尺寸公差要求，直线度、平面度、圆度等形状公差要求，平行度、垂直度、同轴度、位置度等位置公差要求，焊缝外观尺寸要求。

要满足产品的技术要求，主要从采用适当的工艺技术措施和新技术入手，具体做法：选择制作工艺方法；工装夹具使用；安排装配—焊接顺序，在此基础上考虑焊接方法、焊接参数、焊接顺序，同时，在考虑这些问题时要充分论证可行性。

（2）产品的经济要求。焊接结构生产产品的经济要求包括工时定额、材料的利用率、经济效益。要满足这些要求，在工艺过程设计阶段主要考虑以下几个方面：

1）根据技术要求选用的焊接结构中材料的品种、规格、价格是否合理，能否用其他材料代替。

2）生产厂现有的工艺装备、设备条件、工人技术水平能否满足焊接结构加工的要求；若要实现机械化、自动化生产，需增加多少设备、车间的生产条件怎样改进等。

3）产品技术要求是否过高。

（3）安全生产与环境保护。应考虑安全生产和改善工人的劳动条件。生产现场必须安全，要防触电、防辐射、注意通风等。

四、焊接结构生产工艺方案技术经济性比较

焊接结构生产工艺方案分析的基本方法是采用图表比较分析法，以工序为基本单元，对比采用不同的加工方法和技术措施可能获得的产品质量、经济效益、用工用时是否满足预期的要求，最终确定最佳的加工方法和技术措施。具体做法是：

（1）将拟订的工艺过程和工序填入工艺过程分析表（见表3—1—5）中“工艺流程”栏。

（2）根据产品的要求，拟订不同的工序加工方法、技术措施（包括所采用的工装夹具），填入表中“方法及设备”和“技术措施”栏。

（3）将选用的不同的加工方法和技术措施可能获得的产品质量、经济效益、用工用时与预期的要求进行比较，将比较结果分别填入“质量因素比较、经济因素比较、时间因素比较”栏。填写的方式有定性和定量两种。

1）定性方式。质量因素比较结果只填写“满足”“较满足”“不满足”；经济因素比较结果只填写“费用低”“费用较低”“费用较高”“费用高”；时间因素比较结果只填写“快”“慢”。

2）定量方式。填写加工方法和技术措施中质量因素、经济因素、时间因素核算所获得的数字指标。

定性方式简单，只能对同工序中不同的加工方法和技术措施进行比较，适合于简单的单件、小批量产品的工艺过程分析。定量方式复杂、精确，并且可对整个工艺过程的全部工序中不同的加工方法和技术措施综合比较，适合于对复杂的大批量产品的工艺过程分析。

（4）经过比较，确定最佳的加工方法和技术措施。

表3—1—5　　工艺过程分析表

工艺流程		方法及设备		技术措施		质量因素比较	经济因素比较	时间因素比较
		优化前	优化后	优化前	优化后			
原材料检验	常规检验	外观质量检验	外观质量检验					
	无损探伤	无	超声波					
下料	划线			按实际尺寸加工	预留机加工余量			
	落料	气割	半自动火焰切割					
	坡口加工	气割	半自动火焰切割					
组焊	组装	钢平台	专用平台	无	按一定顺序			
	定位焊	焊条电弧焊	焊条电弧焊					
	装配尺寸检验	钢平台	专用平台					
	焊接	焊条电弧焊	CO_2气体保护焊	无	控制应力和变形			
检验	焊缝检验			外观	外观、内部			
	整体尺寸			钢直尺	专用工具			

续表

<table>
<tr><th colspan="2" rowspan="2">工艺流程</th><th colspan="2">方法及设备</th><th colspan="2">技术措施</th><th rowspan="2">质量因素
比较</th><th rowspan="2">经济因素
比较</th><th rowspan="2">时间因素
比较</th></tr>
<tr><th>优化前</th><th>优化后</th><th>优化前</th><th>优化后</th></tr>
<tr><td colspan="2">消除应力热处理</td><td>火焰加热</td><td>电加热</td><td>局部加热</td><td>整体加热</td><td></td><td></td><td></td></tr>
<tr><td rowspan="2">机加工</td><td>工作台
安装面</td><td>无</td><td>铣床加工</td><td></td><td></td><td></td><td></td><td></td></tr>
<tr><td>机架外
其他零部件
装配面</td><td></td><td></td><td></td><td></td><td></td><td></td><td></td></tr>
</table>

任务实施

为了完成锻压机开式机身装配—焊接工作，编制合理的焊接工艺文件，制造出合格的产品，本任务的实施应按以下步骤进行：

一、锻压机开式机身生产过程设计

锻压机开式机身生产过程如图 3—1—6 所示。

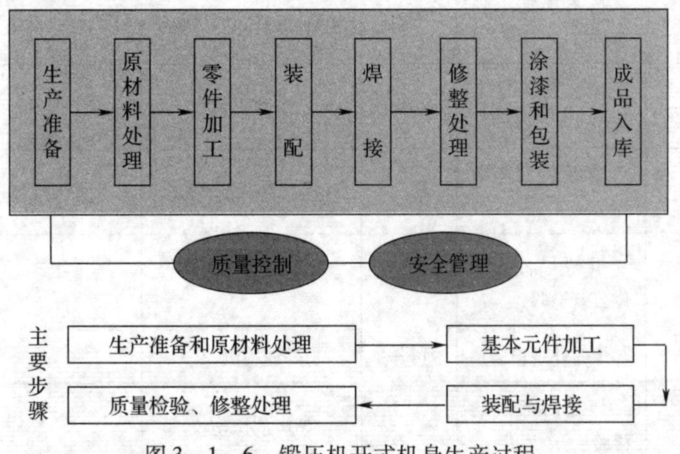

图 3—1—6　锻压机开式机身生产过程

二、优化确定工艺过程

采用图表比较法（见表 3—1—5）对工艺过程进行分析。锻压机开式机身生产因属于单件、小批量生产，而定性方式适合于简单的单件、小批量产品的工艺过程分析，因此对各因素采用定性比较。

三、编制工艺规程

1. 编制工艺过程卡

工艺过程是进行生产的基础，合理的工艺过程必须能保证零件的全部技术要求，使生产率提高，成本降低，有良好、安全的劳动条件。编制锻压机开式机身工艺过程卡，见表 3—1—6。

表 3—1—6　　　　工艺过程卡

××企业	工艺过程卡编号：	产品型号	××	部件图号		共 1 页
		产品名称	锻压机开式机身	部件名称		第 1 页

工序	工序名称	工序内容	车间	工艺装备及设备	辅助材料	工时定额
1	原材料检验	外观表面锈蚀、麻点、划痕深度不大于 2 mm	检验			
		板面 20% 超声波探伤，无裂纹				
2	划线	1 台料套排、预留割缝尺寸 3 mm	下料			
3	落料	按划线尺寸切割落料	下料	半自动氧乙炔切割机	氧气、乙炔气	
4	加工坡口	按图样加工焊缝坡口	下料	半自动氧乙炔切割机	氧气、乙炔气	
5	装配	按装配工序卡装配	铆焊	工装夹具	工装用料	
6	焊接	按焊接工艺卡焊接	铆焊	CO_2 气体保护焊机	CO_2 气体	
7	检验	机架尺寸、形位公差检验	检验			
		焊缝外观检验		焊缝检测尺		
		焊缝内部缺陷检验		超声波探伤仪		
8	消除应力热处理	消除应力热处理	热处理	柔性缠绕电阻丝电加热系统		
9	机加工	零部件装配面机加工	机加	铣床		

										设计	校对	审核	批准
标记	处数	文件号	签字	日期	标记	处数	文件号	签字	日期				

2. 编制装配工序卡和焊接工艺卡

装配是重要工序，焊接是关键工艺，应编制装配工序卡和焊接工艺卡。根据所拟订工艺方案，锻压机开式机身的装配尺寸和形位公差应符合图样要求，焊缝质量应符合产品工艺和使用要求。编制装配工序卡和焊接工艺卡，见表3—1—7。

表3—1—7　　装配工序卡和焊接工艺卡

××企业	装配工序卡 编号：	产品型号 ××	产品名称 锻压机	零件图号 ××	零件名称 ××	共　页
工序号	工序名称	车间	工段	设备	工序 工时	第　页
5	装配机身	铆焊	装配		××	

装配顺序图（要求各装配工步后的装配尺寸和形位公差符合图样要求）：

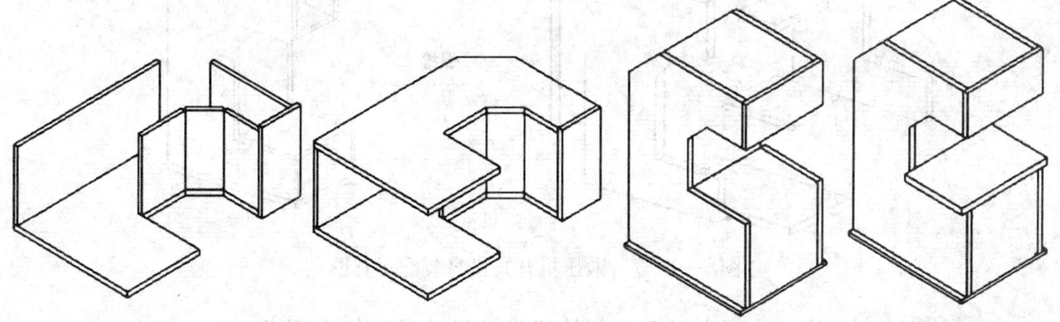

工步号	工步内容	工艺装备	工段	辅助材料	工时
4001	件3、4、5、6、7、8与件9－1卧装，定位焊	钢平台 定位夹具 紧固工具	铆焊装配		
4002	件9－2与4001装配体装配，定位焊		铆焊装配		
4003	件1与4002装配体装配，定位焊		铆焊装配		
	焊接		铆焊装配		
4004	件2与4002装配体装配，定位焊	钢平台 定位夹具 紧固工具	铆焊装配		

								设计	校对	审核	批准
更改标记	处数	文件号	签字	日期							

四、焊接生产工艺过程

根据工艺过程卡，锻压机开式机身的生产过程可按以下步骤进行。

1. 准备

（1）划线。按图3—1—2的具体要求，在钢板上划出锻压机开式机身的零件图。划线的准确性直接影响下道工序的质量，必须认真实施。

（2）下料。下料是指采用各种方法，把零件从钢板上切割下来的过程。机身的直边采用剪板机或氧乙炔焰半自动切割机下料，机身直角处圆弧采用氧乙炔焰切割。

（3）坡口加工。采用氧乙炔焰半自动切割机加工坡口，坡口角度为50°。随后清理坡口及两侧表面的水、油污、锈蚀、氧化皮等。

2. 组焊

（1）组对装配。在装配平台上将机身各部件按照装配要求组合起来（见图3—1—7），经定位焊成为一个整体（图中省略了板3、板4、板6）。锻压机开式机身按照图样中的装配顺序进行组对装配。

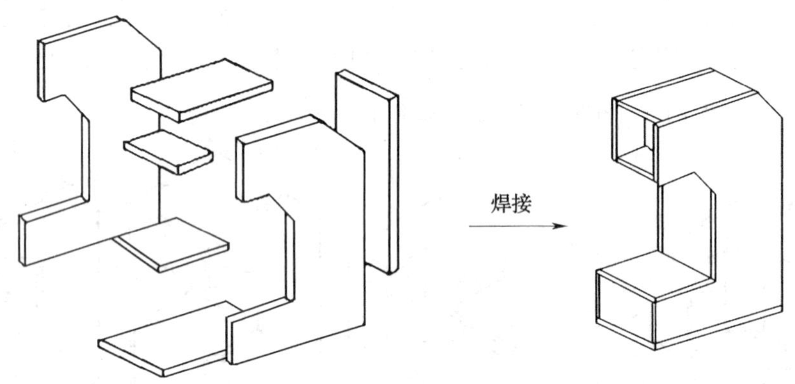

图3—1—7 锻压机开式机身装配示意图

（2）装配尺寸检验。装配完成后，复检机身的尺寸是否符合要求。

（3）定位焊。在坡口内侧进行定位焊，定位焊选用的焊丝、焊接工艺及对焊工操作技术熟练程度的要求应与正式焊接时完全相同。每个焊点长度为15～20 mm，两定位焊点间距约为300 mm，定位焊后清除坡口内飞溅物。

（4）焊接。采用CO_2气体保护焊，焊丝选用H08Mn2SiA，采用三层三道焊。焊接参数见表3—1—8。焊接完成后清除工件表面的飞溅物等。

表3—1—8 **焊接参数**

焊道层数	焊丝直径（mm）	焊接电流（A）	电弧电压（V）	保护气体流量（L/min）
打底焊	1.2	150～160	20～22	15～18
填充焊	1.2	250～280	26～28	18～20
盖面焊	1.2	230～250	23～25	18～20

3. 质量检验

（1）外观质量。外观尺寸和形状应满足技术要求，焊缝表面无气孔、裂纹等缺陷。

（2）内部质量。无损检测采用超声波探伤检验，应符合国家标准《无损检测　超声波检测》（GB/T 12604.1—2005）的规定。

4. 机加工工作台

焊接完成后，待工件冷却至室温，采用机加工的方法加工工作台。

任务评价

表3—1—9为本任务的评分标准。

表3—1—9　　评分标准

序号	考核内容	评分标准	配分	得分
1	加工工序、工位、工步	正确确定工序、工位、工步	20	
2	工艺路线、流程图	正确制定工艺路线	20	
3	优化方案	根据方案酌情扣分	20	
4	工艺规程	编制合理	30	
5	安全文明生产	根据情况酌情扣分	10	
总　分			100	

思考与练习

1. 简述焊接结构产品的一般生产过程。
2. 简述工艺过程设计内容与步骤。
3. 编制焊接工艺规程的原则和基本要求是什么？
4. 试述焊接结构生产工艺过程分析的基本方法。
5. 试进行如图3—1—8所示产品的工艺过程设计。

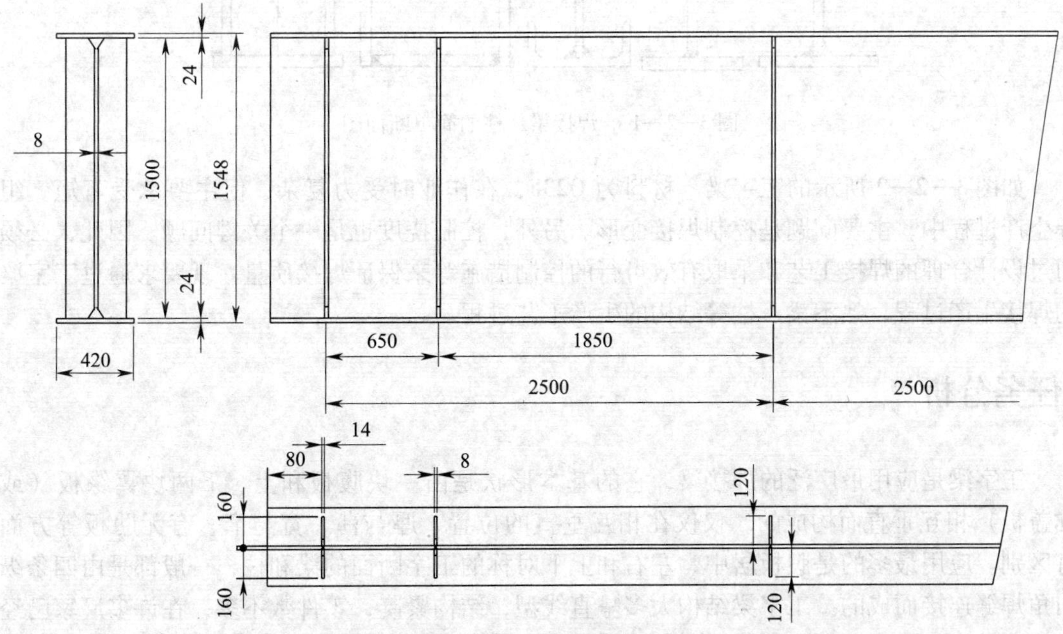

图3—1—8　工字钢梁图样

任务2　梁柱结构焊接生产工艺过程设计

技能点

◎ 设计梁柱结构产品的焊接生产工艺过程

知识点

◎ 梁柱结构焊接生产工艺编制的依据

◎ 工字梁焊接生产工艺编制的内容

◎ 工字梁焊接生产工艺过程

任务提出

焊接梁和柱是各种钢结构中的基本组成件，用量大，使用范围广泛，有各种各样的断面形状，其简单断面图如图3—2—1所示。梁一般是焊接成形的实腹板受弯构件，例如，桥梁、工厂的工作平台、高层建筑钢结构的楼层盖、桥式起重机的桥架和小车架等。柱是主要承受压力并将载荷传递至基础的构件，例如，起重机的支撑臂、钻井船的柱腿等。

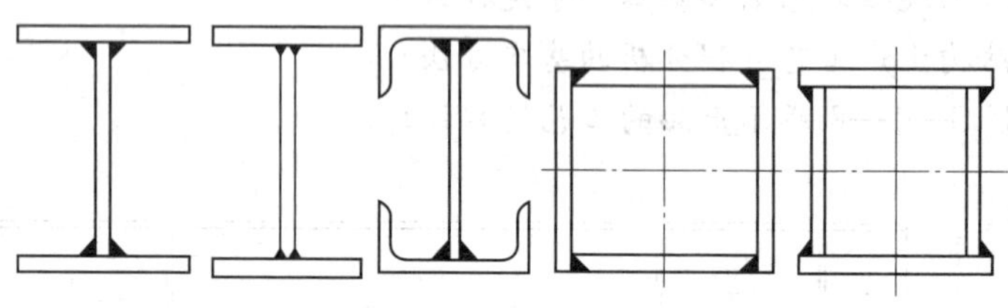

图3—2—1　焊接梁、柱的简单断面图

如图3—2—2所示的工字梁，材料为Q235，在作业时受力复杂，但主要承受弯矩。组焊生产过程中，主要问题是控制焊接变形。另外，控制挠度也是一个关键问题。因此，必须通过设计合理的焊接工艺和采取有效可行的控制措施等来保证焊接质量。现要求通过工字梁的焊接生产过程，熟悉梁、柱等结构的生产工艺过程。

任务分析

工字梁是应用最广泛的焊接梁，它的基本形状是由一块腹板和上、下两块翼缘板（或称盖板）相互垂直而构成的，仅仅在相互垂直的位置、厚与薄、宽与窄、有无肋板等方面有区别。应用最多的是腹板居中、左右和上下对称的工字断面的梁和柱，一般都是由四条纵向角焊缝连接而成的。工字梁结构大多呈直线型，结构紧凑，零件数不多，在许多厂家已经组成多种生产线，实行专业化生产，有很高的生产率和制造质量。

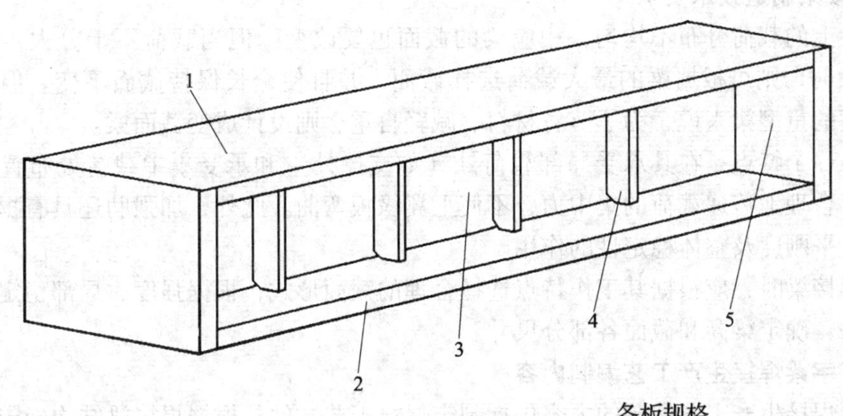

各板规格

翼缘板2000mm×500mm×10mm，2块

腹板2000mm×480mm×10mm，1块

端板500mm×500mm×10mm，2块

肋板480mm×200mm×10mm，8块

图 3—2—2　工字梁焊接示意图

1—上翼缘板　2—下翼缘板　3—腹板　4—肋板　5—端板

对于工字梁，由于腹板厚度相对于高度而言较薄，为防止在腹板压、剪应力作用下产生波浪状屈曲，即局部失稳，通常在梁上加有竖直或水平方向的加强肋板。在焊接工字梁的生产中最难达到控制要求的是焊接变形，制造这种对称的工字梁，必须控制的变形主要有翼缘板角变形和整体结构的挠曲变形。在挠曲变形中，有上拱或下挠、左右旁弯、腹板的波浪变形和难以矫正的扭曲变形等。

相关知识

一、梁柱结构焊接生产工艺编制的依据

1. 梁的分类及用途

焊接梁的用途很广泛，主要应用于载荷和跨度都比较大的场合，常根据其受力特点，设计成不同的截面形式。梁按其截面形式可分为箱型截面梁、工（II）字截面梁和管型截面梁等，其中，用得最多的是工（H）字截面梁和箱型截面梁。

（1）工字梁。主要用于只在一个主平面内承受弯矩作用的场合，由三块钢板焊接而成，必要时也可使用翼缘板组成截面。工字梁大量应用于房屋钢结构及工业建筑钢结构和机械结构，如电站锅炉承重结构、焊接吊车梁等。

（2）箱型梁。对于载荷较大又要求具有较高抗扭刚度的梁，可采用焊接箱型或型钢组合箱型截面。箱型截面梁还能在两个主平面内承受弯矩及附加轴向力作用，所以水平刚度和抗扭刚度都比工字梁高，安装和检修也很方便，如桥式起重机主梁截面主要使用箱型截面梁。

2. 焊接梁制造技术要求

由于梁上的载荷分布不均匀，相应梁的截面也要改变。但当载荷不十分大，跨度（梁长）也不大时，则可根据梁的最大载荷选择截面，并且使全长保持截面不变。但对于大载荷、大跨度的重型梁来说，为了节省材料、减轻自重，则设计成变截面梁。

梁的另一个特点是在其承受局部载荷处（如支撑处）和承受集中载荷处布置大小不等的加强肋，合理地传递载荷的集中力，不使上翼缘板弯曲。此外，加强肋还具有提高梁的抗扭刚度、水平刚度及整体稳定性的作用。

设计焊接梁时，应根据其工作特点选择合理的截面形式，根据强度、局部稳定性、刚度和经济条件，确定梁高和截面各部分尺寸。

二、工字梁焊接生产工艺编制内容

工字梁焊接生产工艺编制的内容包括制定焊接工艺文件、根据焊接梁结构确定所用钢板尺寸、依据所用钢板尺寸下料及进行坡口加工、装配—焊接、整形、焊接质量检验、焊接缺陷分析处理、焊后进行变形矫正。

三、工字梁焊接工艺过程

1. 材料准备

在工字梁生产之前，钢材库需要将运入的钢材按炉号分别堆放，还要根据客户的要求，逐张或抽样进行无损探伤。下料前应对弯曲和平行度超差的钢板进行矫正，以保证下料和加工的精度。然后用手工方法或借助工艺装备进行装配和焊接。

下料时要考虑加工余量和焊接收缩量。加工余量包括切割余量和边缘（包括坡口）加工余量。梁的焊接收缩量应包括四条纵缝和肋板与腹板的焊缝，即所有焊缝的收缩量，在下料时都要留出来。工字形构件的收缩量见表3—2—1。

表3—2—1　　工字形构件的收缩量

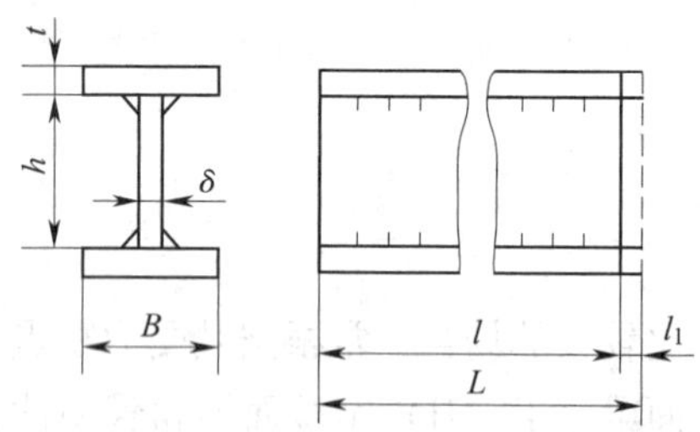

t—翼缘板厚度　B—翼缘板宽度　h—腹板宽度（高）

δ—腹板厚度　A—截面积（$2tB+\delta h$）

L—杆件长　l—收缩后杆件长　l_1—收缩量

焊脚尺寸（mm）	截面积 A（cm^2）	收缩量（$L=10$ m时）		焊脚尺寸（mm）	截面积 A（cm^2）	收缩量（$L=10$ m时）	
		$t=14\sim16$ mm	$t=14\sim25$ mm			$t=14\sim16$ mm	$t=14\sim25$ mm
6~7	90	5~6	—	6~7	130	3.5	—
6~7	100	5~6	—	6~7	140	3	—
6~7	110	4.5	—	6~7	150	3	—
6~7	120	4	—	6~7	160	3	—

续表

焊脚尺寸（mm）	截面积 A（cm^2）	收缩量（$L=10$ m 时）		焊脚尺寸（mm）	截面积 A（cm^2）	收缩量（$L=10$ m 时）	
		$t=14\sim16$ mm	$t=14\sim25$ mm			$t=14\sim16$ mm	$t=14\sim25$ mm
8 ~ 9	170	—	6	8 ~ 9	320	2.5	—
8 ~ 9	180	—	5	10 ~ 11	330	—	3.5
8 ~ 9	190	—	5	10 ~ 11	340	—	3.5
8 ~ 9	200	—	5	10 ~ 11	350	—	3.5
8 ~ 9	210	—	4	10 ~ 11	400	—	3.5
8 ~ 9	220	—	4	10 ~ 11	450	—	3
8 ~ 9	230	—	4	10 ~ 11	500	—	3
8 ~ 9	240	—	3.5	10 ~ 11	550	—	3
8 ~ 9	250	—	3.5	10 ~ 11	600	—	2
8 ~ 9	260	—	3.5	10 ~ 11	650	—	2
8 ~ 9	270	—	3.5	10 ~ 11	700	—	2
8 ~ 9	280	3	—	10 ~ 11	750	—	1.5
8 ~ 9	290	3	—	10 ~ 11	800	—	1.5
8 ~ 9	300	2.5	—	10 ~ 11	850	—	1.5
8 ~ 9	310	2.5	—	10 ~ 11	900	—	1.5

工件的剪切和气割应尽可能准确。腹板与上翼缘板的 T 形接头要求焊透，所以腹板应进行边缘加工或坡口加工。

腹板或翼缘板如若拼接，其对接焊缝要求焊透。焊接时应加引弧板和熄弧板并考虑反变形等，焊接前应清理坡口，如图 3—2—3 所示。同时，要注意使腹板和翼缘板的拼接焊缝至少错开 500 mm，以避免焊缝交叉。为了减小焊后翼缘板的角变形，可考虑对翼缘板焊前使用翼缘板反变形机预制（压出）反变形，其原理如图 3—2—4 所示。焊接工字梁翼缘板的反变形量见表 3—2—2。

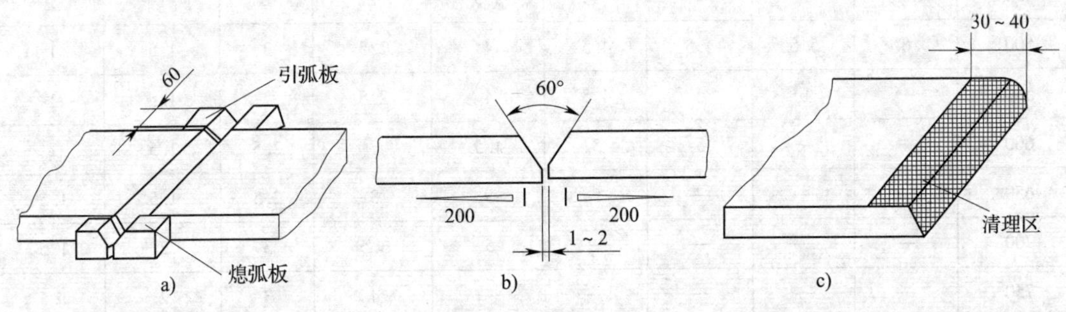

图 3—2—3　焊前准备

a）安装引弧板和熄弧板　b）预制反变形　c）坡口清理区宽度

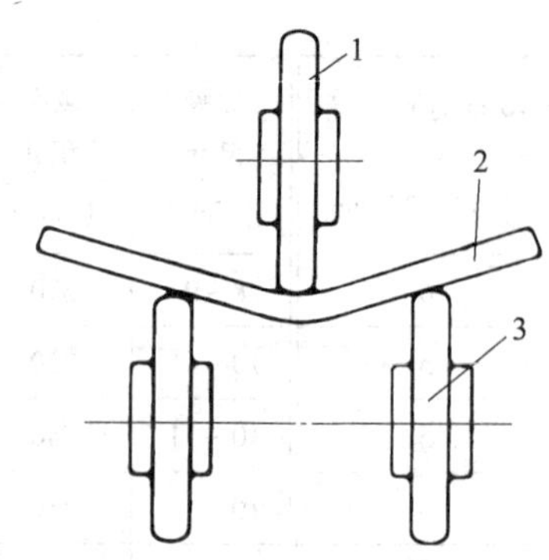

图 3—2—4　用反变形机进行翼缘板反变形的原理

1—从动轮　2—工件（翼缘板）　3—主动轮

表 3—2—2　　焊接工字梁翼缘板的反变形量

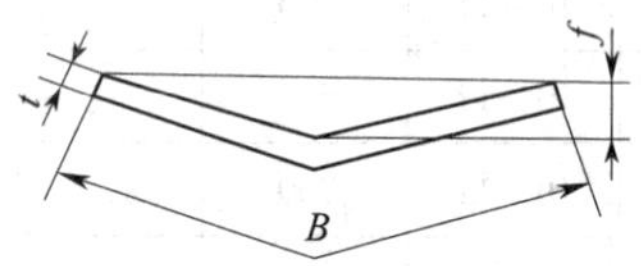

B—板宽　t—板厚　f—挠度

板宽 B（mm）	板厚 t（mm）								
	12	14	16	20	25	28	30	36	40
	挠度 f（mm）								
150	2	2	1.5	1	1	1	0.5	0.5	0.5
200	2.5	2.5	2	2	1.5	1	1	0.5	0.5
250	3	3	2.5	2	2	1.5	1	0.5	0.5
300	4	3.5	3	2.5	2.5	1.5	1.5	1	0.5
350	4.5	4	3.5	3	3	2	1.5	1	0.5
400	5	4.5	4	3.5	3	2	1.5	1	1
450	5.5	5	4	4	3.5	2	2	1	1
500	6	5.5	4.5	4.5	4	2.5	2	1.5	1
550	—	6	5	4.5	4	2.5	2	1.5	1
600	—	—	5	5	4.5	3	2.5	1.5	1
650	—	—	—	5	5	3	2.5	1.5	1.5
700	—	—	—	—	5	3.5	3	2	1.5
750	—	—	—	—	—	4	3	2	1.5
800	—	—	—	—	—	4	3.5	2.5	—

2. 装配—焊接工字梁主体

在装焊工字梁主体的过程中，可根据产量来选择装配—焊接方法。当单件生产时，可以采用手工装焊，其生产效率比较低，质量不易保证且与操作工人技能水平有很大关系。在批量不大、规格较多的情况下，可以采用一些通用的工艺装备装焊，则能大大提高生产率与生产质量。在品种单一、规格尺寸变化不大的大批量生产时，可以采用机械化或自动化水平更高的流水作业，每道工序由专门的机械完成，物料和半成品的传送则用辊子传送机构等，能达到较高的产品质量和良好的规模经济效益。

工字梁的焊接多采用效率高、质量稳定的 CO_2 自动焊或埋弧焊。为了保证四条焊缝的焊接质量，常采用船形位置焊接。焊接时，让翼缘板焊缝处于船形位置，即倾斜45°，翼缘板与腹板成45°。此种方案中焊缝的焊接顺序以及工件的倾斜和翻转按如图3—2—5所示的顺序进行。在船形位置采用单层焊，可使用较大的焊接电流，熔透深度大，能提高生产效率，并且易保证较好的焊缝成形和等边的焊脚尺寸。对于开坡口的角接头和大焊脚尺寸的角焊缝采用多层焊。船形焊要求装配间隙不得大于5 mm，以避免焊穿和熔融金属流失等现象。另外，焊接变形的控制难度大，工件翻身次数多（4次），故生产效率比较低。但由于此种焊接方法能形成较好的焊缝，所以在生产实际中得到广泛应用，但应采取措施预防和矫正焊接变形。

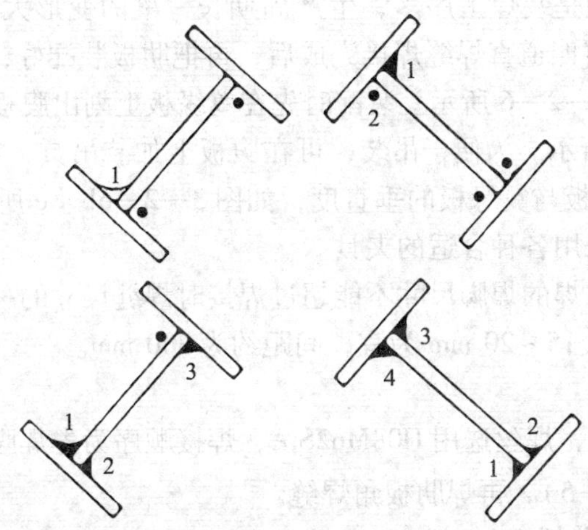

图3—2—5　角焊缝船形焊焊接顺序

焊后梁的角变形和挠曲变形均可用机械法进行矫正，效率高，矫形质量好，且对其使用性能没有不良影响。除此之外，也可用气体火焰法进行矫正，但火焰矫形法对操作者的技术水平有较高要求，且对某些要求具有上拱度的工字梁矫形部位有严格限制。

3. 装配—焊接工字梁肋板

肋板焊缝一般不长，大多采用焊条电弧焊、半自动埋弧焊或 CO_2 气体保护焊等焊接方法。但如肋板较多，特别是有短肋板时，会引起构件的严重变形，除构件长度方向的缩短外，还可能引起腹板、翼缘板的局部波浪形变形，以及挠曲、扭曲、旁弯等变形，因而要慎重对待。通常宜采用从中间肋板开始向两端同时对称焊接。必须采用焊条电弧焊时，通常由几名焊工同时从构件的中部向两端对称焊接，以减小焊接变形。

在大量生产时，可以采用机械化或自动化水平更高的流水线作业。

任务实施

焊接梁主要生产工艺流程包括四部分，即备料、装配、焊接、矫形。无论是单件生产还是大批量生产，对备料的要求都是一样的，即必须在装配之前准备好几何形状和尺寸符合要求的零件，这些零件的待焊部位要经过坡口加工和清理等。

钢板材料为Q235，根据客户的要求，全部或抽样进行无损探伤，经检验合格方可使用。按照工字梁的装配尺寸和标注要求，用剪板机剪切下料，下料时要考虑加工精度、加工余量和焊接收缩量。各板规格：翼缘板2 000 mm×500 mm×10 mm，2块；腹板2 000 mm×480 mm×10 mm，1块；端板500 mm×500 mm×10 mm，2块；肋板480 mm×200 mm×10 mm，8块。

一、工字梁焊接生产工艺过程设计

1. 工字梁装配

对称的简单结构工字梁制造的程序应是先装配后焊接，即先装配成工字形状并定位焊后再进行焊接。不应边装配边焊接，即不能先焊成T形断面再装另一翼缘板，最后焊成完整的工字梁，这样做的问题是装焊工序多，生产周期长，梁的变形大。对于加有肋板（也称筋板）的工字梁，应先将四道直焊缝焊接完成后，再把肋板装配好，最后焊接肋板和端板。

工字梁的装配如图3—2—6所示。装配时先在翼缘板上划出腹板的位置线，并焊上定位角铁2，如图3—2—6a所示。为便于吊装，可在腹板上加装吊具，如图3—2—6a所示。装配时，用90°角尺检查腹板与翼缘板的垂直度，如图3—2—6b、c所示。为保证工字梁腹板与翼缘板紧密接触，可采用各种合适的夹具。

值得注意的是，定位焊的焊脚尺寸不能超过焊接时焊缝尺寸的一半，反、正面定位焊缝要错开。定位焊缝长度以15~20 mm为宜，间距约为300 mm。

2. 工字梁焊接

采用CO_2气体保护焊，焊丝选用H08Mn2SiA，焊接顺序为先焊腹板与翼缘板的四道角焊缝（焊接顺序见图3—2—5），再焊肋板角焊缝。

3. 焊接顺序及应力分析

工字梁上、下角焊缝对称分布。在相同数值的焊接参数下进行焊接，每道焊缝引起的变形量并非互相抵消，而且先焊的焊缝引起的变形最大，但最后焊的焊缝引起的变形一般总是和最先焊的焊缝引起的变形方向一致，所以在装配完成后，焊接顺序也是很重要的。正确的焊接顺序能减小焊接变形，例如，按照如图3—2—7所示焊接顺序进行焊接，出现的弯曲变形会很小。

产生扭曲变形的根本原因主要是焊缝的角变形沿焊缝长度分布不均匀。在焊接工字梁时，按照如图3—2—7所示的焊接顺序和焊接方向进行焊接，则会产生如图3—2—8所示的扭曲变形，这主要是角变形沿焊缝长度逐渐增大的结果。如果改变焊接顺序，沿同向焊接，就会克服这种扭曲变形，这是因为两条相邻的焊缝同时向同一个方向焊接，这样就会相互抵消各自的焊接变形。

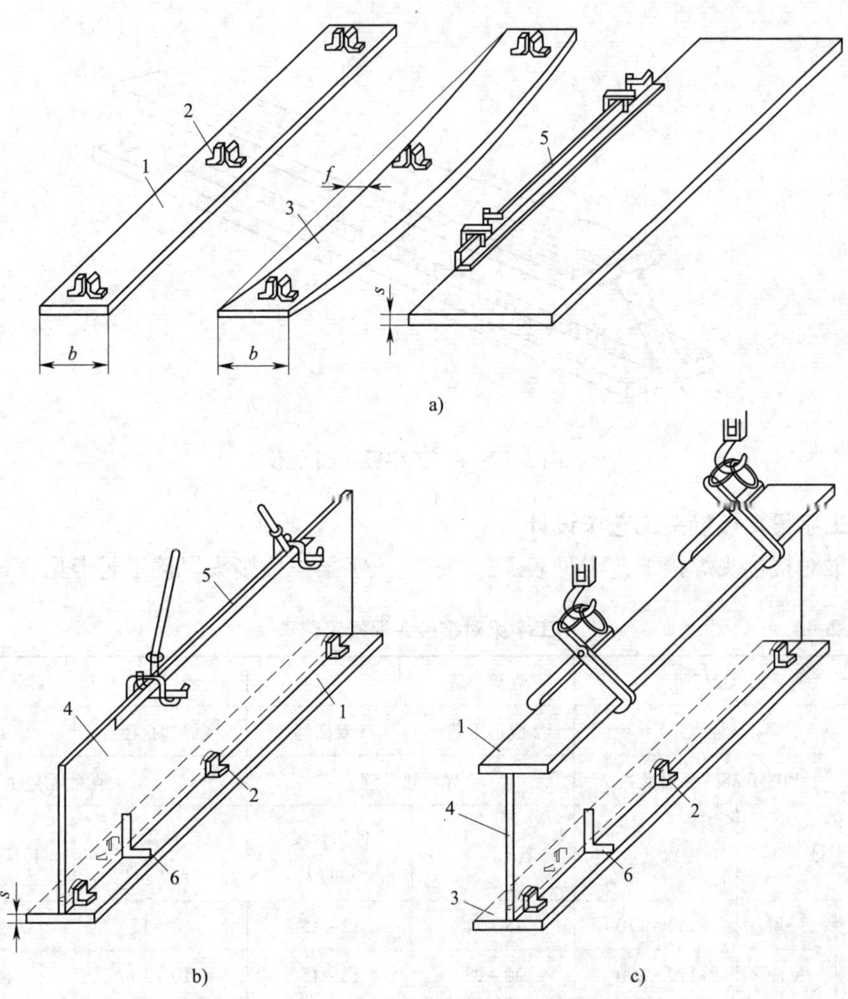

图 3—2—6　工字梁的装配

a）划线与安装定位角铁　b）装配 T 形梁　c）装配工字梁

1、3—翼缘板　2—定位角铁　4—腹板　5—吊具　6—90°角尺

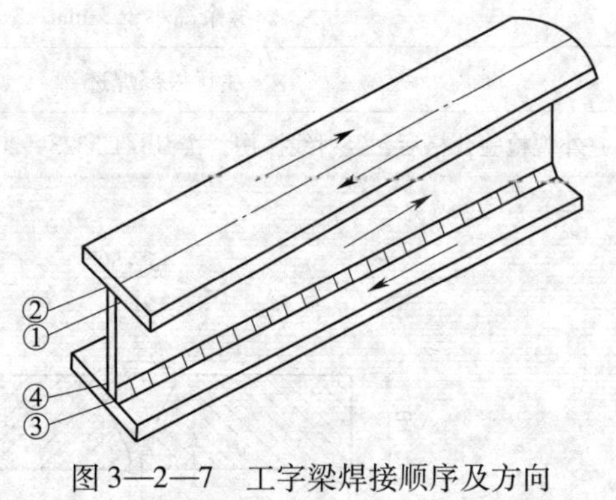

图 3—2—7　工字梁焊接顺序及方向

4. 整形

采用火焰矫正法矫正工字梁焊后变形。

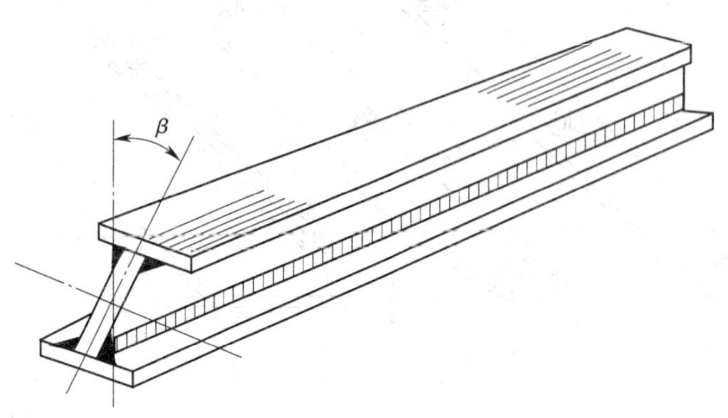

图 3—2—8　工字梁扭曲变形

二、工字梁焊接接头工艺卡设计

工字梁对接接头焊接工艺卡见表 3—2—3，工字梁角接接头焊接工艺卡见表 3—2—4。

表 3—2—3　　工字梁对接接头焊接工艺卡

<table>
<tr><td>母材</td><td colspan="3">Q235</td><td>焊接位置</td><td>平焊</td><td>清根手段</td><td>砂轮，碳弧气刨</td></tr>
<tr><td>焊接方法</td><td colspan="3">CO_2气体保护焊</td><td>成形工艺</td><td>双面焊</td><td>焊丝直径</td><td>1.2 mm</td></tr>
<tr><td>焊接材料</td><td colspan="3">H08Mn2SiA（焊丝）</td><td colspan="2">焊后热处理</td><td colspan="2">消除热应力</td></tr>
<tr><td colspan="3">焊接参数</td><td>电流（A）</td><td>电压（V）</td><td>伸出长度（mm）</td><td>气体流量（L/min）</td><td>电源种类和极性</td></tr>
<tr><td colspan="2" rowspan="2">焊接层</td><td>一层</td><td>150～170</td><td>18～21</td><td>12～15</td><td>10～15</td><td>直流反接</td></tr>
<tr><td>反面</td><td>170～200</td><td>20～23</td><td>12～15</td><td>10～15</td><td>直流反接</td></tr>
<tr><td colspan="3">序号</td><td colspan="5">施焊要求</td></tr>
<tr><td colspan="3">1</td><td colspan="5">焊前将待焊区域及附近 20 mm 范围内的水分、油污等去除干净</td></tr>
<tr><td colspan="3">2</td><td colspan="5">焊缝余高小于 3 mm</td></tr>
<tr><td colspan="3">3</td><td colspan="5">注意根部焊透</td></tr>
<tr><td colspan="3">4</td><td colspan="5">焊缝外观检验合格后，经射线探伤，按 GB/T 3323—2005 标准，Ⅲ级以上为合格</td></tr>
<tr><td colspan="3">节点图</td><td colspan="5">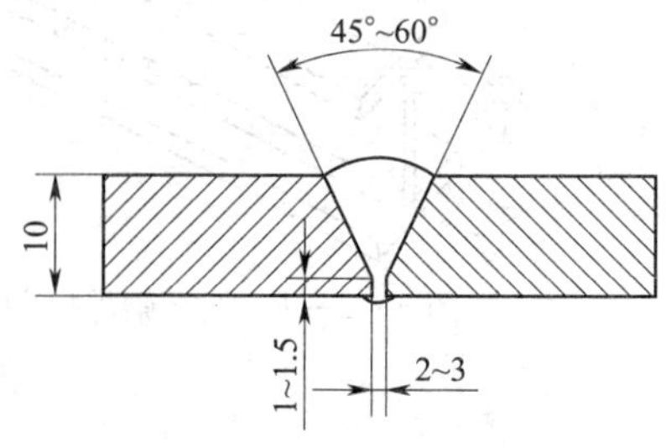
</td></tr>
</table>

表 3—2—4　　工字梁角接接头焊接工艺卡

母材	Q235		清根手段		砂轮，碳弧气刨
焊接方法	CO_2气体保护焊		焊后热处理		消除热应力
焊接材料	H08Mn2SiA（焊丝）		焊丝直径		1.2 mm
焊接参数	电流（A）	电压（V）	伸出长度（mm）	气体流量（L/min）	电源种类和极性
	180～200	22～24	12～15	10～15	直流反接
序号	施焊要求				
1	焊前将待焊区域及附近 20 mm 范围内的水分、油污等去除干净				
2	焊脚尺寸如下图，K＝8～10 mm				
3	焊缝外观检验合格后，对接头进行磁粉探伤检验				
节点图					

任务评价

表 3—2—5 为本任务的评分标准。

表 3—2—5　　评分标准

序号	考核内容	评分标准	配分	得分
1	确定工字梁的工艺过程	工艺过程正确	20	
2	确定工字梁的装配—焊接过程	装配—焊接过程正确	30	
3	工字梁焊接参数的选择	焊接参数选择正确	20	
4	焊接顺序和方向选择	焊接顺序和方向正确	20	
5	安全文明生产	根据情况酌情扣分	10	
总　分			100	

思考与练习

1. 简述焊接梁制造技术要求。
2. 梁的分类有哪些？其主要用途有哪些？
3. 工字梁的变形主要有哪些？如何进行矫正？
4. 试编制合理的焊接工艺，以控制如图 3—2—9 所示工字梁的焊接变形。

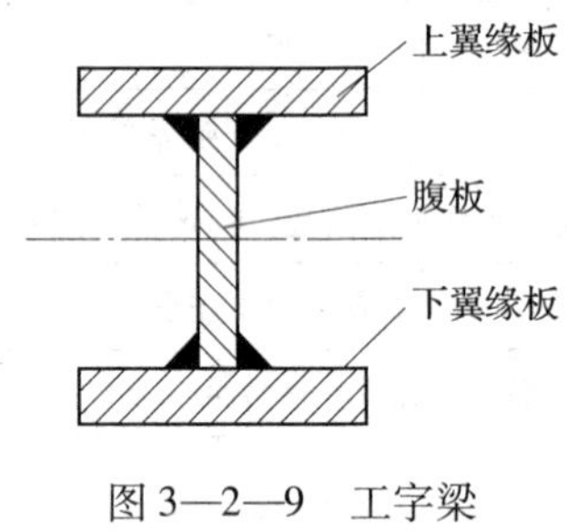

图 3—2—9　工字梁

任务 3　壳体结构焊接生产工艺过程设计

技能点

◎ 设计壳体结构产品焊接的工艺过程

知识点

◎ 壳体结构焊接生产工艺编制的依据及国家标准要求

◎ 壳体结构焊接生产工艺编制的内容

◎ 壳体结构焊接生产工艺过程

任务提出

压力容器不仅普遍应用于石油和化工行业，而且在轻工、医药、食品、冶金、能源、交通和科学研究领域中也有着广泛的应用，对国民经济的发展起着十分重要的作用。

焊接是压力容器制作工艺过程中的关键工序，国家标准对压力容器受压元件的焊接工艺有严格规定。如图 3—3—1 所示为铁路客车风缸，材料为 Q235B 钢，规格为 ϕ600 mm × 1 000 mm × 5 mm，必须按照由焊接专业技术人员编制并经过评定合格的焊接工艺组织焊接作业，焊缝表面要成形良好，不得有裂纹、气孔、夹渣等缺陷。要求焊接工艺应符合产品制作质量要求和相关国家标准规定，并能进行焊接操作。

图 3—3—1　铁路客车风缸

任务分析

编制如图 3—3—1 所示气缸的焊接工艺，要根据产品技术要求，结合国家标准《钢制无缝气瓶》（GB 5099—1994）的规定，明确焊接生产过程中的焊接方法、焊接规范参数、焊接工艺措施、焊接检验要求，最后用焊接工艺卡的形式表现出来。

本任务按下列步骤完成：

1. 编制焊接工艺卡。
2. 根据工艺规程进行相应的焊前准备。
3. 完成焊接生产流程及焊后耐压试验。

相关知识

一、壳体结构焊接生产工艺编制的依据

1. 压力容器的定义

压力容器是指压力和容积达到一定数值，容器所处的工作温度使其内部介质呈气体状态的密闭容器，是用于存储气体、液体和固体原料以及中间产品或成品的设备，如图 3—3—2 所示。这类容器一旦发生事故其后果非常严重，世界各国都把这类容器作为特种设备处理，对容器的设计、焊接、制造、安装、检验和使用等方面制定了一系列专门的法规和标准予以管理。

按照《压力容器安全技术监察规程》中的有关规定，同时具备下列条件的容器即称为压力容器。

（1）最高工作压力大于 0.1 MPa（不含液体静压力）。

（2）内径（非圆形截面指断面最大尺寸）大于或等于 0.15 m，且容积大于或等于 0.025 m^3。

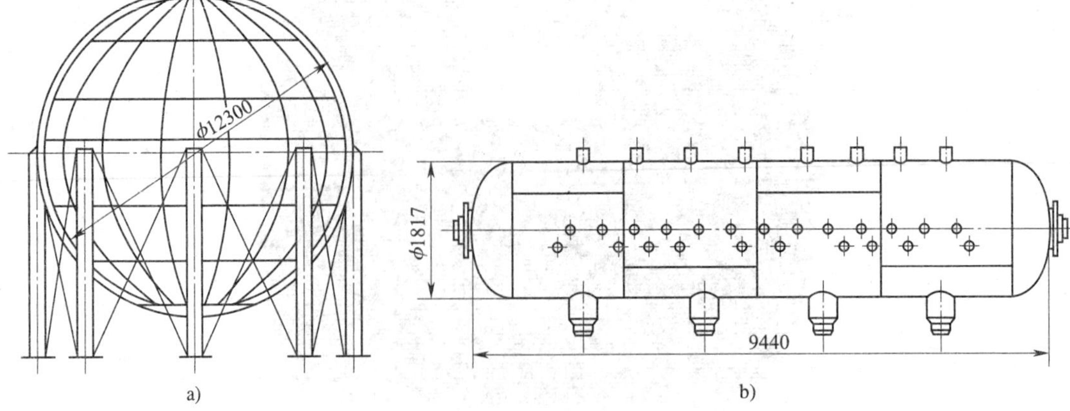

图 3—3—2　压力容器

a）球形容器　b）圆筒形容器

（3）介质为气体、液化气体或最高工作温度高于或等于标准沸点的液体。

2. 压力容器的分类和构造

压力容器一般是由板材经成形加工，并经焊接而成的能承受内外压力的密闭性结构，由于应用极为广泛，形式也多种多样，通常从以下几个方面进行分类。

（1）按工艺用途分类

1）反应压力容器。用于完成介质的物理、化学反应，如反应器、反应釜、分解塔、合成塔和煤气发生炉等。

2）换热压力容器。用于完成介质的热量交换，如换热器、冷却塔、冷凝器、蒸发器、加热器等。

3）分离压力容器。用于完成介质的流体压力平衡和气体净化分离等，如分离器、过滤器、缓冲器、洗涤器、吸收塔和干燥塔等。

4）储存压力容器。用于盛装生产用的原料气体、液体、液化气体等，如储罐、球罐等。

（2）按壳体的承压方式分类

1）内压容器。作用于压力容器器壁内部的压力高于外表面所承受的压力。

2）外压容器。作用于压力容器器壁内部的压力低于外表面所承受的压力。

（3）按设计承受压力的大小分类

1）低压容器。代号 L，0.1 MPa≤P<1.6 MPa。

2）中压容器。代号 M，1.6 MPa≤P<10 MPa。

3）高压容器。代号 H，10 MPa≤P<100 MPa。

4）超高压容器。代号 U，P≥100 MPa。

（4）按综合因素分类。在按设计承受压力等级分类的基础上，综合压力容器工作性质的危害性（易燃、致毒等程度），可将压力容器分为Ⅰ类容器、Ⅱ类容器、Ⅲ类容器三类。

1）Ⅰ类容器。一般指低压容器（Ⅱ类、Ⅲ类规定的除外）。

2）Ⅱ类容器。属于下列情况之一者：

①中压容器（Ⅲ类规定的除外）。

②易燃介质或毒性程度为中度危害介质的低压反应容器和储存容器。

③毒性程度为极度和高度危害介质的低压容器。

④低压管壳式余热锅炉。

⑤搪瓷玻璃压力容器。

3）Ⅲ类容器。属于下列情况之一者：

①毒性程度为极度和高度危害介质的中压容器和 $PV\geqslant 0.2$ MPa · m^3 的低压容器。

②易燃或毒性程度为中度危害介质，且 $PV\geqslant 0.5$ MPa · m^3 的中压反应容器或 $PV\geqslant$ 10 MPa · m^3 的中压储存容器。

③高压、中压管壳式余热锅炉。

④高压容器（高压舱）。

除上述分类方法外，还可以按容器的壳体结构、壁厚、结构材料、结构形式和工作介质进行分类。压力容器的分类方式和结构形式虽然很多，但其最基本的结构是一个密闭的焊接壳体。根据压力容器壳体的受力分析，最常见的结构为圆筒形和球形。球形容器制造相对比较困难，成本较高，因此，在工业生产中大多数低压容器多采用圆筒形结构。圆筒形压力容器由筒体、封头、人孔及法兰、接管和支座组成，并通过焊接构成一个整体，如图 3—3—3 所示。

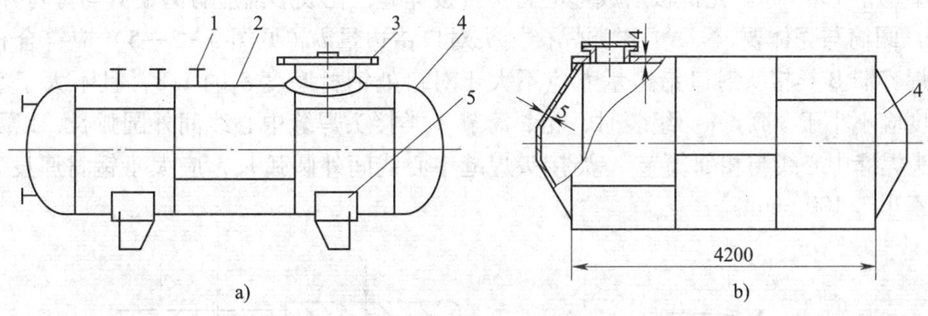

图 3—3—3　圆筒形压力容器

a）带椭圆封头的圆筒形容器　b）带锥形封头的圆筒形容器

1—接管　2—筒体　3—人孔及法兰　4—封头　5—支座

二、相关国家标准对壳体结构的焊接工艺要求

1. 压力容器焊缝类型

在国家标准《钢制压力容器》（GB/T 150—1998）中规定，压力容器受压元件用钢应具有钢材质检证书，制造单位应按照该质检证书对钢材进行验收，必要时还应进行复检。同时，把压力容器受压部分的焊缝按其所在的位置分为 A、B、C、D 四类，如图 3—3—4 所示。其中，A 类焊缝最重要。

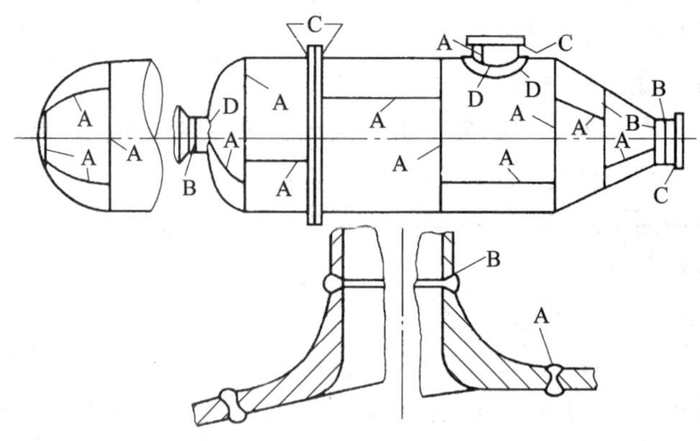

图 3—3—4　压力容器上焊缝的分类

2. 压力容器部分要求和规定

国家标准《钢制压力容器》（GB/T 150—1998）对压力容器的设计、制造、检验等提出了具体要求和规定，部分内容如下：

（1）坡口表面要求。坡口表面不得有裂纹、分层、夹渣等缺陷；施焊前，应清除坡口及母材两侧表面 20 mm 范围内（以离坡口边缘的距离计）的氧化物、油污、熔渣及其他有害杂质。

（2）封头要求。封头各种不相交的拼焊焊缝中心线距离至少应为封头钢材厚度 δ_s 的 3 倍，且不小于 100 mm。先拼板后成形的封头拼接焊缝，在成形前应打磨使其与母材齐平。

（3）圆筒与壳体要求。A、B 类焊接接头对口错边量 b（见图 3—3—5）应符合相应规定。锻焊容器 B 类接头对口错边量 b 应不大于对口处钢材厚度 δ_s 的 1/8，且不大于 5 mm；筒节长度应不小于 300 mm。组装时，相邻筒节 A 类接头焊缝中心线间外圆弧长，以及封头 A 类接头焊缝中心线与相邻筒节 A 类接头焊缝中心线间外圆弧长，应大于钢材厚度 δ_s 的 3 倍，且不小于 100 mm。

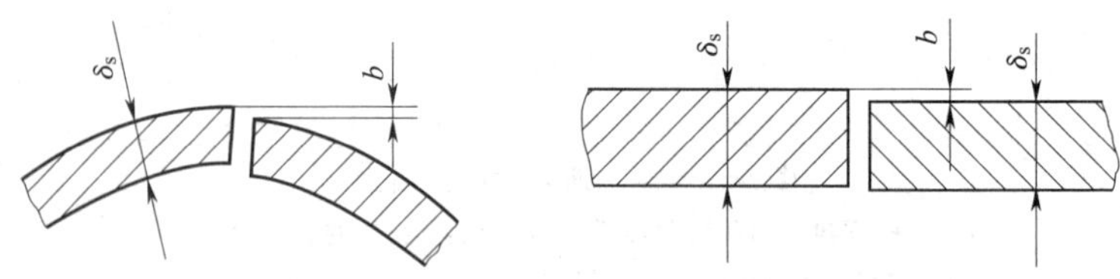

图 3—3—5　焊接接头对口错边量

（4）焊接工艺要求。压力容器焊接前的焊接工艺评定应按《钢制压力容器焊接工艺评定》进行；C、D 类接头的焊角尺寸，在图样无规定时，取焊件中较薄者的厚度；C、D 类接头焊缝与母材成圆滑过渡；焊缝表面不得有裂纹、气孔、弧坑和飞溅物等。

三、壳体结构焊接生产工艺编制的内容

1. 选择焊接方法

根据壳体结构的特点，合理选择各接头焊缝的焊接方法，并确定相应的焊接设备和焊接材料。

2. 确定焊接工艺参数

选定合理的焊接工艺参数，如焊条直径、焊接电流、电弧电压、焊接速度等，埋弧焊时还需选定焊剂牌号，气体保护焊时还需选定气体种类、气体流量、焊丝直径等。

3. 确定焊缝施焊顺序和方向

施焊顺序和方向对焊接变形影响很大，应根据对应力与应变的分析和对各种典型壳体构件的焊接实践经验，来正确确定施焊顺序和方向。

4. 焊接热参数选择

焊接热参数选择，主要是确定壳体结构是否需要预热、中间加热、后热及焊后热处理，以及确定它们的各种参数。

5. 选择焊接工艺装备

选择壳体结构焊接工艺装备，如焊接胎具、焊接变位机、自动焊接装置等。提出工艺装备的设计任务书。

四、壳体结构焊接生产工艺过程

由于圆筒形压力容器的基本结构都是由容器主体和一些零部件组成的，因而各种圆筒形压力容器的制造工艺过程基本相同，有封头的制作、筒节的制作、容器的总装、容器的焊接和焊后检验等，如图 3—3—6 所示。

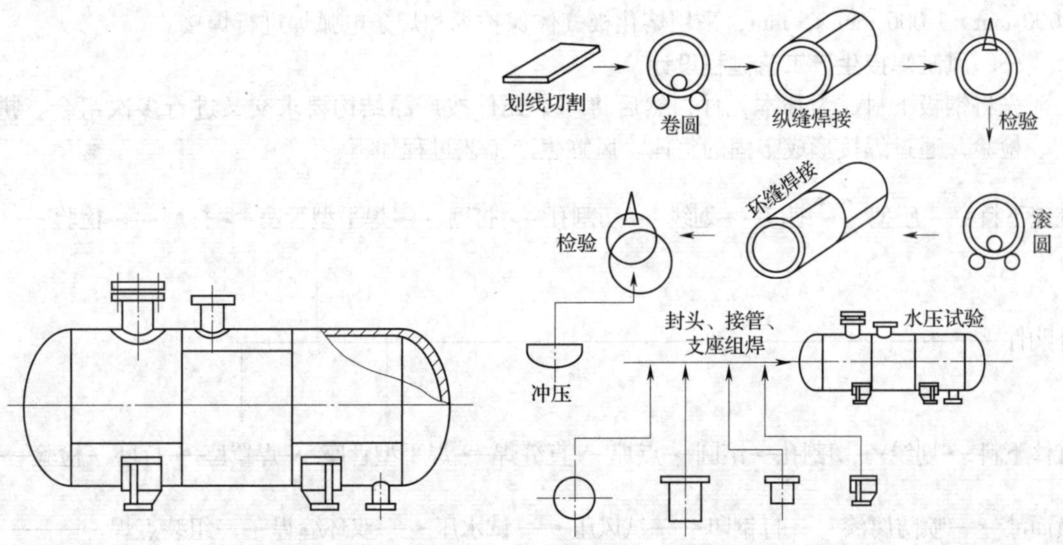

图 3—3—6　圆筒形压力容器制造工艺过程

1. 封头制造工艺过程（见图 3—3—7）

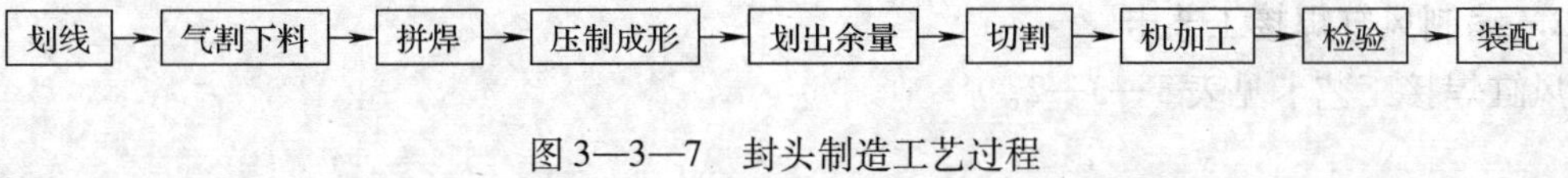

图 3—3—7　封头制造工艺过程

2. 筒节制造工艺过程（见图 3—3—8）

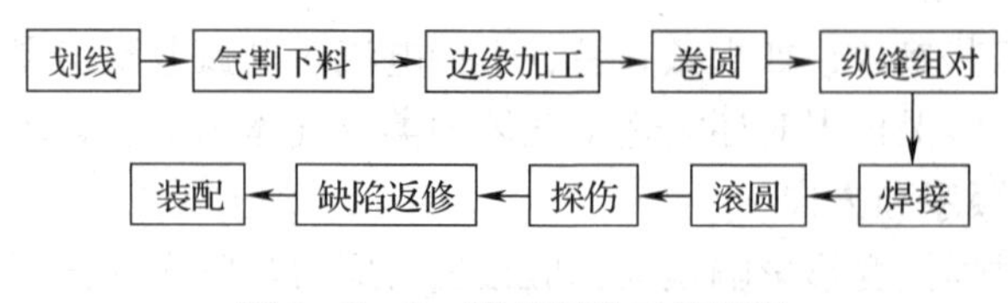

图 3—3—8　筒节制造工艺过程

3. 容器的总装

包括筒节与筒节、筒节与封头，以及接管、法兰、人孔、支座等附件的装配。

4. 容器的焊接

应采用手工打底或带垫板的单面焊双面成形的气体保护焊。

5. 焊后检验

容器焊接完成后，必须严格按照《钢制压力容器》中的压力容器制造与验收要求，用各种方法进行检验，以确定焊缝质量是否合格。

任务实施

现编制如图 3—3—1 所示的铁路客车风缸焊接生产工艺。钢板材料为 Q235B，规格为 ϕ600 mm × 1 000 mm × 5 mm，采用熔化极气体保护焊和焊条电弧焊进行焊接。

一、风缸焊接生产工艺过程设计

先将钢板下料成为基本元件，然后将基本元件按产品结构要求交叉进行多次组合、拼装、检验，通过焊接形成牢固的整体。风缸生产工艺过程如下：

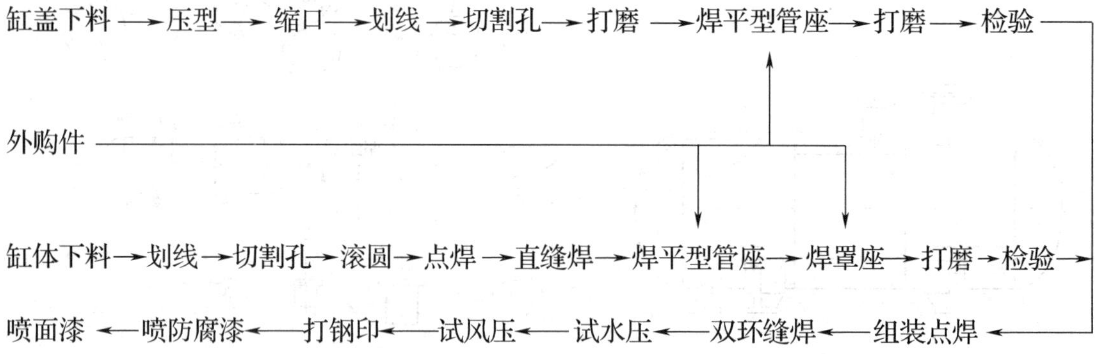

二、编制风缸焊接工艺规程

1. 编制风缸焊接工艺过程卡

风缸焊接工艺过程卡见表 3—3—1。

2. 编制风缸焊接工艺卡

风缸焊接工艺卡见表 3—3—2。

表 3—3—1 **风缸焊接工艺过程卡**

××企业	××工艺过程卡编号:	产品型号	××	部件图号		共 1 页
		产品名称	风缸	部件名称		第 1 页
工序	**工序名称**	**工序内容**	**车间**	**工艺装备及设备**	**辅助材料**	**工时定额**
1	原材料检验	外观表面锈蚀、麻点、划痕深度不大于 2 mm	检验			
		板面 20% 超声波探伤，无裂纹				
2	划线	1 台料套排，预留切割缝 3 mm	下料			
3	落料	按划线切割落料	下料	剪板机		
4	坡口加工	按图样加工焊缝坡口	下料	机加工		
5	装配	按装配工序卡装配	铆焊	工装夹具	工装用料	
6	焊接	按焊接工艺卡焊接	铆焊	CO_2 气体保护焊机	CO_2 气体	
7	检验	风缸尺寸、形位公差检验	检验			
		焊缝外观检验		焊缝检测尺		
		焊缝内部缺陷检验		水压试验、气压试验		
8	消除应力热处理	消除应力热处理				

										设计	校对	审核	批准
标记	处数	文件号	签字	日期	标记	处数	文件号	签字	日期	××	××	××	××

表 3—3—2　　　　风缸焊接工艺卡

××公司	焊接工艺卡	产品名称	零（部）件名称	零（部）件图号	文件编号
		风缸			

工序号						焊接作业过程及质量要求
母材	钢号	Q235B	填充金属	焊丝	H08Mn2Si，ϕ1.2 mm	1. 焊工技能要求：焊工考试标准平焊合格证 2. 工件焊接点附近 20 mm 表面去除油污 3. 定位焊缝长度为 10 mm，间距为 50 ~ 100 mm 4. 组焊时，应顺时针焊接 5. 焊缝余高为 0 ~ 2 mm 6. 工件焊接点过渡圆滑、平整 7. 焊缝表面成形良好，不得有裂纹、气孔、夹渣
	厚度	5 +5 平焊		焊剂		
		5 +6 平焊		保护气体	CO_2	
		5 +6 角接		气体流量	15 ~ 20 L/min	
预热	预热温度		后热	温度		
	层间温度			保温时间		
	加热方法		焊后热处理	温度		焊接点图
				保温时间		

焊接参数					焊接点图
焊接参数	焊接顺序	5 +5 平焊	5 +6 平焊	5 +6 角接	对接接头形式　角接接头形式
	焊接方法	CO_2 气体保护焊			
	焊接位置	平焊	平焊	角接	
	电源特性				
	焊接电流（A）	180 ~ 240	180 ~ 240	180 ~ 240	
	焊接电压（V）	20 ~ 28	20 ~ 28	20 ~ 28	
	焊接速度（mm/s）	6 ~ 8	6 ~ 8	6 ~ 8	
	线能量（J/cm）				
	清根方法				

									编制		标准审查	
									校对		批　准	
标记	处数	修改文件号	签字	日期	标记	处数	修改文件号	签字	日期	审核		

三、风缸焊接生产工艺过程

1. 封头的制作

将封头毛坯板料放置在冲压机中冲压成形（见图 3—3—9），然后经机加工加工出坡口，再装配衬垫，衬垫宽度为 50 mm，如图 3—3—10 所示。

图 3—3—9　冲压封头

图 3—3—10　装配衬垫

2．筒节的制作

将用剪板机剪好的筒节板料放置在滚圆机中滚成圆筒形（见图 3—3—11），为保证筒节的圆度，一般经过 3 ~5 次的加工方可进行装配。

筒节纵焊缝留 3 ~4 mm 间隙，两端加引弧板和熄弧板，装配时要保证焊缝两侧不得有错边，如图 3—3—12 所示。

图 3—3—11　滚圆机

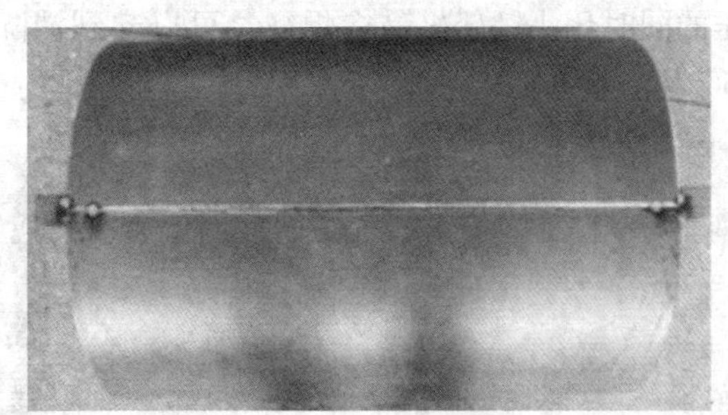
图 3—3—12　筒节的装配

将装配好的筒节放置在 CO_2 自动直缝焊机中进行焊接，如图 3—3—13 所示。

a)

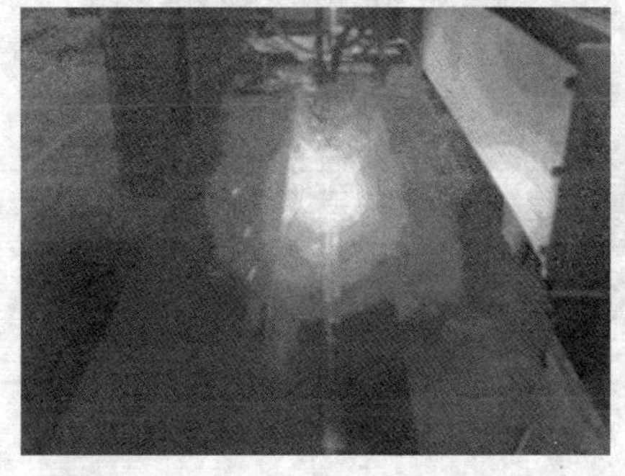
b)

图 3—3—13　筒节焊接
a）焊缝对中　b）焊接筒节纵焊缝

风缸的焊接要求筒节直焊缝和封头与筒节接头焊缝为全焊透焊缝，焊接参数见表3—3—3。

表3—3—3　　焊接参数

焊道层数	焊丝直径（mm）	焊接电流（A）	电弧电压（V）	保护气体流量（L/min）	焊接速度（mm/s）
1	1.2	180~240	20~28	15~20	6~8

筒节纵焊缝焊接完成后，装配两封头，将装配好的风缸放置在自动双圆周焊机上进行两环焊缝的焊接，如图3—3—14所示。

筒体焊接完成后，装配—焊接风缸配件，然后清理飞溅物和焊渣。

3. 焊后检验

焊后检验包括外观检验和压力试验等。

（1）外观检验。焊缝外观尺寸符合技术要求，焊缝表面无气孔、夹渣、未焊透、未熔合、裂纹等缺陷。

（2）压力试验

1）水压试验。将风缸置于水压实验台上灌入肥皂水，试水压力为900 kPa，保压5 min（保压的同时用小锤轻轻敲击焊缝，可以起到消除部分应力集中的作用），检查焊缝处有无气泡产生，如图3—3—15所示。

图3—3—14　封头与筒体焊接

图3—3—15　水压试验

2）气压试验。将焊接完成的风缸置于水槽中，通入压缩空气检查风缸的密封性和强度，试验压力为600 kPa，保压5 min，不得泄漏，如图3—3—16所示。试验时观察有无气泡产生，如果焊缝处有气泡产生，说明有焊接缺陷，要进行返修。

风缸压力试验完成后，分别打试压者和检查者钢印。

图 3—3—16　风缸气压试验

任务评价

表 3—3—4 为本任务的评分标准。

表 3—3—4　评分标准

序号	考核内容	评分标准	配分	得分
1	确定风缸的工艺过程	工艺过程正确	20	
2	确定风缸的制造顺序	制造顺序正确	20	
3	焊接工艺参数选择	工艺参数选择正确	20	
4	焊接操作	焊接操作正确	20	
5	焊后检验	压力试验无漏水、漏气现象	20	
总　分			100	

思考与练习

1. 压力容器有哪些类型？Ⅰ类、Ⅱ类、Ⅲ类压力容器是如何划分的？
2. 压力容器的焊接特点有哪些？
3. 压力容器为什么要进行压力试验？
4. 试制定风缸的焊接生产工艺流程。

任务4　桥式起重机箱型主梁焊接生产工艺过程设计

技能点

◎ 箱型主梁焊接生产工艺过程设计

◎ 装配—焊接顺序及变形控制

知识点

◎ 箱型结构桥架焊接生产工艺编制的依据

◎ 箱型结构桥架焊接生产工艺编制的内容

◎ 箱型结构桥架焊接生产工艺过程

任务提出

桥式起重机（见图3—4—1）是横架于车间、仓库和料场上空，进行物料吊运的起重设备。桥式起重机的桥架沿铺设在两侧高架上的轨道纵向运行，可以充分利用桥架下面的空间吊运物料，不受地面设备的阻碍。桥式起重机在室内外工矿企业、钢铁、化工、铁路交通、港口码头以及物流周转等部门和场所均得到广泛运用，是使用范围最广泛、数量最多的一种起重机械。桥式起重机结构的制造技术具有典型性，掌握了相关制造技术，对其他起重机结构的制造具有借鉴作用。

图3—4—1　桥式起重机

桥式起重机箱型梁结构如图3—4—2所示。在组对焊接生产过程中，控制变形是关键。产品设计完成后，要求进行焊接工艺过程设计。

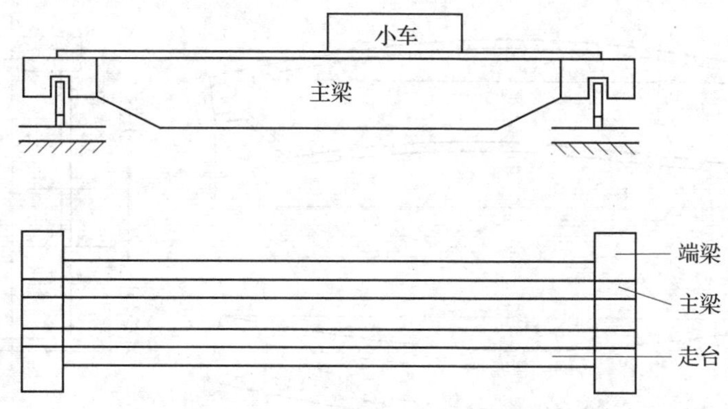

图 3—4—2　桥式起重机箱型梁结构（桥架）

任务分析

箱型梁式桥架结构主要由两个主梁和两根端梁组成。主梁是主要受力元件，由左右两块腹板、上下两块盖板以及若干大小隔板和加强肋板组成。主梁受载后，可以抵消按主梁刚度条件产生的下挠变形，避免承载小车爬坡。制造时，走台侧焊后有拉伸残余应力，当运输及使用过程中残余应力释放后，导致两主梁向内旁弯；而主梁在水平惯性载荷作用下允许有一定侧向弯曲，两者叠加会产生更大的弯曲变形。端梁一般采用箱型结构，并在水平面内与主梁刚性连接。

相关知识

一、箱型桥架结构焊接生产工艺编制的依据

桥式起重机由桥架、大车行走机构、小跑车、平台栏杆、电气系统等部分组成。

1. 桥式起重机桥架的组成

桥架是桥式起重机的主要部件，如图 3—4—2 所示。桥式起重机桥架主要由主梁（或桁架）、端梁、走台（或水平桁架）等组成。桥架的外形尺寸取决于跨度、起重量、起升高度及主梁结构形式。

2. 主要部件结构特点及技术要求

（1）主梁。主梁是桥式起重机桥架中的主要受力部件，其跨度大、技术要求严格、焊接变形复杂，要保证桥架的制造质量，必须保证箱型主梁的制造质量。箱型主梁由下翼缘板、上翼缘板、腹板、肋板和角钢等组成。肋板的作用是提高腹板的稳定性及上翼缘板承受载荷的能力，并作为小车行走轨道的支撑。为保证起重机的使用性能，主梁在制造中应满足一些主要技术要求，如图 3—4—3 所示。

起重机主梁在载荷作用下会产生弹性下挠变形，对承载小车增大运行阻力，甚至在制动时会产生自动下滑现象。为了补偿主梁由自重和载荷产生的下挠变形，主梁在制造时应满足一定的上挠要求，通常上挠度 $f_k = L/1\,000 \sim L/700$（$L$ 为主梁的跨度）。

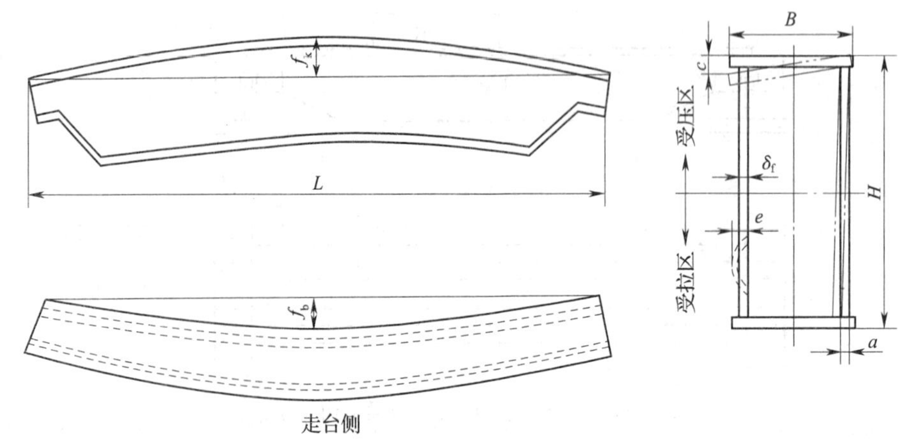

图 3—4—3　箱型主梁的技术要求

在制造桥架时，走台侧焊后会产生残余拉伸应力，当运输或使用过程中残余应力释放，会导致两主梁向内旁弯，而且主梁在水平惯性载荷作用下，按刚度条件会有一定的侧向弯曲，两者叠加会产生过大的弯曲变形。当两梁向内旁弯时，可能导致车轮与轨道咬合，使起重机无法正常工作。为了补偿焊接走台时的变形，主梁向走台一侧应有一定的旁弯，即 $f_b = L/2\,000 \sim L/1\,500$。

主梁腹板的波浪变形除对刚度、强度和稳定性有影响外，还会影响表面质量，所以对波浪变形应加以控制。以测量长度 1 m 计，在受压区腹板波浪变形量 $e < 1.2\delta_f$；主梁翼缘板和腹板的倾斜会使梁产生扭曲变形，影响小车的运行和梁的承载能力，因此，一般要求上翼缘板水平度 $c \leqslant B/250$（B 为主梁上翼缘板宽度）；腹板垂直度 $a \leqslant H/200$（H 为主梁腹板高度）；另外，各肋板之间距离偏差应为 ±5 mm。

（2）端梁。端梁是桥式起重机桥架的组成部分之一，一般采用箱型结构，并在水平面内与主梁刚性连接。端梁按受载情况可分为以下两类：

1）端梁承受主梁的最大支撑压力，即端梁上作用有垂直载荷。其结构特点是大车车轮安装在端梁的两端，如图 3—4—4a 所示。此类端梁应计算弯矩，弯矩最大的截面是端梁与主梁连接处 *A—A*、支撑截面处 *B—B* 和安装接头螺栓孔削弱的截面处。

2）端梁上没有垂直载荷。其结构特点是车轮或车轮的平衡体直接安装在主梁端部，如图 3—4—4b 所示。此类端梁只起联系主梁的作用，它在垂直面内几乎不受力，在水平面内仍属刚性连接并受弯矩的作用。

依据桥架宽度和运输条件，在端梁上设置一个或两个安装接头（见图 3—4—4b），将端梁分成两段或三段，安装接头目前都采用高强螺栓连接板。

端梁的主要技术要求：上翼缘板水平倾斜 $b \leqslant B/250$（B 为端梁上翼缘板宽度）；腹板垂直偏斜 $h \leqslant H/250$（H 为端梁腹板高度）。同时，对端梁两端的弯板有特殊要求。端梁两端弯板上安装角型轴承箱及走轮，大车轮、轴和轴承等零部件装在角型轴承箱内，大车轮安装在两轴承箱之间，然后用螺栓紧固在端梁的弯板上，弯板压制成 90°焊接在腹板上。角型轴承箱两直角面及止口板均经过机械加工，而弯板是非加工面。如弯板直角偏大，则安装的角型轴承箱止口板与弯板的间隙偏大，需加垫片调整，这样既费事又难以保证质量，因此，通常要求弯板的直角偏差折合最外端间隙不大于1.5 mm，如图3—4—5a所示。同时，为保证桥架受力均匀和车轮行走平稳，应控制同一端梁两端弯板高度差不大于5 mm，并且要求同一车轮两弯板高度差 $g \leqslant 2$ mm，如图3—4—5b所示。

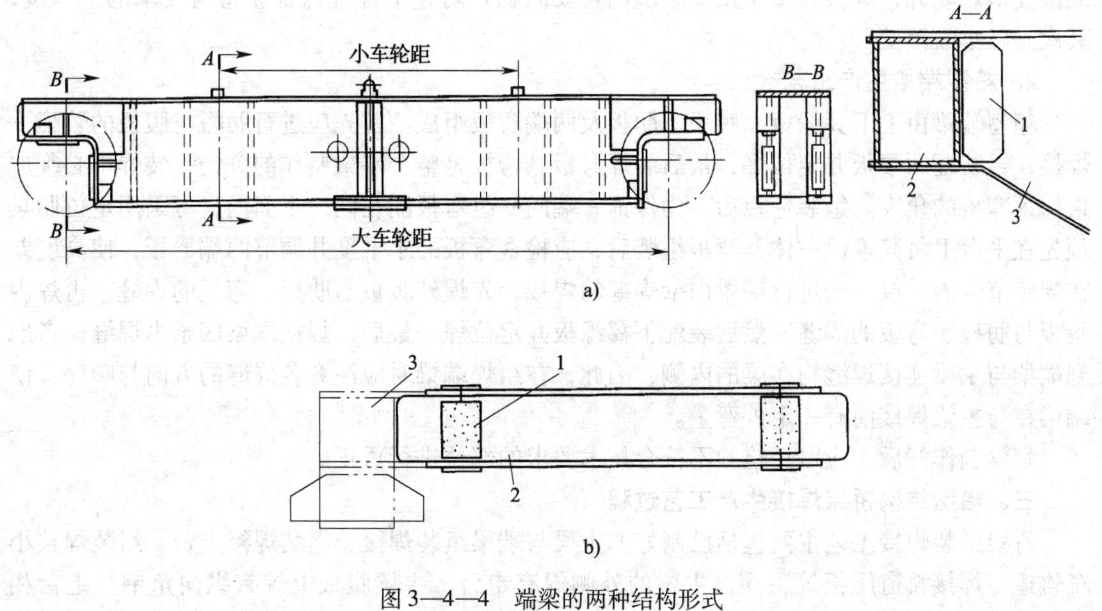

图3—4—4　端梁的两种结构形式

1—连接板　2—端梁　3—主梁

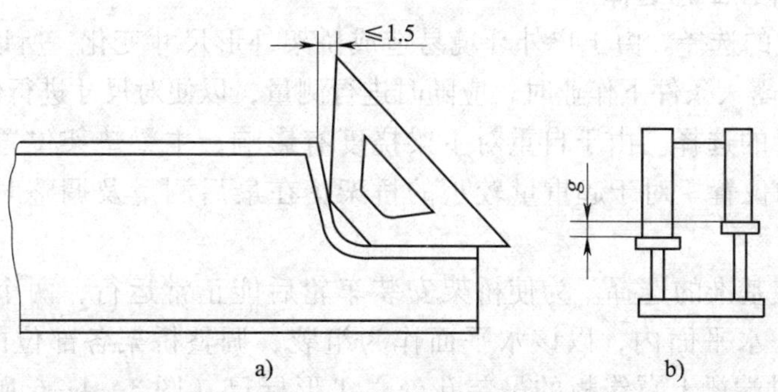

图3—4—5　对端梁弯板的要求

二、箱型结构桥架焊接生产工艺编制的内容

1. 箱型主梁生产工艺

箱型主梁的腹板与上下翼缘板采用多块钢板拼焊而成。根据板厚的不同，焊接工艺有开坡口双面焊条电弧焊，一面焊条电弧焊、另一面自动埋弧焊，双面自动埋弧焊，气体保护焊和单面焊双面成形自动埋弧焊等。箱型主梁制造的主要技术问题是焊接变形的控制。

从梁断面结构形状和焊缝分布来看，焊缝对断面中心轴线左右基本对称，焊后产生弯曲变形的可能性较小，而且比较容易控制；而焊缝对断面水平轴线上下是不对称的，由于肋板都位于上方，焊缝大部分分布在轴线上部，焊后会产生下挠变形，这与技术上要求主梁具有上拱度是相反的。另外，腹板上下边缘焊接角焊缝后，将在中部产生压缩的焊接残余应力，如果腹板较薄时，容易失稳而产生波浪变形。大小肋板与腹板连接的角焊缝焊后也要产生角变形，这些角变形将会构成腹板的波浪变形。如果与焊接应力共同作用，将可能产生较大的波浪变形。因此，焊接箱型主梁要解决的首要问题是防止下挠并保证获得所要求的上拱度，其次是减小波浪变形。

2．箱型端梁生产工艺

箱型端梁由上下翼缘板、腹板、肋板及两端弯板组成。首先应进行肋板与腹板的装配—焊接，再装配两腹板并定位焊，最后装焊弯板。弯板是整个端梁制作的关键，装焊中必须严格保证弯板的角度。组装弯板后，为保证一端的一组弯板能在同一平面内，可采用定位胎具预先在平台上将其连成一体。弯板组装后，应检查弯板的水平度并调节两端弯板，使高度差在规定范围内。接下来进行端梁内壁焊缝的焊接，先焊外腹板与肋板、弯板的焊缝，再焊内腹板与肋板、弯板的焊缝，然后装配下翼缘板并定位焊。最后，焊接端梁四条纵焊缝。考虑到端梁与主梁连接焊缝均在梁的内侧，因此，在组焊端梁时应注意各焊缝的方向与顺序，使端梁在与主梁焊接前有一定外弯量。

端梁制作好后，应对经检验不符合技术要求的部位进行矫正。

三、箱型结构桥架焊接生产工艺过程

桥架组装焊接工艺主要包括已制好的主梁与端梁组装焊接、组装焊接走台、组装焊接小车轨道与焊接轨道压板等工序。主梁的外侧焊有走台，主梁腹板上焊有纵向角钢与走台相连。

1．桥架组装焊接工艺选择

（1）作业场地的选择。由于户外环境易造成桥架外形尺寸变化，所以组装应尽量在厂房内进行。必须在露天条件下作业时，应随时进行测量，以便对尺寸进行修正。

（2）垫架位置的选择。由于自重对主梁挠度有影响，主梁垫架位置应选择在主梁的跨端或接近跨端的位置。对于起重量较小的桥架，在最后测量及调整时应尽量垫到端梁处。

（3）桥架组装基准的选择。为使桥架安装车轮后能正常运行，两个端梁上的四组弯板组装时应在同一水平面内，以该水平面作为组装、调整桥架各部位的基准。如图 3—4—6 所示，可穿过端梁上翼缘板的吊装孔处立 T 形标尺（图 3—4—6 所示为一个端梁上的两组弯板），四个 T 形标尺的下部分别固定在四组弯板上，用水平仪依次测量四个 T 形标尺上的测量点并进行调整，如果四个 T 形标尺的测量点在同一水平面上，则四组弯板即在同一水平面内。

2．桥架组装焊接工艺要点

（1）主梁组装焊接。主梁长度一般为 10 ~ 40 m，腹板与上、下翼缘板要用多块钢板拼接而成，所有拼接焊缝均要求焊透，并要求通过超声波或射线检验，其焊接质量应满足起重机技术要求的相关规定。

根据板厚的不同，拼板对接焊工艺包括开坡口双面焊条电弧焊，一面焊条电弧焊、另一面埋弧焊，双面埋弧焊，气体保护焊，单面焊双面成形埋弧焊。

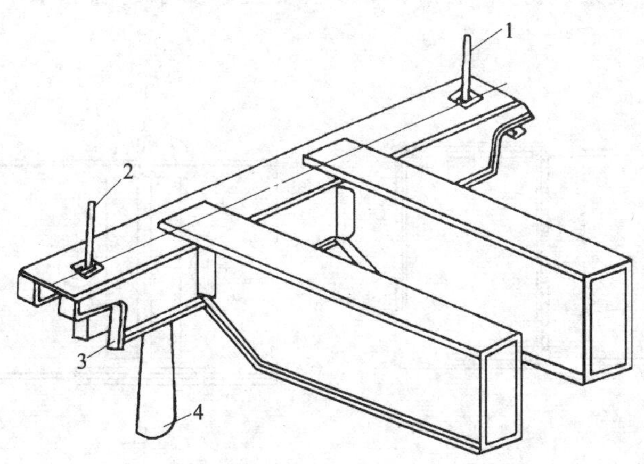

图 3—4—6　桥架组装基准

1、2—T 形标尺　3—弯板　4—垫架

采用前四种工艺拼焊时，一面拼焊好后，必须把焊件翻转过来，并需进行清根等工序。如拼板较长，翻转操作不当，会引起翘曲变形。若采用埋弧焊单面焊双面成形，具有焊缝一次成形、不需翻转清根、对装配间隙和焊接规范要求不十分严格等优点。因此，钢板厚度为 5 ~ 12 mm 时，该方法应用十分广泛。考虑到焊接时的收缩变形，拼接时应留有一定的余量。

为避免应力集中，保证梁的承载能力，翼缘板与腹板的拼接接头不应布置在同一截面上，错开距离不得小于 200 mm；同时，翼缘板及腹板的拼板接头不应安排在梁的中心附近，一般应距离梁中心 2 m 以上。

为防止拼接时角变形过大，可采用反变形法。双面焊时，第二面的焊接方向要与第一面的焊接方向相反，以控制变形。

箱型主梁装配—焊接完成后应进行检查，如果变形超过了规定值，应根据变形情况，采用火焰矫正法进行矫正。矫正时注意选择合理的加热部位与加热方式。

（2）端梁组装焊接。端梁一般都焊成箱型结构。生产中，一般将端梁焊接成整体后再从安装接头部位割开制成装配接头。装配接头可采用连接板连接或角钢连接两种形式，如图 3—4—7 所示。考虑到端梁与主梁连接焊缝均在端梁内侧，因此，在组装焊接端梁时应注意各焊缝的方向与焊接顺序，使端梁与主梁装配—焊接前有一定的外弯量。

端梁制造工艺过程如下：

1）备料。包括上翼缘板、下翼缘板、腹板、肋板及两端的弯板，弯板压制成形。各零件应满足规定的技术要求。

2）装配—焊接。首先，肋板与上翼缘板装配—焊接，再装配两腹板并进行定位焊，然后装弯板。为保证一端的一组弯板能在同一平面内，可预先在平台上用定位胎具将其连成一体。组装弯板后，要用水平尺检查弯板水平度，并调节两端弯板的高度差在规定范围内。接着进行端梁内壁接缝的焊接，先焊外腹板与肋板、弯板的接缝，再焊内腹板与肋板、弯板的接缝，然后装配下翼缘板并进行定位焊。最后，焊接端梁四条纵缝，并且应先焊下翼缘板与腹板纵缝。端梁制好后同样应参考主要技术要求进行检查，对不符合规定处应进行矫正。

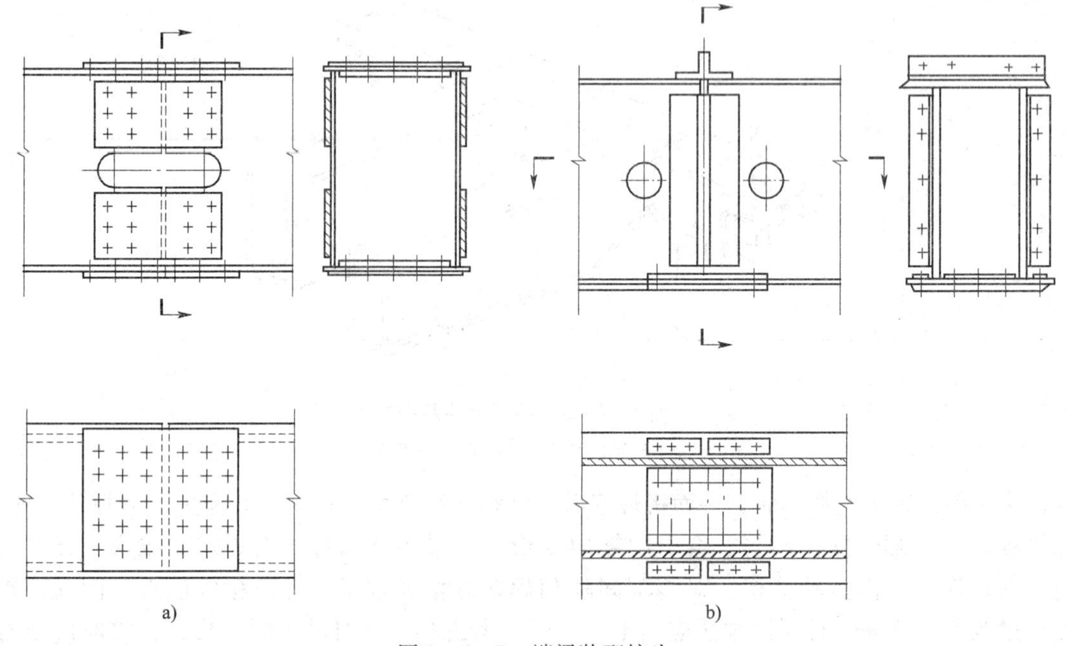

图 3—4—7 端梁装配接头

a）连接板连接 b）角钢连接

（3）主梁、端梁组装焊接。将分别经过阶段验收的两根主梁摆放到垫架上，通过调整，应使两主梁中心线距离、两对角线长度差及水平高度差等均在规定的范围内。然后在端梁上翼缘板划出纵向中心线，用钢直尺将弯板垂直面的位置引到上翼缘板上，与端梁纵向中心线相交得到基准点，以基准点为依据划出主梁装配时的纵向中心线，而后将端梁吊起按划线部位与主梁装配，用夹具将端梁固定在主梁的上翼缘板上，调整端梁，使端梁上翼缘板两端的 A'、C'、B'、D'四点水平高度差及对角线 $A'D'$与 $B'C'$长度之差在规定的范围内，如图 3—4—8 所示。同时，穿过吊装孔立 T 形标尺，用水平仪测量并调整，保证同一弯板水平面的标高差及方向标高差不超过规定数值。所有这些检查合格后，再进行定位焊。

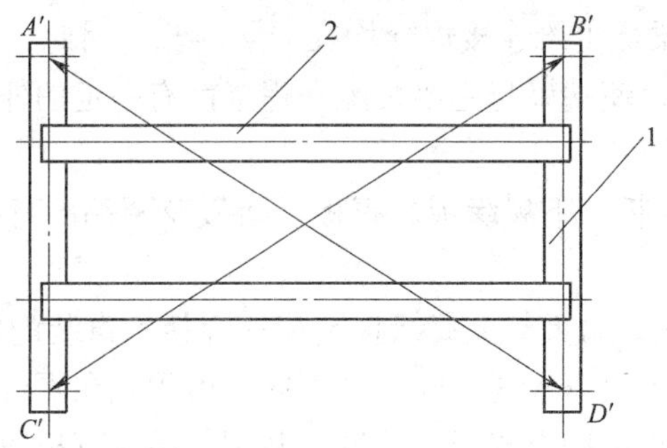

图 3—4—8 主梁与端梁组装

1—端梁 2—主梁

主梁与端梁采用的焊接方式有直板连接和三角板连接两种，如图 3—4—9 所示。主要焊缝有主梁与端梁上下翼缘板焊缝、直板焊缝或三角板焊缝。为减小变形与应力，应先焊上翼缘板接缝，然后焊下翼缘板接缝，最后焊直板或三角板接缝；先焊外侧接缝，后焊内侧接缝。

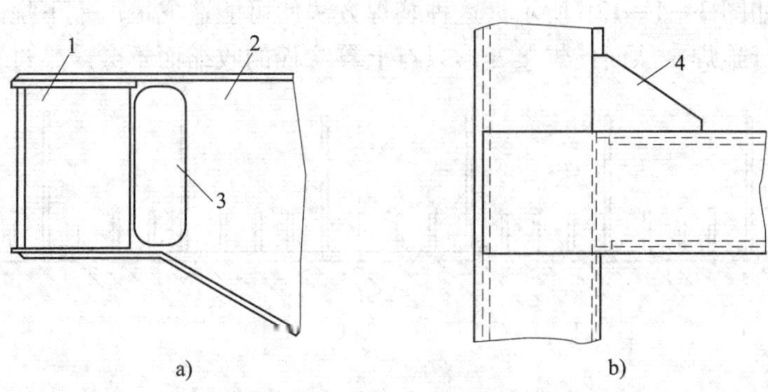

图 3—4—9　主梁与端梁焊接

a）直板连接　b）三角板连接

1—端梁　2—主梁　3—直板　4—三角板

（4）走台组装焊接。为减小桥架的整体变形，走台的斜撑与连接板（见图 3—4—10）要按图样尺寸预先装配—焊接成组件，再进行桥架组装焊接。组装时，按图样尺寸划出走台的定位线，走台应与主梁上翼缘板平行，即具有与主梁一致的上挠曲线。装配横向水平角钢时，用水平尺找正，使外端略高于水平线，将横向角钢定位焊于主梁腹板上，然后组装定位焊斜撑组件，再组装定位焊走台边角钢。走台边角钢应具有与走台相同的上挠度。走台板应在接宽后的纵向焊缝完成后进行矫平，然后组装，再定位焊在走台上。整个走台的接缝焊接时，为减小应力变形，应选择好焊接顺序，水平外弯大的一侧走台应先焊，走台下部接缝应先焊。

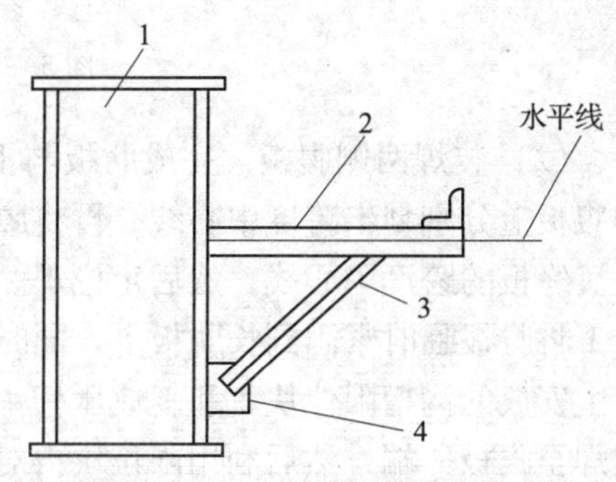

图 3—4—10　组装水平角钢

1—主梁　2—水平角钢　3—斜撑　4—连接板

桥式起重机桥架组装焊接完成后应进行全面检测，保证符合技术要求。

任务实施

现编制如图 3—4—2 所示桥式起重机箱型主梁的焊接生产工艺。材料为 Q235 钢板，用剪板机剪切或用火焰切割机切割下料，采用熔化极气体保护焊进行焊接。

一、桥架主梁焊接生产工艺过程设计

1．箱型主梁装配

箱型主梁由上翼缘板、下翼缘板、腹板和肋板等组成。现采用以上翼缘板为基准的平台组装工艺进行装焊。

（1）肋板与上翼缘板装焊。装配时，首先将上翼缘板放在平台上，划出腹板和肋板的位置线，各肋板按位置线垂直装配于翼缘板上，并用90°角尺检验垂直度后进行定位焊，如图3—4—11所示，装好肋板后应进行肋板与上翼缘板的焊接。如翼缘板未预制旁弯，焊接方向应由内侧向外侧，如图3—4—12a所示，以造成所需要的旁弯；如果翼缘板预制有旁弯，则焊接方向如图3—4—12b所示，这种装焊方法使可能造成最严重下挠的大小肋板和上翼缘板的焊缝先行施焊，从而使焊接变形只有上翼缘板的收缩而不会产生过大的挠曲变形。

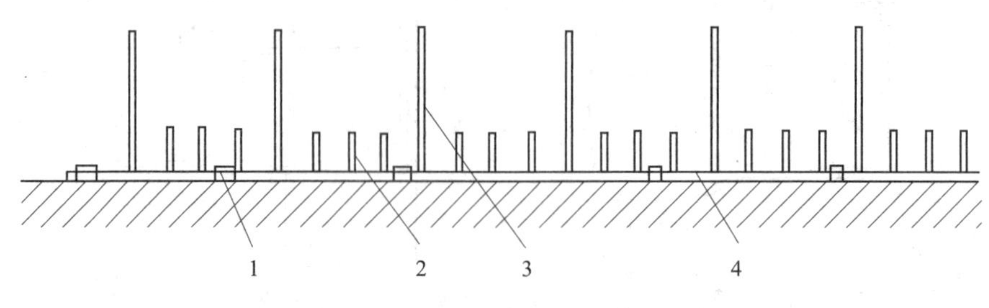

图3—4—11　箱型主梁装配

1—压板　2—短肋板　3—横肋板　4—上盖板

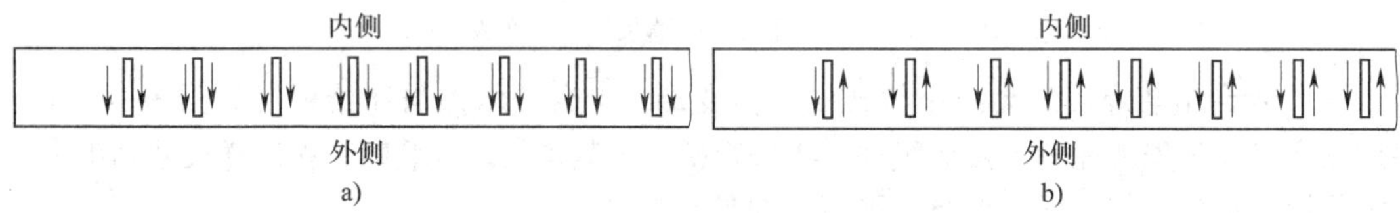

图3—4—12　肋板的焊接方向

（2）装焊两侧腹板。完成肋板与上翼缘板的焊接后，装焊两侧腹板。首先在上翼缘板和腹板上分别划出跨度中心线，再将腹板与翼缘板、肋板组装，并使腹板的跨度中心线对准上翼缘板的跨度中心线，然后定位焊。为了保证各焊接件准确定位，可以在腹板上方用安装卡1将腹板临时紧固到长肋板上，同时在翼缘板底下打楔子使上翼缘板与腹板靠紧。通过平台上安放的沟槽限位块5和斜放压杆4产生的水平力使下部腹板靠近肋板。由跨中组装后定位焊至腹板一端，然后利用限位块再对腹板另一端实施定位焊，如图3—4—13所示。

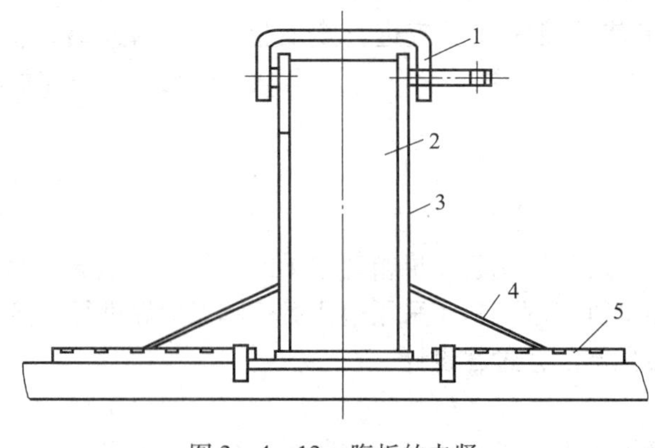

图3—4—13　腹板的夹紧

1—安装卡　2—长肋板　3—腹板　4—压杆　5—沟槽限位块

(3) 腹板与肋板装焊。腹板定位后，可以进行腹板与肋板的焊接。焊前应分析变形情况以确定焊接顺序，如旁弯不足，应先焊内腹板焊缝，否则应先焊外腹板焊缝。为了减小变形，提高生产率，除了使用焊条电弧焊外，可使用CO_2气体保护焊。同时，应沿梁的长度由偶数个焊工对称施焊。

(4) 装焊下翼缘板。先在下翼缘板上划出腹板的位置线，并将前面装焊好的主梁部件吊装在下翼缘板上，两端用双头螺杆拉紧器将其压紧固定，保证上翼缘板与腹板间的间隙不大于1 mm，如图3—4—14所示。然后用水平仪和吊线锤检验梁中部与两端的水平度、垂直度及拱度，若有倾斜或扭曲，利用双头螺杆拉紧器进行单边拉紧调节。检验及调整合格后，从梁的中间向两端同时进行两面定位焊。

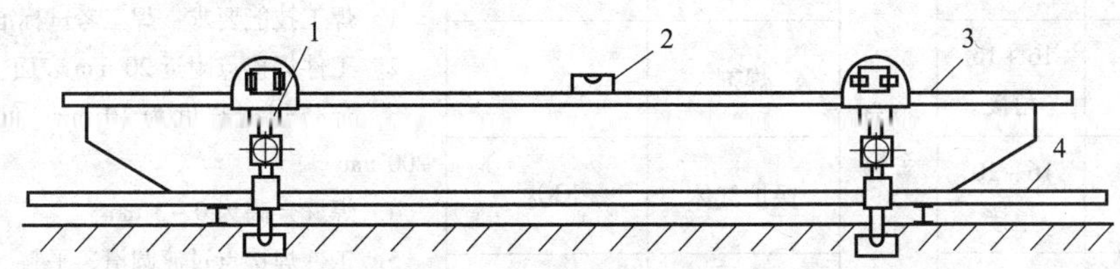

图3—4—14　下翼缘板的装配

1—双头螺杆拉紧器　2—水平仪　3—上翼缘板　4—下翼缘板

2. 主梁纵缝的焊接和矫形

主梁有四条纵焊缝，焊接顺序可视梁的拱度和旁弯而定。当拱度不够时，应先焊下翼缘板左右两条焊缝；当拱度过大时，则应先焊上翼缘板左右两条纵缝。焊接时可采用焊条电弧焊或自动焊。焊条电弧焊时应对称施焊，即把箱型主梁平放在焊接支架上，由四名焊工从两侧的中部向梁的两端对称焊接，结束后翻转再对另一面进行同样的焊接。

若采用自动焊接，则采用如图3—4—15所示的焊接方式，从梁的一端直通焊到梁的另一端。平焊位置的焊接，采用双机头焊接，通过移动工件或机头来进行纵缝的焊接操作。焊接四条焊缝时，利用梁的自重还可以进行拱度的适当调节。焊接完成后，箱型主梁应按技术要求或标准进行检验，如果变形超过规定值，应进行矫形。一般采用火焰矫形，矫形加热温度控制在800℃内。

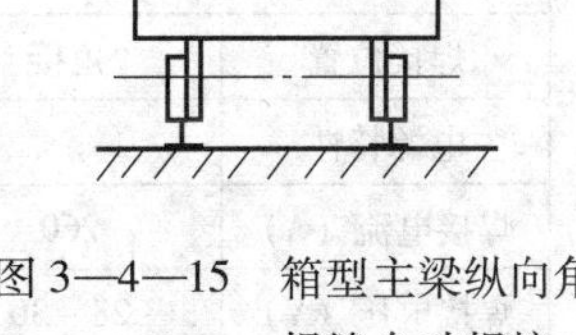

图3—4—15　箱型主梁纵向角焊缝自动焊接

整个箱型主梁装配与焊接的工艺流程如图3—4—16所示。

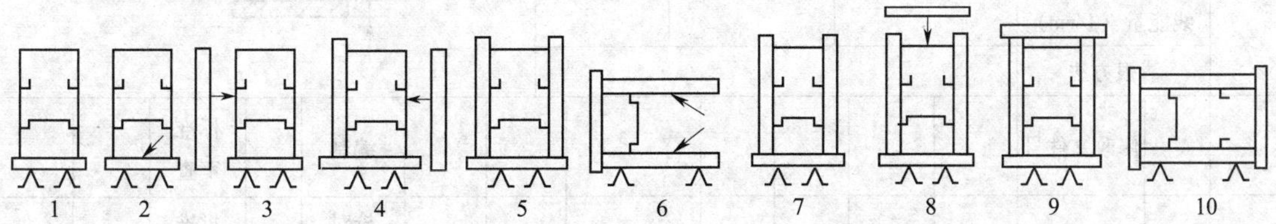

图3—4—16　箱型主梁装配与焊接的工艺流程

二、箱型主梁焊接工艺卡设计

桥式起重机箱型主梁焊接工艺卡见表 3—4—1。

表 3—4—1　　箱型主梁焊接工艺卡

××公司	焊接工艺卡	产品名称	零（部）件名称	零（部）件图号	文件编号
		桥式起重机桥架	箱型主梁		

工序号						焊接作业过程及质量要求
母材	钢号	Q235	填充金属	焊丝	H08Mn2Si，$\phi1.2$ mm	1. 焊工技能要求：焊工考试标准平焊合格证 2. 工件焊接点附近 20 mm 表面去除油污 3. 定位焊缝长度为 10 mm，间距为 150 ~ 200 mm 4. 焊缝余高为 0 ~ 3 mm 5. 工件焊接点过渡圆滑、平整 6. 焊缝表面成形良好，不得有裂纹、气孔、夹渣 7. 上、下翼缘板与腹板的焊缝需经磁粉探伤检测
	厚度	16 + 16 角接		焊剂		
		16 + 10 角接		保护气体	CO_2	
				气体流量	15 ~ 20 L/min	
预热	预热温度		后热	温 度		
	层间温度			保温时间		
	加热方法		焊后热处理	温度		焊接点图
				保温时间		角接接头形式 16 16 12 16 10 10

焊接规范参数			
焊接顺序	16 + 16 角接	16 + 10 角接	
焊接方法	CO_2气体保护焊		
焊接位置	角接	角接	
电源特性			
焊接电流（A）	260	220 ~ 260	
焊接电压（V）	28 ~ 30	26 ~ 28	
焊接速度（mm/s）	8 ~ 10	8 ~ 10	
线能量（J/cm）			
清根方法			

											编制		标准审查	
	修改文件号													
											校对		批准	
标记	处数			日期	标记	处数	修改文件号	签字	日期		审核			

任务评价

表 3—4—2 为本任务的评分标准。

表 3—4—2　　评分标准

序号	考核内容	评分标准	配分	得分
1	箱型梁尺寸确定的原理及公式	公式错误扣 10 分，原理不清酌情扣分	20	
2	拟定工艺路线，画流程图	工艺路线模糊扣 10 分，流程图不合理扣 10 分	20	
3	箱型梁装配—焊接顺序	焊接顺序错误扣 20 分	20	
4	焊后检验及变形的矫正	检验和矫正不合理酌情扣分	30	
5	安全文明生产	根据情况酌情扣分	10	
总　分			100	

思考与练习

1. 桥式起重机的桥架由哪些主要部件组成？各部件的结构有什么特点？
2. 试分析桥式起重机主梁及端梁的制造工艺要点。
3. 桥架组装有哪些技术要求？应如何保证？
4. 在制造箱型主梁时，为什么要提出上拱度和水平旁弯等技术要求？

模块四 焊接结构生产组织

随着我国社会主义市场经济体制的建立和完善，企业要想在激烈的市场竞争中争得一席之地，就必须由粗放型经营模式向集约化经营模式转变。科学合理的生产组织和经济核算则是实现这一转变的重要环节，它对企业控制和降低产品的制造成本，掌握经营运行的状态和水平，确立企业发展目标都是非常重要的。

焊接结构生产主要围绕技术指标和经济指标两个核心目标组织管理。常见的生产组织与管理分为固定场所生产组织和现场生产组织。

焊接结构施工方案是指导生产及其组织、管理的重要指导性文件，也是获得优质工程和高质量产品的保证。因此，施工组织设计一经制定，就必须严格执行，任何人也不能随便更改。在实际生产中如发现问题，应通过相应的手续才能进行修订。在一定的生产环境和条件下，焊接结构施工方案必须保证在既经济又安全的前提下，满足设计图样的技术要求，并为不断提高工程质量和产品质量创造条件。

任务1 焊接结构生产成本核算

技能点

◎ 焊接结构生产成本核算

知识点

◎ 工作量及其计算方法

◎ 定额管理

◎ 成本核算

任务提出

产品质量是通过生产工艺过程和技术措施来保证的，而经济指标则需要通过生产效率和成本核算来控制。考核生产效率及计算制作成本，则要计算制作产品的材料消耗、工时和费用等。

生产如图 4—1—1 所示锻压机开式机架，材料为 Q235，试核算该焊接结构的生产成本。

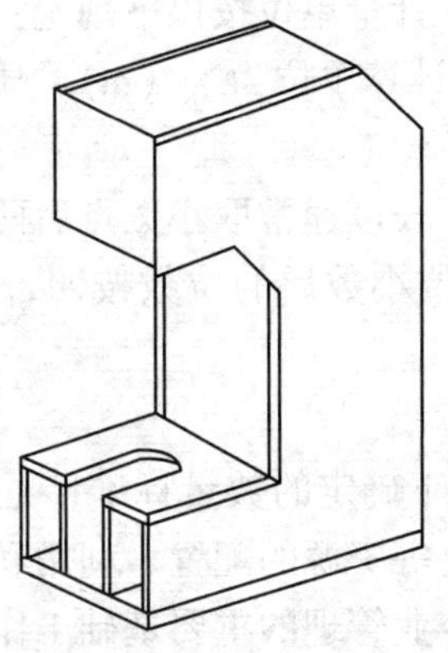

1.侧板尺寸：1m×1.5m×0.014m
2.底板尺寸：1.1m×0.7m×0.020m
3.后背板尺寸：1.2m×0.572m×0.014m
4.顶板尺寸：0.7m×0.572m×0.020m
5.上端板尺寸：0.6m×0.2m×0.016m
6.工作台板尺寸：0.6m×0.5m×0.016m
7.加强肋板尺寸：0.3m×0.5m×0.010m
8.后侧板尺寸：0.7m×0.35m×0.010m
9.上封头板尺寸：0.5m×0.572m×0.010m

图 4—1—1　锻压机开式机身

任务分析

计算如图 4—1—1 所示锻压机开式机身制作工时，要计算产品制作工作量，再根据工作量套定额计算制作所用工时。材料消耗包括主材消耗和辅材消耗，主材用量按图样计算，也可套定额计算；辅材消耗根据工作量套定额计算。制作费用同样依据工作量套费用定额计算。

因此，该任务应先选用定额，再根据图样按所选用的定额规定的工作量计算规则计算工作量；套定额计算主材消耗和辅材消耗；套定额计算工时；套定额计算直接费；根据直接费和规定费率计算出制作总费用。

相关知识

一、工作量及其计算方法

1. 工作量

关于工作量有多种不同的解释，简单地可以解释为一个人上班时间内所完成的工作任务，也可以解释为期待雇员完成或分配给雇员的工作量或工作时间，还可以解释为一个部门或其他相关人员在一段时间内完成的全部工作。

2. 工作量的计算方法

加工制造业对于内部管理通常采用统计方法计算工作量，如统计一个工人一天加工了多少个零件，一个车间一天生产了多少件产品，而在其承揽业务时则采用按图样计算工作量的计算方法。在焊接结构生产中，通常采用按图样计算工作量的方法。计算时的依据主要是经审定的设计图样及其说明、经审定的工艺及技术措施方案、经审定的其他有关技术经济文件等。计算工作量时，应按施工图样顺序，分项、分部依次计算，并尽可能采用计算表格及计算机进行计算，以简化计算过程。

工作量的计算规则应严格按定额要求执行，不同的工程定额对工作量的计算规则可能不同。计算尺寸以设计图样标示或能读出的尺寸为准。计量单位按以下规定：体积计算单位为立方米（m^3），面积计算单位为平方米（m^2），长度计算单位为米（m），质量计算单位为吨（t），以台（套或件等）计算的单位为台（套或件等）。

汇总工程总量时，其准确度取值：体积、面积、长度通常取小数点后两位；质量通常取小数点后三位；台（套或件等）取整数，两位或三位小数后的位数按四舍五入法则进行取舍。

二、定额管理

定额通常称为“标准成本”，是指在一定的条件下确定的数量标准，是组织在进行生产和服务时提供活动或执行预算过程中，对人、财、物等资源的配置、利用和消耗，以及获得成果方面所应遵守的标准和应达到的水平。定额是企业管理的重要基础工作，是编制计划和预算的依据，也是核算、薪酬分配和成本控制的基础。制定和执行合理的定额，有利于调动人员的积极性、控制消耗、节省资源、降低成本、增加效益和提高竞争力。

定额的内容通常包括消耗定额、劳动定额、费用定额和储备定额等。例如，单位产品原材料消耗定额、单位产品工时定额、管理费定额、原材料储备定额等。此外，定额还包括员工人数定额、产品产量定额、产品质量定额、设备利用率定额、资金定额等。

1. 材料消耗定额

（1）定义与分类。在合理和节约使用材料的前提下，完成单位合格产品所必须消耗的一定品种、规格的原材料、燃料、半成品、构配件和水、电、动力等资源的数量标准称为材料消耗定额。制定材料消耗定额是保证均衡生产、计算产品成本的重要因素，为了合理确定必须研究和区分材料在施工过程中消耗的性质。

施工中材料的消耗可分为必需的材料净用量消耗和损失的材料消耗两类。完成单位合格产品所必须消耗的净用量材料，按用途划分为以下四种：

1）主要材料（主材）。指直接构成产品实体的材料，包括成品、半成品的材料。如制作钢结构时使用的各种型钢及钢板等。

2）辅助材料（辅材）。指没有形成实体而作为辅助形成实体的材料，如制作钢结构时使用的焊条、氧气、乙炔等。

3）周转性材料。指多次周转使用的、不构成工程实体的摊销性材料，如脚手架、模板等。

4）其他材料。指用量很小，难以计量的零星用料，如棉纱、编号用的涂料等。

（2）材料消耗定额计算。材料的消耗量是指在正常施工条件下不可避免的材料消耗，如现场内材料运输损耗及施工过程损耗。

材料消耗定额量 = 材料净用量 + 损耗量 = 材料净用量 ×（1 + 损耗率）

1）主材计算方法。产品生产时消耗的主材可根据工作量套定额确定，但通常按图样标注的材质、规格、型号和尺寸计算。如制作钢结构时，按图样标注计算各种材质、规格、型号的型钢及钢板用量；压力管道安装施工时，按图样标注计算各种材质、规格、型号的压力管道、弯头、阀门及其他管件用量。

2）辅材计算方法。辅材消耗定额包括焊条消耗定额、焊丝消耗定额、焊剂消耗定额和保护气体消耗定额四部分。

①焊条消耗定额的制定。单件焊条消耗量 $g_{条}$（kg）可由式（4—1—1）决定。

$$g_{条} = \frac{AL\rho}{1\,000K_n}(1 + K_b) \tag{4—1—1}$$

式中 A——焊缝熔敷金属横截面积，mm^2，其计算公式见表 4—1—1；

L——焊缝长度，m；

ρ——熔敷金属密度，g/cm^3；

K_b——药皮质量系数，见表 4—1—2；

K_n——金属由焊条到焊缝的转熔系数，包括因烧损、飞溅及未利用的焊条头损失在内，见表 4—1—3。

表 4—1—1　焊缝熔敷金属横截面积计算公式

序号	焊缝名称	焊缝横截面图	计算公式
1	开 I 形坡口的单面对接焊缝	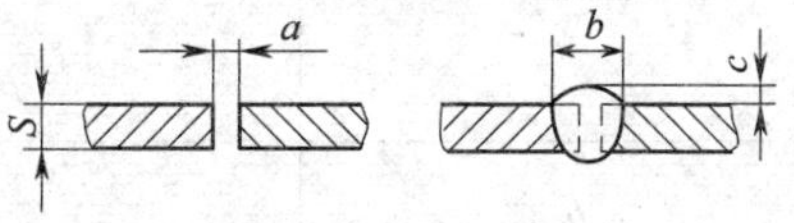	$A = Sa + \frac{2}{3}bc$
2	不开坡口的双面对接焊缝	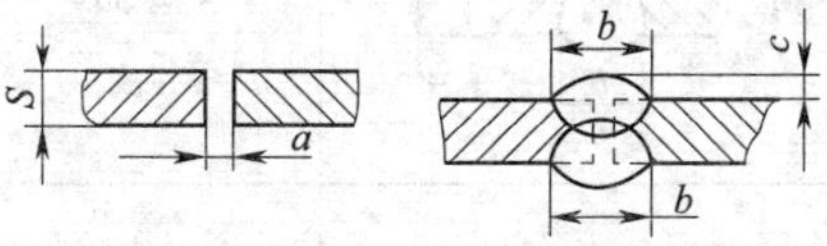	$A = Sa + \frac{4}{3}bc$
3	V 形对接焊缝（不作封底焊）	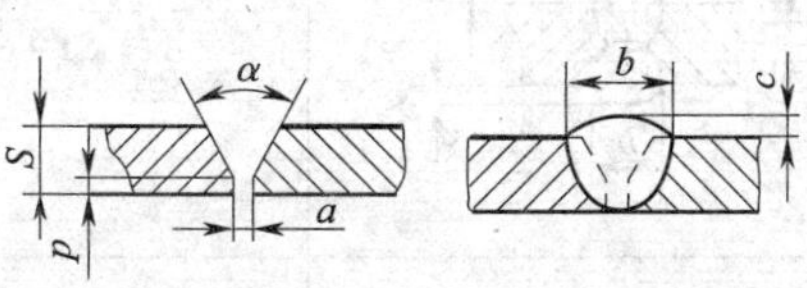	$A = Sa + (S - p)^2\tan\frac{\alpha}{2} + \frac{2}{3}bc$
4	单边 V 形对接焊缝（不作封底焊）	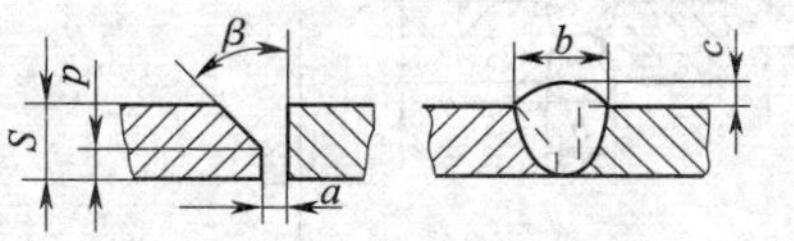	$A = Sa + \frac{(S - p)^2\tan\beta}{2} + \frac{2}{3}bc$
5	单边 U 形对接焊缝（不作封底焊）	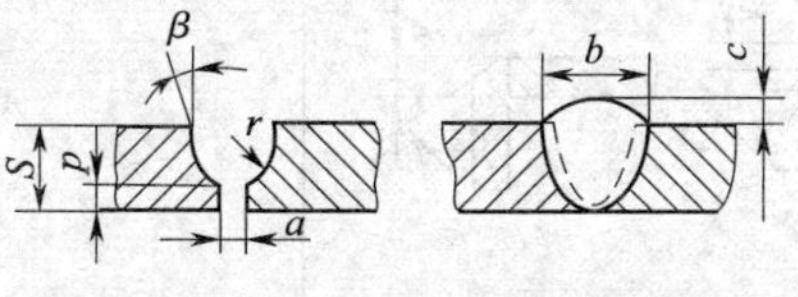	$A = Sa + (S - p - r)^2\tan\beta + 2r(S - p - r) + \frac{\pi r^2}{2} + \frac{2}{3}bc$

续表

序号	焊缝名称	焊缝横截面图	计算公式
6	V形、U形对接、根部不挑根的封底焊	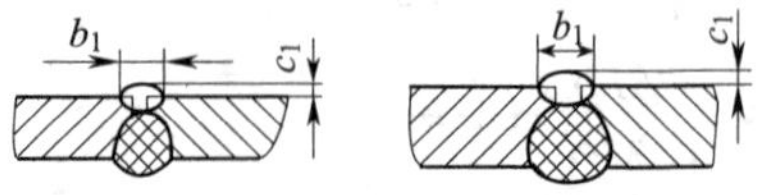	$A=\frac{2}{3}b_1c_1$
7	V形、U形对接、根部封底焊	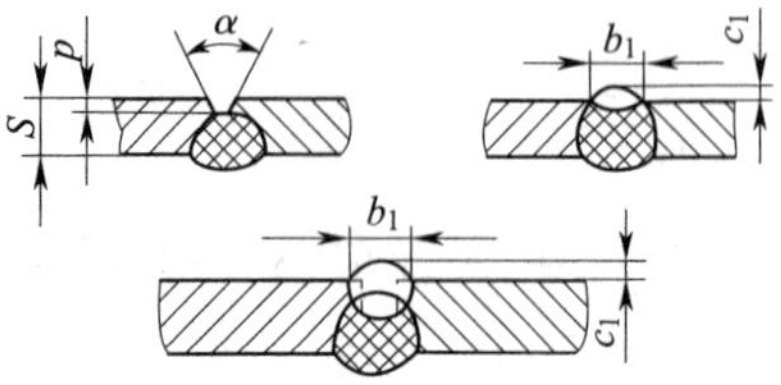	$A=(S-p)^2\tan\frac{\alpha}{2}+\frac{2}{3}b_1c_1$
8	保留钢垫板的V形对接焊缝	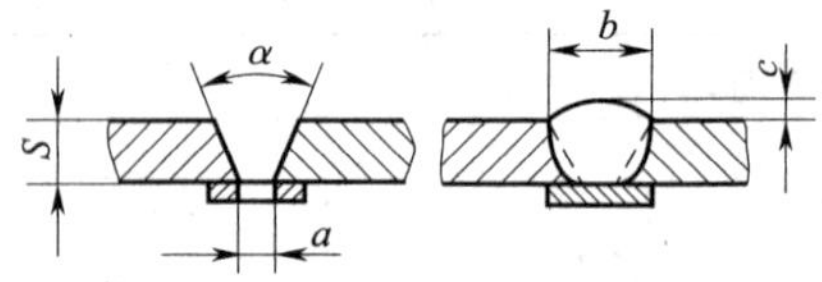	$A=Sa+S^2\tan\frac{\alpha}{2}+\frac{2}{3}bc$
9	双V形对接焊缝（坡口对称）	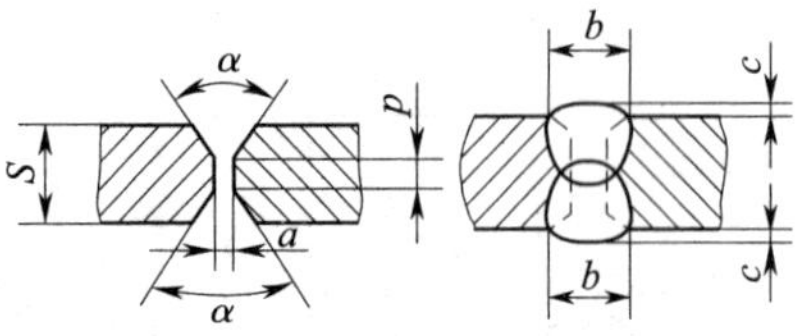	$A=Sa+\frac{(S-p)^2\tan\frac{\alpha}{2}}{2}+\frac{4}{3}bc$
10	K形对接焊缝（坡口对称）	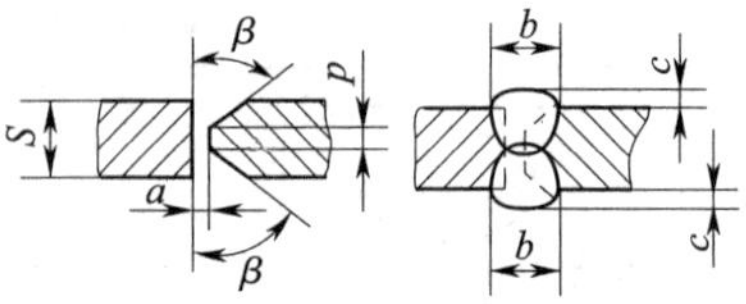	$A=Sa+\frac{(S-p)^2\tan\beta}{4}+\frac{4}{3}bc$
11	双U形对接焊缝（坡口对称）	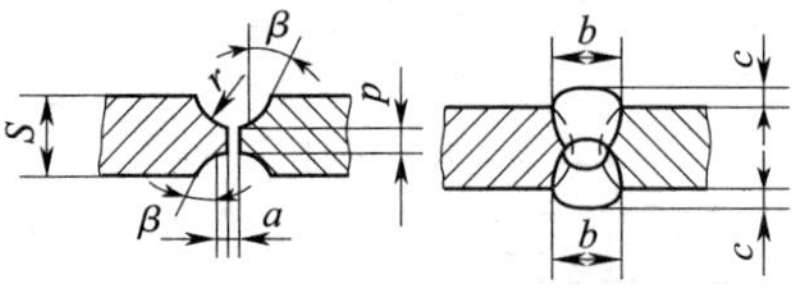	$A=Sa+2r(S-p-2r)+\pi r^2+\frac{(S-p-2r)^2\tan\beta}{2}+\frac{4}{3}bc$
12	不开坡口的角焊缝	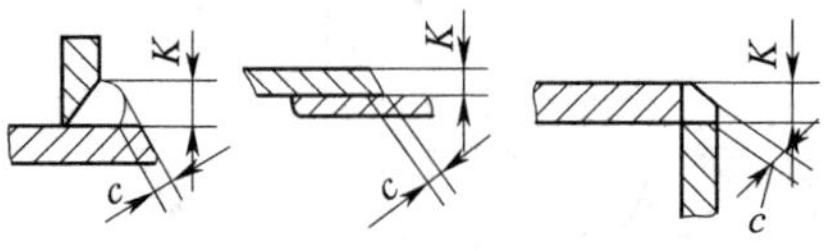	$A=\frac{K^2}{2}+Kc$

续表

序号	焊缝名称	焊缝横截面图	计算公式
13	单边V形、T形接头焊缝		$A = Sa + \frac{(S-p)^2\tan\alpha}{2} + \frac{2}{3}bc$
14	K形、T形接头焊缝		$A = Sa + \frac{(S-p)^2\tan\alpha}{2} + \frac{4}{3}bc$

表 4—1—2　　药皮质量系数 K_b

E4301	E4320	E4316	E5015
0.32	0.42	0.32	0.32

表 4—1—3　　焊条转熔系数 K_n

E4301	E4320	E4303	E5015
0.70	0.77	0.77	0.77

②焊丝消耗定额的制定。单件焊丝消耗量 $g_{丝}$（kg）可由式（4—1—2）决定。

$$g_{丝} = \frac{AL\rho}{1\,000K_n} \tag{4—1—2}$$

式中　K_n——金属由焊丝到焊缝的转熔系数，包括因烧损和飞溅等损失在内，常取 0.92 ~ 0.99。

其余代号含义同式（4—1—1）。

③焊剂消耗定额的制定。常用实测方法得到单位长度焊缝焊剂的消耗量，然后由焊缝总长度计算总的焊剂消耗量。在概略计算中，焊剂消耗量可定为焊丝消耗量的 0.8 ~ 1.2 倍。

④保护气体消耗定额的制定。保护气体消耗量由式（4—1—3）决定。

$$V = Q(1+\eta)t_{基}\,n \tag{4—1—3}$$

式中　V——保护气体体积，L；

Q——保护气体流量，L/min；

$t_{基}$——单位焊接基本时间，min；

η——气体损耗系数，常取 0.03 ~ 0.05；

n——每年或每月的焊件数量。

焊接用 CO_2 气体由瓶装的液态 CO_2 汽化而来，容量为 40 L 的标准钢瓶可灌入 25 kg 液态 CO_2。在 0℃和 0.1 MPa 压力下，10 kg 液态 CO_2 可以汽化成 509L 的气态 CO_2。瓶内有液态 CO_2 时，气态 CO_2 的压力为 4.90 ~ 6.86 MPa，此压力随环境温度而变化。当瓶中压力降至

1 MPa时，便不能再使用，以防止CO_2气体中的水汽超标。由此可知，每瓶可得到CO_2气体12 324 L（标准状态）。因此，就可折算每月或每年需要用的CO_2气体（瓶数）为

$$N_{瓶} = \frac{V}{12\ 324} \tag{4—1—4}$$

对于氩气，当温度在20℃以下时，40 L钢瓶的氩气压力为15 MPa，由此可知，每瓶在20℃和0.1 MPa压力下得到6 000 L氩气，则每月或每年需要用的氩气（瓶数）为

$$N_{瓶} = \frac{V}{6\ 000} \tag{4—1—5}$$

2. 电力消耗定额

电弧焊时，电力消耗量可按式（4—1—6）进行计算。

$$A = A_1 + A_2 = \frac{UIt}{1\ 000\eta} + W_0(T-1) \tag{4—1—6}$$

式中 A——电力消耗量，kW·h；

A_1——弧焊电源工作状态时的电力消耗量，kW·h；

A_2——弧焊电源空载时的电力消耗量，kW·h；

U——电弧电压，V；

I——焊接电流，A；

t——电弧燃烧时间，h；

η——弧焊电源的效率；

W_0——弧焊电源空载功率，kW；

T——弧焊电源工作总时间，h。

用直流电源焊接时，焊机空载电力消耗大，通常可达焊机工作状态时消耗电力的40%甚至更大，因而空载电力消耗不能忽略。用交流电源焊接时，空载的电力消耗甚微，所以公式中A_2可忽略不计，此时电力消耗A为

$$A \approx A_1 = \frac{UIt}{1\ 000\eta} \tag{4—1—7}$$

3. 机械消耗定额

机械消耗定额是指施工机械在正常的生产条件下，合理地组织劳动和使用机械，完成单位合格产品或某项工作所必需的工作时间，或在一定的劳动时间内所生产的产品数量，简称机械定额。由于我国机械消耗定额是以一台机械一个工作班为计量单位的，所以又称为机械台班定额。

机械消耗定额是施工机械生产率的反映，编制高质量的施工机械台班定额是合理组织机械化施工，有效地利用施工机械、提高生产率的必备条件。机械消耗定额主要包括以下内容：

（1）拟订正常的施工条件。与人工操作相比，机械操作的劳动生产率在更大程度上受施工条件的影响，所以更要重视拟订正常的施工条件。

（2）确定机械纯工作1 h的正常生产率。确定机械正常生产率必须先确定机械纯工作1 h的劳动生产率，因为只有先取得机械纯工作1 h的正常生产率，才能根据机械利用系数计算出施工机械台班定额。

机械纯工作时间是指机械必须消耗的净工作时间，包括在正常工作负荷下、有根据降低负荷下，不可避免的无负荷时间和不可避免的中断时间。机械纯工作 1 h 的正常生产率是指在正常施工条件下，由具备一定技能的技术工人操作施工机械净工作 1 h 的劳动生产率。

确定机械纯工作 1 h 正常劳动生产率可以分为三步进行：第一步，计算机械一次循环的正常延续时间；第二步，计算施工机械纯工作 1 h 的循环次数；第三步，求机械纯工作 1 h 的正常生产率。

（3）确定施工机械的正常利用系数。正常利用系数是指机械在工作班内工作时间的利用率，其与工作班内的工作状况有着密切的关系。确定机械正常利用系数，首先要计算工作班在正常状况下，准备与结束工作、机械开动、机械维护等工作所必须消耗的时间，以及机械有效工作的开始与结束时间，然后再计算机械工作班的纯工作时间，最后确定机械正常利用系数。

$$\text{机械正常利用系数} = \frac{\text{工作班内机械纯工作时间}}{\text{机械工作班延续时间}} \tag{4—1—8}$$

（4）计算机械产量定额与机械时间定额。机械消耗定额有两种表现形式：机械产量定额和机械时间定额，两者互为倒数。

机械产量定额是指在一定的操作内容、质量和安全要求的前提下，规定每单位作业量（如台时、台班等）完成的产品或任务的数量标准。

机械时间定额是指在一定的操作内容、质量和安全要求的前提下，规定完成单位数量产品或任务所需作业量（如台时、台班等）的数量标准。

机械产量定额计算公式为

$$\begin{aligned}\text{机械产量定额} &= \text{机械纯工作 1 h 正常生产率} \times \text{工作班纯工作时间}\\ &= \text{机械纯工作 1 h 正常生产率} \times \text{工作班延续时间} \times \text{机械正常利用系数}\end{aligned} \tag{4—1—9}$$

机械时间定额计算公式为

$$\text{机械时间定额} = \frac{1}{\text{机械产量定额}} \tag{4—1—10}$$

4. 劳动定额

（1）定义与分类。劳动定额是指为了完成一定生产工作而规定的必要劳动量，包括工时定额与产量定额两种。

1）工时定额。即用时间表示的劳动定额，它是指在一定的生产条件下，为完成某一项工作所必须消耗的时间。如对车工来说，是加工一个零件所规定的时间；对宾馆服务员来说，是清理一间客房所规定的时间。

2）产量定额。即用产量表示的劳动定额，它是指在一定的生产条件下，工人在单位时间内应完成的产品数量。例如，对车工规定 1 h 应加工的零件数量；对装配工规定一个工作日应装配的部件或产品的数量；对宾馆服务员规定一个班次应清理客房的数量。

产量定额是在工时定额的基础上计算出来的。工时定额越低，产量定额就越高。

（2）工时定额的组成。电弧焊的工时定额由作业时间、布置工作场地时间、休息和生理需要时间以及准备和结束时间四部分组成。

1）作业时间。作业时间是指直接用于焊接工作的时间，按其作用又可分为基本时间和辅助时间两大项。基本时间是直接用于焊接工件的时间，它的特点是每焊一个零部件就重复消耗一次。辅助时间是为了保证实现基本工作而执行的各种操作所消耗的时间，包括焊件边缘的检查和清理、焊条的更换、焊缝上的渣壳和母材上飞溅金属的清除、焊缝的测量和检查以及在焊缝上打钢印等。辅助时间可能是每焊接一个零部件就重复一次，也可能是在焊接一定数量的零部件后才重复。

分析作业时间时，必须把基本时间与辅助时间分开，以免重复计算到工时定额中去。

2）布置工作场地时间。布置工作场地时间是指用于照料工作场地，以保持工作场地处于正常工作状态所需要的时间，包括工具的放置、接电源线、电源的接通和调整、电源的关闭以及工具与工作场地的收拾等。

3）休息和生理需要时间。休息和生理需要时间是指工人休息、喝水和上厕所等所消耗的时间，其取决于工作条件和生产条件。休息时间仅在繁重的体力劳动情况下才包括在工时定额内，在一般情况下工时定额只包括生理需要时间。

4）准备和结束时间。准备和结束时间是指为了焊接某一批焊件所消耗的准备时间和结束时间，包括领取生产任务单、图样和焊接工艺卡；了解工作任务、工艺规程和焊接参数，听取组长指示；准备工作场地和工具、夹具；工作开始时调整设备；将完成的产品交组长和检验员验收等。

准备和结束时间的特点是每加工一批焊件只消耗一次，其时间长短与零件数量无关，因此一般不包括在单件工时定额中。但为了简化计算，对成批生产焊件的准备和结束时间则归并到单件时间内，并以工作时间的百分数表示。对大量生产的焊件，由于每一个工作场地的加工对象不经常变换，因此准备和结束时间可以忽略不计。

（3）制定工时定额的方法。焊接工时定额可以从经验和计算两个方面来进行制定。经验法简单易行、工作量小，但定额准确性较差。由于在不同的生产条件下完成同一工作所需的时间不等，因此，制定工时定额时必须考虑到生产类型和具体的技术条件。生产类型不同，对所制定的工时定额的准确程度要求也不同。在大量生产中，每项工作都要重复很多次，定额即使有很小的误差，也会显著影响设备和整个工段生产能力的确定。因此，工时定额要尽可能准确。制定较准确的工时定额要花费比较多的时间，但由于准确的工时定额可以节约大量的工作时间。因此，在大量生产的情况下，采用分析计算法是比较合适的。小批量和单件生产中，由于生产对象不固定，产品经常更换，适宜采用比较简化的制定定额的方法，但仍要求工时定额具有一定的准确性。为此，应吸收分析计算法准确性比较高的优点，克服制定定额复杂的缺点，使其适用于单件和小批量生产。制定工时定额还可以采用比较法。

1）经验估工法。经验估工法是指依靠经验，对图样、工艺文件和其他生产条件进行分析，用估算的方法来确定定额。常用于多品种单件生产和新产品试制时工时定额的计算。

2）经验统计法。经验统计法是指根据同类产品在以往生产中的实际工时统计资料，经过分析，并考虑到提高劳动生产率的各项因素，再根据经验来确定工时定额的一种方法。

3）分析计算法。分析计算法是指在充分挖掘生产潜力的基础上，按工时定额的各个组成部分来制定工时定额的方法。

4）比较法。比较法是指首先按焊件的结构和工艺过程的相似性把焊件分组，在每组中选出几个在结构上和尺寸上具有代表性的典型工件，最后通过分析比较制定该组中其他焊件的工时定额。

必须指出，不能把工时定额看成是一成不变的时间极限。随着焊接技术的发展，焊工技术水平的提高，生产工作的技术组织条件的改进，焊接劳动生产率会不断提高。因此，工时定额应该根据实际情况随时进行必要的修订。

5．费用定额

费用定额是指在一定的生产技术和组织结构中，生产产品、提供服务或执行预算所完成单位合格产品对人力、财力、物力的利用和消耗应当遵守的定额标准。它是为完成某项作业或完成单位合格产品对所需资源消耗的平均先进水平的客观科学反映，对规范各种成本费用支出有重要的指导意义，也是实施成本责任考核、提高经营绩效的重要手段。

三、成本核算

1．产品成本的含义

一般来说，产品成本是产品生产经营过程中劳动消耗的货币表现。就其实质而言，可从以下两方面来理解。

（1）从产品价值的形成来看，产品成本是价值的一部分，产品成本是产品价值 W 中 $C+V$ 两部分之和，具体关系如下：

产品价值（W）
- 生产过程中消耗的生产资料（C）
- 劳动所创造的价值
  - 以工资及附加工资形式分配给劳动者个人的部分（V）
  - 税金、上缴利润或利润留成（M）

生产过程中消耗的生产资料（C）+ 以工资及附加工资形式分配给劳动者个人的部分（V）= 产品成本

产品成本 + 税金、上缴利润或利润留成（M）= 产品价值（W）

（2）从生产消耗来看，产品成本也可以认为是企业生产和销售产品所支出费用的总和。

2．成本核算的目的

（1）确定产品销售价格。根据产品成本核算，可以确定产品的销售价格。

（2）降低生产成本，提高产品市场竞争能力。根据产品实际成本及市场情况，分析企业的生产效率，确定降低成本的途径，尽量做到以最低的成本达到预先规定的质量和数量，以提高产品的市场竞争能力。

（3）衡量经营活动的成绩和效果。通过成本核算，可以综合反映企业经营活动的成绩和效果。

（4）成本控制。根据成本核算结果进行成本控制，以增加利润，求得生存与发展。

3．成本核算的内容

（1）制造产品而耗用的原材料和外购半成品费用。例如，金属母材费用、焊条（或焊丝）费用、气体（如氧气、乙炔、保护气体等）费用、焊剂及衬垫费用、钨极和碳棒费用、半成品费用等。

（2）职工工资及福利基金。例如，生产工人、管理人员的工资和按工资总额提取的职工福利基金。

(3) 为制造产品而耗用的燃料和动力费用。例如，水费、电费及其他燃料动力费等。

(4) 按规定提取的固定资产基本折旧基金、大修折旧基金和固定资产中的中小修理费用。例如，厂房、焊机、气瓶、加工设备及工具、夹具、辅助设备等的折旧费，设备保养修理费等。

(5) 按规定应当列入产品成本的低值易耗品购置费用。

(6) 按规定应当列入产品成本的停工、废品损失费用。

(7) 产品包装和销售经营管理费用。

(8) 其他生产费用。例如，管理费、运输费、检验费、外协加工费、研究试验费、劳动保护费、租赁费、保险费、排污费、材料与产品的存货盘亏损失费、广告宣传费、培训费等。

4. 产品成本的核算方法

(1) 会计核算。主要是运用货币形式，通过记账、算账和报账等手段，严格地依据审核无误的凭证，连续、系统地反映和监督经济活动的全过程。

(2) 统计核算。是指采用货币、实物量和工时等多种计量单位，运用一系列的统计指标和统计图表，收集、整理和分析经济活动过程中反映经济现象特征和规律性的数据资料。

(3) 业务核算。是指对个别业务事项的记载，主要是进行单个业务的抽样核算。业务核算的形式是多种多样的，没有一套专门的方法。

成本核算采用什么方法是由成本管理制度以及企业所达到的实际生产管理水平决定的。一般地讲，企业在开展成本核算的初期，可以采用以统计方法为主，沟通、理顺数据收集渠道，形成成本报表体系；待条件成熟后，再过渡到以会计核算为主的方法。

5. 成本控制

成本控制是指通过各种措施和控制手段达到成本预期的目标和效果的一项管理工作。要完成成本计划，实现降低成本和优化质量的目标，很大程度上取决于日常的成本控制。成本控制一般分为三个步骤，即事前控制、事中控制和事后处置。

(1) 事前控制。指事前确定成本控制的标准，根据成本控制计划所定的目标，为各项费用开支和资源消耗确定其数量界限，形成成本费用指标计划，作为成本控制的主要标准，以便对费用开支进行检查和评价。

(2) 事中控制。指在生产经营过程中控制监督成本的形成过程，这是成本控制的重点。对于日常发生的各种费用，都要按照既定的标准进行控制监督，力求做到所有直接费用都不突破定额，各项间接费用都不超过预算。

(3) 事后处置。指在一个阶段性的生产经营活动结束后，分析造成实际成本偏离目标成本的原因，然后在此基础上提出切实可行的措施，使实际成本管理更好地达到目标成本的要求。

6. 降低焊接生产成本的途径

为降低焊接生产成本，应以保证焊接质量为基础，主要从提高焊接生产率、减少返修、减少非生产性开支、健全生产管理和财务管理等方面入手。

（1）采用先进的焊接和切割方法。焊接方法不同，其熔敷相同的金属所消耗的电能是不同的。实践证明，与焊条电弧焊相比，埋弧焊和气体保护焊可以减少工件的加工量和准备工时，提高焊接速度和质量，提高焊接生产率。例如，焊条电弧焊的熔化系数一般为 8 ~ 12 g/（A·h），埋弧焊则可达 14 ~ 18 g/（A·h）。窄间隙埋弧焊焊接 100 ~ 350 mm 厚的钢板时，对接坡口间隙为 18 ~ 24 mm。

此外，通过焊接、切割方法的选择，也可以提高生产效率，节约成本。例如，采用热丝 TIG 焊、双丝焊等可大大提高熔化效率，提高焊接速度；采用液化石油气切割、火焰精密切割、激光切割代替一般的氧乙炔焰切割，不但可取得显著的节能效果，而且还能通过“以割代削”来缩短工时，提高产品质量。

（2）采用高生产率的焊接材料。例如，焊条电弧焊焊接厚壁管时采用含铁粉的高效率焊条，可提高熔敷系数 30% 左右。

（3）采用自动焊接、变位设备。采用半自动和自动焊接技术，焊接时在工件上加装必要的变位器、滚轮胎架或采用自动操纵台焊接，可以大幅度提高焊接生产率，并可以显著节能。

（4）选用能耗小的焊接电源。与传统的弧焊变压器、弧焊整流器相比，逆变式弧焊电源体积小、质量轻、节约材料，例如，与 300 A 晶闸管整流式焊机相比，逆变式弧焊电源高效节能，可节省电能 10% ~ 20%，适应性强，引弧成功率高，焊接过程控制性好，飞溅降低。随着电子元件质量的提高，逆变式弧焊电源应用越来越广泛，是弧焊电源的重要发展方向。

（5）采用合理的焊接工艺。选择合理的接头形式、合理的焊接顺序、合适的焊接规范等，可提高焊接速度和质量，减少返修量。

（6）提高焊工素质和技术操作水平。在生产中，人的因素是第一位的，所以，不断进行焊工培训和考核、提高焊工的素质和技术操作水平，是保证焊接生产顺利进行、提高焊接质量、减少焊接缺陷和返修量、降低生产成本的关键。

（7）减少不必要的非生产性开支。加强管理，精打细算，减少一切不必要的非生产性开支。

（8）加强生产和财务管理。加强生产管理，制订合理的生产计划和焊接工艺规程并严格执行，严格控制焊接质量，发现问题及时解决。坚持财务制度，加强财务管理，对生产成本有预算、有检查、有总结，并不断挖掘降低生产成本的潜力。

任务实施

一、定额选用

如图 4—1—1 所示的锻压机开式机身焊接结构由多块不同形状和规格的 Q235 钢板采用焊条电弧焊焊接而成。定额主要根据产品所属行业来选用，本任务定额选用《全国统一安装工程预算定额：机械设备安装（第 1 册）》（GYD 201—2000）。

二、工作量计算

如图 4—1—1 所示的锻压机开式机身为焊接钢结构。钢结构制作工作量通常按成品质量以吨（t）为单位计算，不扣除孔眼、焊条、铆钉、螺栓的质量；在计算不规则或多边形钢板尺寸时，均按图示尺寸以其最大对角线乘最大宽度的矩形面积计算。

锻压机开式机身钢板的质量可按下式计算：

$$T = \rho V \qquad (4—1—11)$$

式中 T——钢板的质量，t；

ρ——钢板的密度，t/m^3；

V——钢板的体积，m^3。

如图 4—1—1 所示锻压机开式机身制作工作量具体计算如下：

1. 计算两侧板质量

$$T_1 = 2\rho V_1 = 2 \times 7.85 \times 1 \times 1.5 \times 0.014 \approx 0.330 \text{ t}$$

2. 计算底板质量

$$T_2 = \rho V_2 = 7.85 \times 1.1 \times 0.7 \times 0.020 \approx 0.121 \text{ t}$$

3. 计算后背板质量

$$T_3 = \rho V_3 = 7.85 \times 1.2 \times 0.572 \times 0.014 \approx 0.075 \text{ t}$$

4. 计算顶板质量

$$T_4 = \rho V_4 = 7.85 \times 0.7 \times 0.572 \times 0.020 \approx 0.063 \text{ t}$$

5. 计算上端板质量

$$T_5 = \rho V_5 = 7.85 \times 0.6 \times 0.2 \times 0.016 \approx 0.015 \text{ t}$$

6. 计算工作台板质量

$$T_6 = \rho V_6 = 7.85 \times 0.6 \times 0.5 \times 0.016 \approx 0.038 \text{ t}$$

7. 计算两加强肋板质量

$$T_7 = 2\rho V_7 = 2 \times 7.85 \times 0.3 \times 0.5 \times 0.010 \approx 0.024 \text{ t}$$

8. 计算后侧板质量

$$T_8 = \rho V_8 = 7.85 \times 0.7 \times 0.35 \times 0.010 \approx 0.019 \text{ t}$$

9. 计算上封头板质量

$$T_9 = \rho V_9 = 7.85 \times 0.5 \times 0.572 \times 0.010 \approx 0.023 \text{ t}$$

合计质量 $T_{合} = T_1 + T_2 + T_3 + T_4 + T_5 + T_6 + T_7 + T_8 + T_9 = 0.708$ t，经过计算确定此锻压机开式机身钢结构制作工作量为 0.708 t。

三、套定额计算主材消耗和辅材消耗

1. 主材消耗

制作钢结构时，按图样标示计算各种材质、规格、型号的型钢及钢板主材用量，合计质量 $T_{合} = 0.708$ t。

不同规格、型号的主材其价格不同，故计算主材用量时应按不同规格、型号分别汇总各种主材的用量，同时要加入主材的不可避免的损耗量，现按 5% 计算钢结构主材损耗量。制作锻压机开式机身时各种型号的主材用量汇总如下：

$\delta = 20$ mm 的钢板用量为 $(T_2 + T_4)(1 + 5\%) \approx 0.193$ t

$\delta = 16$ mm 的钢板用量为 $(T_5 + T_6)(1 + 5\%) \approx 0.056$ t

$\delta = 14$ mm 的钢板用量为 $(T_1 + T_3)(1 + 5\%) \approx 0.425$ t

$\delta=10$ mm 的钢板用量为（$T_7+T_8+T_9$）（1+5%）≈0.069 t

钢板总计用量 $T_{总}=T_{合}\times$（1+5%）=0.708×（1+5%）≈0.743 t

2. 辅材消耗

辅材消耗套定额计算，根据表4—1—4，每吨钢柱加工的辅材消耗量如下（定额中对用量小、价值低的零星材料合并为其他材料费，以“%”表示，其计算基数为本项定额中所列品名的材料费用和）。

等边角钢（边长63 mm 以下）：3.000 kg/t

电焊条（J422）综合：37.000 kg/t

六角螺栓（普通）：1.740 kg/t

汽油（70号以下）：3.000 kg/t

氧气：6.990 m^3/t

乙炔：2.446 m^3/t

红丹防锈漆：11.600 kg/t

其他材料费：1.6%

制作锻压机开式机身辅材消耗量计算如下：

等边角钢（边长63 mm 以下）：3.000 kg/t×0.743 t=2.229 kg

电焊条（J422）综合：37.000 kg/t×0.743 t=27.491 kg

六角螺栓（普通）：1.740 kg/t×0.743 t≈1.293 kg

汽油（70号以下）：3.000 kg/t×0.743 t=2.229 kg

氧气：6.990 m^3/t×0.743 t≈5.194 m^3

乙炔：2.446 m^3/t×0.743 t≈1.817 m^3

红丹防锈漆：11.600 kg/t×0.743 t≈8.619 kg

其他材料费：0.743 t×1.6%≈11.888 kg

由于本任务锻压机开式机身制作属于一般钢柱结构制作，故用钢柱制造工程预算定额，见表4—1—4。

表4—1—4　钢柱制造工程预算定额

项目			钢柱	
			主厂房	一般
基价（元）			5 176.71	5 082.13
其中	人工费（元）		342.23	288.40
	材料费（元）		3 622.48	3 606.02
	机械费（元）		1 212.00	1 187.71
名称		单位	数量	
人工	综合工日	工日	17.550	14.790
材料	等边角钢（边长63 mm 以下）	kg/t	3.000	3.000
	中厚钢板（20 mm 以下）	kg/t	1 052.000	1 052.000
	电焊条（J422）综合	kg/t	40.000	37.000

续表

名称		单位	数量	
材料	六角螺栓（普通）	kg/t	1.740	1.740
	汽油（70号以下）	kg/t	3.000	3.000
	氧气	m^3/t	6.990	6.990
	乙炔	m^3/t	2.446	2.446
	红丹防锈漆	kg/t	11.600	11.600
	其他材料费	%	1.600	1.600
机械	龙门式起重机（10 t以内）	台班	0.450	0.450
	龙门式起重机（20 t以内）	台班	0.210	0.170
	轨道平车（10 t以内）	台班	0.300	0.280
	剪板机（40 mm×3 100 mm以内）	台班	0.028	0.110
	型钢剪板机（500 mm以内）	台班	0.020	0.020
	钢板矫平机（30 mm×2 600 mm）	台班	0.028	0.110
	刨边机（12 000 mm）	台班	0.180	0.130
	型钢调直机	台班	0.020	
	摇臂钻床（ϕ50 mm以内）	台班	0.140	0.140
	交流电焊机（40 kV·A以内）	台班	7.150	6.610
	焊条烘干箱（600 mm×500 mm×750 mm）	台班	0.890	0.890
	焊条烘干箱（800 mm×800 mm×1 000 mm）	台班	0.890	0.890
	空气压缩机	台班	0.084	0.084
	其他机械费	%	2.000	2.000

四、计算工时

锻压机开式机身一般为工厂批量加工，计算工时定额时应套用企业定额。企业定额一般只在企业内部使用，不同企业的管理水平、技术水平、装备水平不同，其企业定额水平也不同。

工作内容：材料矫正、放样、划线、下料、平直、钻孔、拼装、除锈、焊接、刷防锈漆一遍及成品编号堆放。

根据表4—1—4，查得每吨一般钢柱消耗工日定额为14.790综合工日，锻压机开式机身制作消耗工时为14.790×0.743≈10.989综合工日。

五、套定额计算费用

根据表4—1—4，每吨钢柱制作基价（基本直接费）为5 082.13元，其中人工费288.40元，材料费3 606.02元（主材费用=1 052×3.00=3 156元，辅材费用=3 606.02－3 156=450.02元），机械费1 187.71元。

套定额计算确定锻压机开式机身制作费用，费用定额按《锻压设备安装工程施工及验收规范》确定，包括直接费、间接费、利润和税金。

直接费包括基本直接费、其他直接费、现场经费，其中基本直接费包括人工费、材料费、施工机械使用费；其他直接费包括冬雨季施工增加费、夜间施工增加费、施工工具用具使用费、特殊工程技术培训费、特殊地区施工增加费等；现场经费包括临时设施费、现场管理费等。

间接费包括企业管理费、财务费用、施工机构转移费等，其中企业管理费又包括企业基本管理费、职工基本养老保险和失业保险费、工会经费、教育经费和住房公积金等。

具体计算如下：

基本直接费 =5 082.13 ×0.743≈3 776.02 元（其中人工费 =288.40 ×0.743≈214.28 元；材料费 =3 606.02 ×0.743≈2 679.27 元，主材费 =3 156 ×0.743≈2 344.91，辅材费 =450.02 ×0.743≈334.36 元；机械费 =1 187.71 ×0.743≈882.47 元）

其他直接费 = 基本直接费 × 费率 = 基本直接费 ×（0.78% +0.33% +0.59% +0 +0） = 3776.02 ×1.7% ≈64.19 元

现场经费 = 基本直接费 × 费率 = 基本直接费 ×（3.66% +4.34%） =3 776.02 ×8% ≈302.08 元

直接费 = 基本直接费 + 其他直接费 + 现场经费 =3 776.02 +64.19 +302.08 =4 142.29 元

企业管理费 = 基本直接费 × 费率 =3 776.02 ×（2.85% + 当地劳保费率 ×0.22 +1.8%） = 3 776.02 ×（2.85% +22% ×0.22 +1.8%）≈358.34 元

财务费用 = 基本直接费 × 费率 = 基本直接费 ×1.2% =3 776.02 ×1.2% ≈45.31 元

施工机构转移费 = 基本直接费 × 费率 = 基本直接费 ×0.98% ≈3 776.02 ×0.98% ≈37 元

间接费 = 企业管理费 + 财务费用 + 施工机构转移费 =358.34 +45.31 +37 =440.65 元

利润 =（直接费 + 间接费）× 费率 =（直接费 + 间接费）×6.5% =（4 142.29 +440.65）×6.5% ≈297.89 元

税金 =（直接费 + 间接费 + 利润）× 费率 =（4 142.29 +440.65 +297.89）×3.41% ≈166.44 元

合计总费用 = 直接费 + 间接费 + 利润 + 税金 =4 142.29 +440.65 +297.89 +166.44 =5 047.27 元

任务评价

表 4—1—5 为本任务的评分标准。

表 4—1—5　　评分标准

序号	考核内容	评分标准	配分	得分
1	选用定额	定额选用正确	10	
2	计算工作量	工作量计算正确	20	
3	计算材料消耗	材料消耗计算正确	30	
4	计算劳动工时	劳动工时计算正确	20	
5	成本核算	成本核算合理	20	
总分			100	

思考与练习

1. 简述锻压机开式机身制造费用的计算步骤。
2. 电弧焊的工时定额由哪几部分组成？
3. 焊接成本包括哪些内容？
4. 产品成本的核算有哪几种基本方法？
5. 降低焊接生产成本的途径有哪些？

任务2　生产场地平面布置

技能点

◎ 焊接结构车间工艺平面布置

知识点

◎ 焊接结构车间的厂房建筑

◎ 焊接结构车间的类型与组成

◎ 焊接结构车间平面布置

任务提出

焊接结构车间是焊接结构生产的主要场地，如何合理地进行车间设计、合理地布置生产线，按时、按质、按量地生产产品，经济地使用工厂的资源——人力、机械设备和材料，就显得十分重要。要求企业除通过控制制作产品的材料消耗、工时和费用来对经济指标进行控制外，按照确定的工艺过程、生产组成部分和同类的产品合理地进行场地（车间）平面布置，也是提高生产效率的重要途径。车间平面布置分为两种情况：一是车间布置，指新建厂房全新平面布置（包括工程施工现场产品制作场地平面布置）；二是车间工艺平面布置，指原有厂房改造和扩建时车间平面布置。

某生产企业具有 A2 级压力容器制造资质，为适应技术升级要求和生产的产品变化，对压力容器生产车间平面重新布置，车间面积为 48 m × 102 m。要求首先保证压力容器对场地、设备、工艺流程要求，同时兼顾其他类似钢结构产品生产要求；确保每年加工钢料大于 300 t，主要生产人员可动态调配。

任务分析

本任务属于车间工艺平面布置。从产品制作要求上分析，该车间生产的产品是以压力容器为主，兼顾其他钢结构产品，但类别和单件质量不固定，年、月产量也不完全固定，介于专业化生产和非专业化生产之间。从生产场地要求分析，压力容器和一般钢结构生产场地均需满足国家标准对生产场地要求，但压力容器生产还要满足《锅炉压力容器制作条件》（GB/T 20801. 4—2006）的强制要求。

综合以上分析，该车间工艺平面布置原则上主要以《锅炉压力容器制作条件》（GB/T 20801. 4—2006）对场地的要求为主，设备、工艺流程相容为辅。此外，该车间面积和周边环境固定，生产人员可随时调配，因此平面布置工作主要集中于专业化部门和工段划分、辅助部门安排布置、场地设备和通道布置、运输通道布置、画出车间平面布置图。

相关知识

一、焊接结构车间的厂房建筑

1. 焊接结构车间的跨度

焊接结构车间的跨度应根据所选用的设备和产品结构件的外形尺寸，通过合理布置后决定。国家标准规定，车间跨度应是 6 的倍数，有 12 m、18 m、24 m、30 m、36 m 等几种，柱距有 6 m 和 12 m 两种。

2. 焊接结构车间跨度的数量

车间跨度的数量，应根据车间规模和选择工艺路线的基本形式，以及产品结构特点和制造工艺特点来进行选择，具体可以根据在一跨内布置生产线的数量来决定。表 4—2—1 是焊接结构车间生产线条数选用的参考值。从表中可以看出，最佳方案是布置 2 条或 4 条生产线，因为此时车间面积利用率最高。

表 4—2—1　　焊接结构车间生产线条数选用的参考值

跨度中生产线条数	1	2	3	4
通道面积与有效面积的比例（%）	50	67	60	67

3. 焊接结构车间跨度的长度

在确定了工艺路线的基本形式以及车间的跨度以后，根据单位面积产量概略经验指标预先估算出车间总面积，再计算出跨度的长度。

4. 焊接结构车间各跨的高度

没有吊车的厂房跨度内，车间设备的最高点到屋架的最低点之间的距离应不小于 0. 4 m；在有吊车的厂房跨度内，吊车司机室底面到设备的最高点之间的距离也应不小于 0. 4 m。

5. 焊接结构车间建筑参数的选用

焊接结构车间的建筑参数主要根据生产的产品对象、选用的设备、运输条件以及其他有关因素综合分析而决定。

二、焊接结构车间的类型与组成

1. 焊接结构车间的基本类型

焊接结构车间的类型有多种，按生产规模可分为单件小批生产车间、成批生产车间、大批大量生产车间；按产品对象可分为容器生产车间、管子生产车间、锅筒生产车间等；按工作性质可分为备料车间、装配焊接车间和成品车间等。

2. 焊接结构车间的基本组成

（1）生产部门。包括备料加工工段、装配工段、焊接工段、检验试验工段和成品工段等。

（2）辅助部门。主要依据车间规模大小、类型、工艺设备以及协作情况而定，一般包括：

1）金属材料库。存放金属材料，如钢板、型钢、管子等，然后送到钢材预处理或备料车间加工。金属材料库的位置应布置在车间工艺流向的始端，保证进、出材料通畅，卸料方便，效率高且安全。

2）中间半成品库。车间半成品的集中存放地，一般应布置在备料工段与装配、焊接工段之间的地段。

3）模具库。小型模具库可安置模具架，便于模具的存放；大、中型模具库一般布置在压力机附近，以便于吊运。

4）夹具库。主要储存、分发焊装夹具和各种设备的可换工夹具。

5）焊接材料库。主要保管、发放焊条、焊丝、焊剂，并负责烘干、整理等。位置应布置在焊接区附近，以便于焊工领取。

6）辅助材料库。主要存放劳保用品及生产、维修用辅料等。

7）成品库。它是临时储存车间待发产品的仓库，位置应布置在车间工艺流向的末端，一般应考虑运输车辆的装运方便。

除上述仓库外，焊接结构车间的辅助部门还有工量具分发室、样板间与样板库、油漆调配室、焊接试验室、机电修理间、计算机房、水泵房等。

（3）行政管理部门及生活间。包括车间办公室、技术室、会议室、资料室、更衣室、盥洗室、休息室（或餐室）等。

三、焊接结构车间平面布置基本知识

车间平面布置就是将上述各个生产工段、作业线、辅助生产用房及生活间等按照它们的作用和相互关系进行配置，这种配置包括产品从毛坯到成品所应经历的路线、各工段的作用和所处位置、各种设备和工艺装备的具体配置、起重运输线路及设备的排列安置等。

1. 车间平面布置的基本原则

车间平面布置与采用的工艺方法及生产批量大小有很密切的关系。在平面布置时应使工艺路线尽量成直线，避免零部件在车间内发生迂回现象。车间平面布置的基本原则如下：

（1）合理布置封闭车间（即产品基本上在本车间完成）内各工段与设备的相互位置，应使运输路线最短，没有倒流现象。

（2）对散发有害物质、产生噪声的地方和有防火要求的工段、作业区，应布置在靠外墙的一边并尽可能隔离。

（3）主要部件的装配—焊接生产线的布置，应使部件能经最短的路线运到装配地点。

（4）应根据生产方式划分成专业化的部门和工段。

（5）辅助部门（如工具室、试验室、办公室等）应布置在总生产流水线的一边，即在边跨内。

2. 车间平面布置的基本形式

焊接结构车间平面布置主要根据生产纲领、生产条件和产品对象等情况加以确定，其基本形式可分为纵向布置、迂回布置、纵横向混合布置等，其布置方案见表 4—2—2。

表 4—2—2　　车间平面布置方案

序号	类型	基本形式	方案图例
1	纵向布置	工艺路线纵向布置方案一	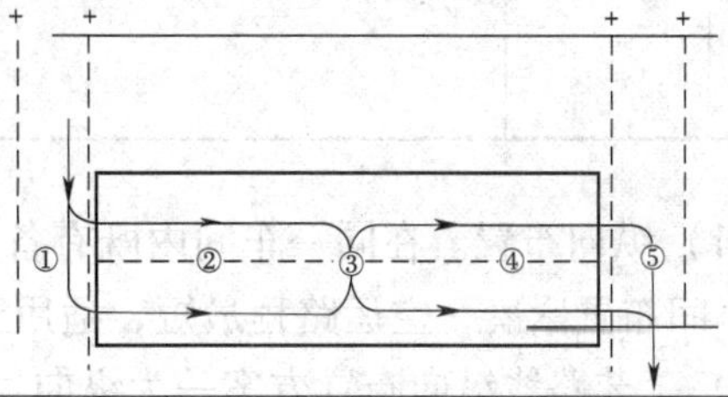 ①②③④⑤
2		工艺路线纵向布置方案二	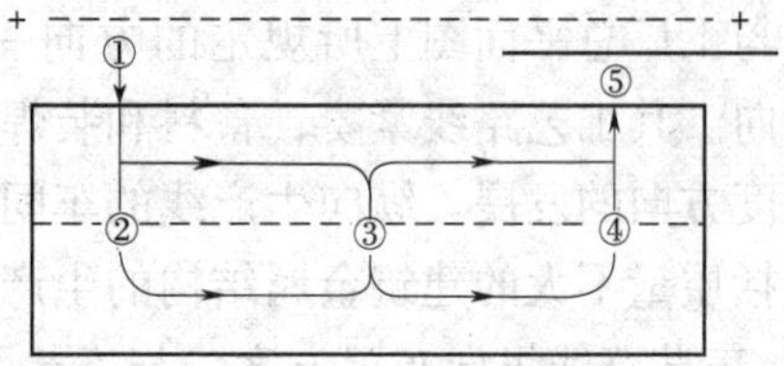 ①②③④⑤
3	迂回布置	工艺路线迂回布置方案一	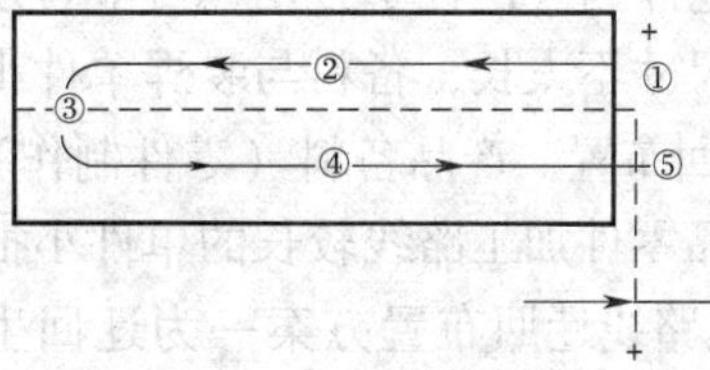 ①②③④⑤
4		工艺路线迂回布置方案二	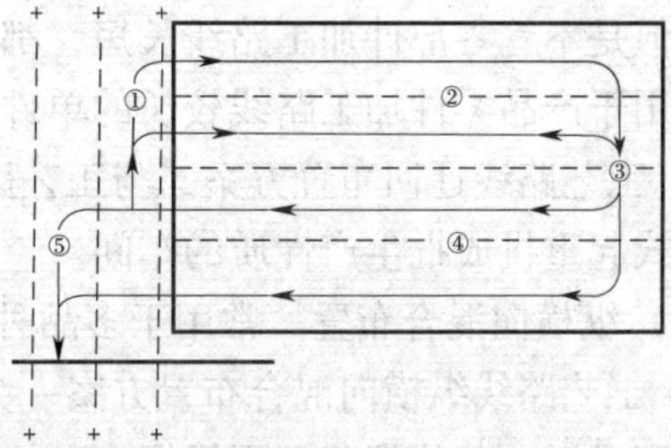 ①②③④⑤
5	纵横向混合布置	工艺路线纵横向混合布置方案一	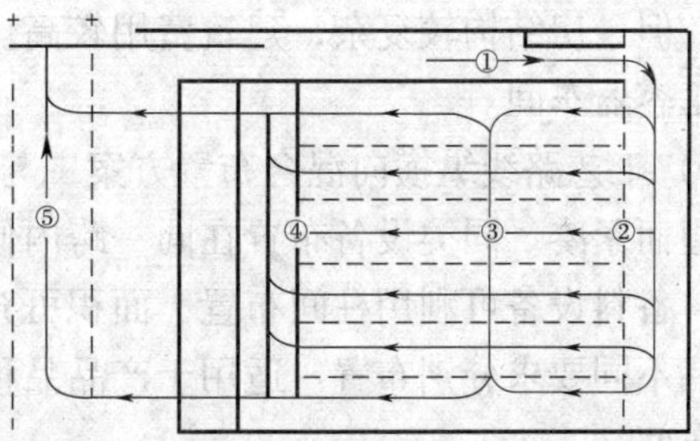 ①②③④⑤

续表

序号	类型	基本形式	方案图例
6	纵横向混合布置	工艺路线纵横向混合布置方案二	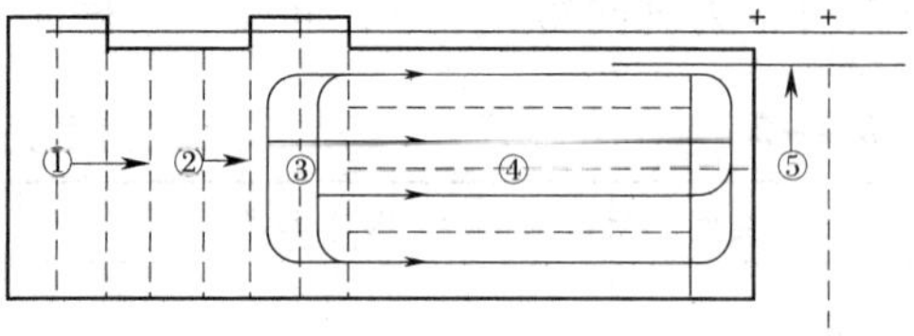

（1）纵向布置。在同一车间内既有备料（零件制作）工段，又有装焊工段。

车间布置紧凑，空运路程最短，适用于各种加工路线短、不太复杂的焊接产品的生产。

1）工艺路线纵向布置方案一为纵向生产线方向，这种方式是通用的，即车间内生产线的方向与工厂总平面图上所规定的方向一致，或者是产品生产流动方向与车间（或开间）长度同向。其工艺路线紧凑，备料和装焊同跨布置，空运路程最短，但两端有仓库限制了车间在长度方向的发展。纵向生产线的车间适用于各种加工路线短、不太复杂的焊接产品的生产，包括质量不大的建筑金属结构的生产。

2）工艺路线纵向布置方案二与工艺路线纵向布置方案一相同，只是仓库布置在车间的一侧。室外仓库与厂房柱子合用，可节省建筑投资，但零部件跨越较多。适用于产品加工路线短，外形尺寸不太长，备料与装焊单件小批生产的车间。

（2）迂回布置。产品备料（零件制作）工段和装焊工段并列在若干个车间内。这种布置适用于产品零件加工路线较长的单件小批成品生产。

1）工艺路线迂回布置方案一为迂回生产线方向，这种方式每一工段有 1 ~ 2 个跨间，备料与装焊分开跨间布置，厂房结构简单，经济实用。备料设备集中布置，调配方便，发展灵活。但是不管零部件加工路线长短，都必须要走较长的空程，并且长度大的焊件越跨不方便。适用于产品零件加工路线较长的单件小批、成批生产的车间。

2）工艺路线迂回布置方案二与工艺路线迂回布置方案一相同，只是车间面积较大，适用于桥式起重机成批生产性质的车间。

（3）纵横向混合布置。常用于多品种、单件小批成品生产的场合。

1）工艺路线纵横向混合布置方案一为纵横向混合布置方案，备料设备既集中又分散布置，调配灵活，各装焊跨间可根据多种产品不同要求分别组织生产。路线顺而短，又灵活、经济，但厂房结构较复杂，建筑费用较高。适用于多种产品、单件小批、成批生产性质的炼油化工容器车间。

2）工艺路线纵横向混合布置方案二与工艺路线纵横向混合布置方案一相同，生产工艺路线短而紧凑。同类设备布置在同一跨内便于调配使用，工段划分灵活，中间半成品库调度方便。备料设备可利用柱间布置，面积可充分利用。共用的设备布置在两端，装焊各跨可根据产品不同要求分别布置。适用于产品品种多而杂，并且量大的重型机器、矿山设备生产性质的车间。

焊接结构车间平面布置如按生产的区域简单划分，有生产作业线与车间主轴线平行和生产作业线与车间主轴线垂直两种方案，如图 4—2—1 所示。

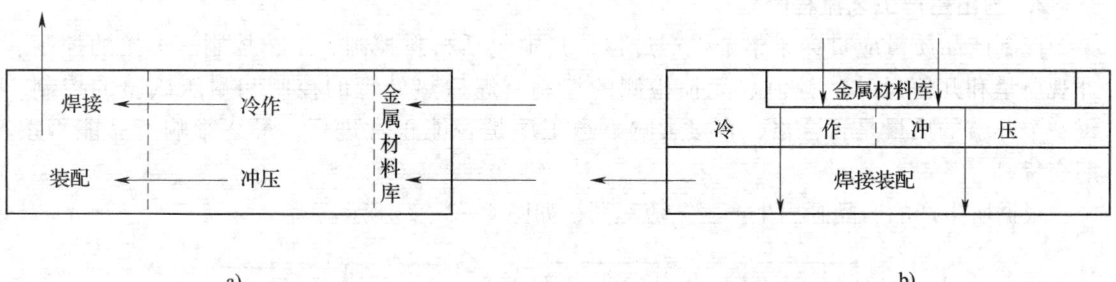

图 4—2—1　按生产区域划分的布置方案
a）生产作业线与车间主轴线平行　b）生产作业线与车间主轴线垂直

生产作业线与车间主轴线平行，是根据产品制造的步骤安排各组成部分。固定制造某种部件或产品的封闭车间，其设备、人员按加工或装配的工艺过程顺序布置，形成一定的生产线，适合于少品种、大批量的生产方式。

生产作业线与车间主轴线垂直，是根据产品结构特点安排各组成部分，需要较多工序且设备使用率较高，适合于多品种、中小批量生产。

车间标准平面布置的形式还很多，选择何种形式是由焊接产品的特征及生产纲领决定的。

3. 车间平面布置的步骤与做法

（1）准备工作。收集相关依据资料和基础资料并仔细阅读，列出对车间平面布置的各项要求，掌握基础资料中提供的信息；根据所生产的产品画出生产工艺流程图；根据生产工艺列出需布置的设备（包括配套工装）清单，清单中备注出各设备占平面尺寸、所在生产环节、周边道宽要求；划分工段，设置专业部门和辅助部门；确定平面布置形式。

（2）制订平面布置初步方案（绘制草图）。根据平面布置形式绘制工段区域并标注尺寸；在草图上布置设备（包括配套工装），标注最大外形尺寸、周边通道尺寸；布置专业部门；布置道路；布置其他部门。

（3）初步方案优化、审批。

（4）绘制平面布置图。

任务实施

一、准备工作

1. 资料收集与分析

收集相关依据资料和基础资料并仔细阅读，列出对车间平面布置的各项要求，掌握基础资料中提供的信息，包括：

（1）预期所生产的产品。A2 级压力容器、D 级压力容器、钢结构件。

（2）生产纲领。年产钢结构 300 t 以上。

（3）平面布置要求。设备布置应做到经济合理、节约投资、操作维修方便；设备排列简洁、紧凑、整齐、美观；达到安全和卫生要求等。

2. 画出生产工艺流程图

控制产品质量应贯穿于整个生产过程，其中包括材料控制、工艺控制、焊接的控制、外观质量和几何尺寸的控制、无损检测的控制、焊后热处理的控制和耐压试验的控制。每一个环节的质量是否合格，直接影响下道工序是否能正常进行，最终影响产品能否按期交货。

根据所生产的产品画出生产工艺流程图，如图4—2—2所示。

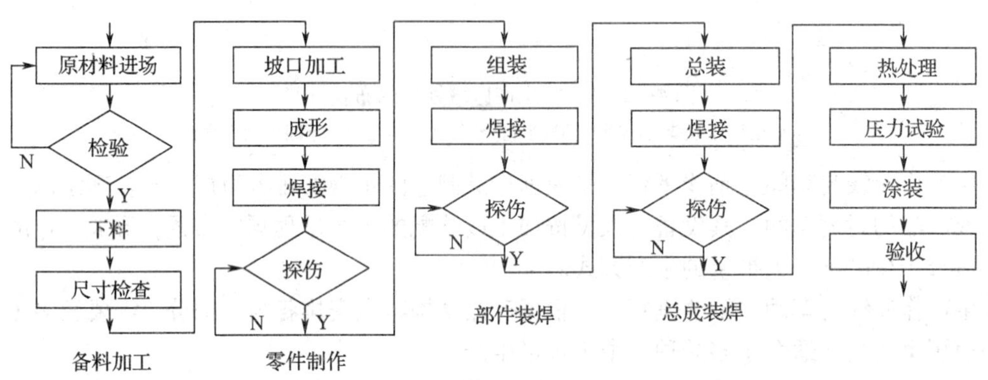

图4—2—2　生产工艺流程图

3. 列出设备布置清单

根据生产工艺列出需布置的设备（包括配套工装）清单，清单中备注出各设备占平面尺寸、所在生产环节、周边道宽要求和安装要求等，见表4—2—3。

表4—2—3　设备布置清单

序号	设备名称	占平面尺寸（m×m）	周边要求道宽（m）	所属生产环节	数量	备注
1	七辊校平机	4×5	2	下料	1台	前后配属钢板托架各10 m
2	压力剪床	4×2.5	2	下料	1台	前配属钢板托架10 m
3	联合冲剪机	3×2	2	下料	1台	
4	三辊弯板机	4×3	2	下料	1台	
5	半自动切割机	3×2	2	下料	1台	
6	数控切割机	12×3	2	下料	1台	
7	刨边机	11×2	2	下料	1台	
8	卷板机	4×2	2	成形	1台	
9	纵缝坡口机	3×3	2	下料	1台	
10	埋弧焊机（机架）	10×10	2	装焊	2台	

续表

序号	设备名称	占平面尺寸（m×m）	周边要求道宽（m）	所属生产环节	数量	备注
11	焊接滚轮架	5×10	2	装焊	2组	
12	焊缝修磨机	0.5×0.5	2	装焊	2台	
13	环缝坡口机	1×1	2	装焊	1台	
14	X射线探伤机	1×1	2	检验	1台	
15	摇臂钻床	5×3	2	下料	1台	
16	专用平板车	1.5×1	2	运输	5辆	

4. 划分工段，设置专业部门和辅助部门

(1) 工段。包括备料加工工段、零件制造工段、部件装配焊接工段、总成装配焊接工段、检验试验工段、热处理工段、涂装工段等。

(2) 专业部门和辅助部门。包括车间办公室、技术室、仓库、探伤室、焊材库、工具间、材料间、更衣室等。

5. 平面布置形式

确定采用纵向生产线平面布置方案，主要基于以下两个方面的因素考虑：

(1) 为使物料的运输成本最小。要求运输路线尽可能短、尽量增大生产的连续性，减少装卸次数，防止物料被堵塞、延误；使空间、设备、人员等资源的利用率提高，有助于降低成本、增加利润；使生产系统具有尽可能大的应变能力，具有扩展的余地、高柔性等。

(2) 增强生产安全性。采取各种安全措施，防火、防潮、防止工伤事故，也包括增进职工职业健康的各类措施，进行防噪、防振及有害气体、污染物的处理等。

二、制订平面布置初步方案（绘制草图）

(1) 根据平面布置形式绘制工段区域并标注尺寸。

(2) 在草图上布置设备（包括配套工装），标注最大外形尺寸、周边通道尺寸。

(3) 布置专业部门。

(4) 布置道路。

(5) 布置其他部门。

三、绘制平面布置图

要完成本任务的平面布置需考虑以下要求：生产时保持最低限度的后退倒行；有关作业紧靠在一起；生产时间可以预测；安排进度计划的困难最小；条件改变时容易调整；材料搬运距离最短，手工搬运最少，无不必要的材料重复搬运，作业之间的搬运最少，材料能及时传递给工人，材料能从工作区域及时搬开，有秩序地搬运和储存材料，工人能以最高效率工作等。加工设备、物料运输设备、工作单元和通道等制造资源合理配置，绘制出平面布置图，如图4—2—3所示。

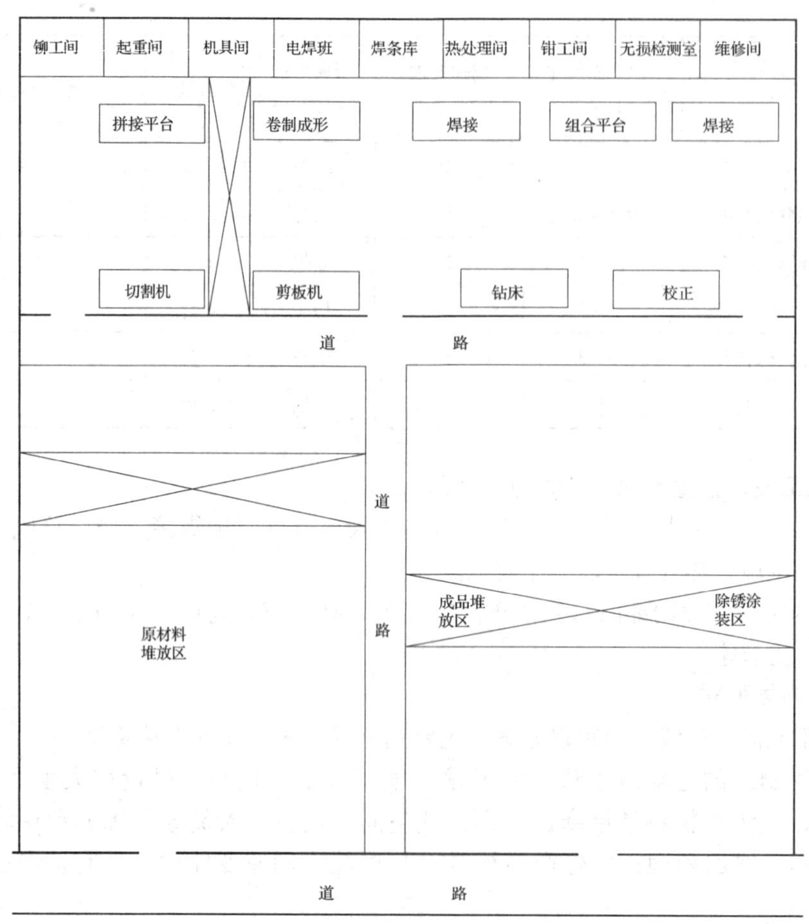

图 4—2—3　压力容器生产车间平面布置图

任务评价

表 4—2—4 为本任务的评分标准。

表 4—2—4　　　　**评 分 标 准**

序号	考核内容	评分标准	配分	得分
1	设备清单	设备清单完整	10	
2	生产工艺流程图	生产工艺流程图正确	20	
3	平面布置	平面布置符合要求	40	
4	工段和部门划分	组织机构合理	30	
总分			100	

思考与练习

1. 焊接结构车间的类型有哪些？
2. 焊接结构车间由哪几部分组成？生产部门和辅组部门分别由哪几部分组成？
3. 车间平面布置的基本原则有哪些？
4. 车间平面布置基本形式有哪些？
5. 车间平面布置的步骤与做法是什么？

任务3 焊接结构施工方案编制

技能点

◎ 焊接结构施工方案编制

知识点

◎ 施工组织设计编制的原则、依据和内容

任务提出

为达到技术经济指标，在施工准备阶段需要根据生产要求准备水、电、运输（三通）条件，以及人员和机器设备进场条件；在施工阶段应对人员、机具、材料进行动态调配，并全面控制和协调生产进度、质量、安全和经济核算工作。因此，需要制订一个指导施工项目全过程各项活动的技术、经济和组织的综合性文件，即施工方案。它是施工技术与施工项目管理有机结合的产物，也是工程开工后施工活动能有序、高效、科学合理地开展的保证。

某工程需要现场制作 20 t 工字型梁柱钢结构件，要求工期 20 天，质量符合建筑钢结构制作规范要求。要求施工单位提供满足要求的施工方案。

任务分析

该施工方案应能满足 20 天制作完成 20 t 钢结构件的要求，并能指导施工人员施工。该施工方案需要制订出具体的施工组织计划（进度安排、人员计划、机械设备计划、材料供应计划、场地平面布置）、技术方案、质量保证和安全措施。

相关知识

施工组织设计是一个工程的战略部署，是宏观定性的，体现指导性和原则性，是将工程的蓝图转化为实物的总文件。其内容包括施工全过程的部署、选定技术方案、进度计划及相关资源计划安排、各种组织保障措施等，是针对项目施工全过程的管理性文件。

一、施工组织设计编制的原则

在一定的生产环境和条件下，施工组织设计必须保证在既经济又安全的前提下，满足设计图样的技术要求，并为不断提高工程质量和产品质量创造条件。施工组织设计起到指导施工人员完成满足各项技术经济指标的施工任务的作用。为此，编制施工组织设计方案时，应掌握以下几项原则。

1. 工艺先进性

在编制施工组织设计和焊接工艺规程时，要根据调查材料、情报信息，了解国内外焊接生产及工艺技术的发展情况，采用最新成果、合理化建议及先进经验。例如，推广 CO_2气体保护焊、氩弧焊等高效率、高质量的焊接方法；在焊条电弧焊时采用高效率的铁粉焊条、立向下焊条、纤维素打底焊条等，可使施工方案具有明显的工艺先进性。

2. 经济合理性

在一定的生产条件下，要对各种工艺方法和施工方案进行对比，尤其要对关键部位的生产工艺和主要部件的焊接方法进行方案论证，选择经济上最合理的方法，在保证质量的前提下力求成本最低。例如，壁厚 50 mm 以下的容器采用电渣焊焊接，在经济上是不合理的。另外，在结构生产中还应考虑产品批量的大小，以确定采取的方法和使用的设备。例如，单件生产应考虑选择常规的通用性工装；如果是大批量生产，则可考虑采用专用工装，以提高质量和生产率。

3. 技术可行性

制订施工方案和焊接工艺规程必须从本企业、本单位、本车间的实际出发，依据现有的设备、人力、技术水平、场地等条件，制订切实可行的方案和规程，使制订出来的方案和规程在生产中具有可行性，真正成为指导生产的技术文件。

4. 安全可靠性

制订的方案必须保证生产者和设备的安全。因此，在制订方案的过程中，一定要充分考虑到施工中的各种不安全因素，并加以分析，以制订出切实有效的安全防护措施。应把安全生产视为第一要务，没有安全，就谈不上生产。例如，深槽作业时防止塌方、高空作业时防止坠落、密闭容器和管道内作业时加强通风等，都是要考虑的内容。

另外，在方案和规程的制订中，还应考虑尽量改善操作者的劳动条件，尽可能采用较先进的工装。例如，在管道安装时采用对口器，以减轻操作者的劳动强度；在容器和管道焊接中，尽量减少内部的焊接工作量，以改善焊接条件。

二、施工组织设计编制的依据

编制施工组织设计必须有充分的原始资料，这些资料包括：

1. 施工设计说明书

施工设计说明书是编制施工组织设计最主要的资料，主要内容包括施工位置、工程工作量、各项技术要求以及施工中要求注意的事项。以上内容都是编制施工组织设计时重要的依据，要根据设计说明书中提出的各项要求，制订切实可行的施工方案。

2. 施工中的有关技术标准

对于施工中的各项要求，目前都有相应的国家标准和部颁标准，编制施工组织设计时必须依据这些标准进行。当同一内容同时有两种以上标准时，原则上应该按高标准执行。各企业也可按本企业的实际情况制定本企业的有关技术标准，但在技术上应不低于相应的国家标准和部颁标准。

3. 工程验收的质量标准

编制施工组织设计时一定要满足工程验收的质量标准，并在方案中明确地表示出来，如各工序的质量要求、检查方法及合格标准等，都应作为施工过程中技术要求的依据。

4. 本企业的实际生产条件

为了使所编制的施工组织设计真正可行，确实起到指导生产的目的，一定要从本企业的实际情况出发，依据自己的实力来编制施工方案。必须根据企业现有设备能力、工力的情况来安排施工部署，如确定多少工作面、分几个段落同时施工等，都是要依据本单位的实际条件来确定的。

三、施工组织设计编制的内容

施工组织设计应根据拟建工程的性质、特点及规模不同，同时考虑到施工要求及条件进行编制。施工组织设计必须真正起到指导现场施工的作用，一般包括以下内容：

1. 工程概况

工程概况主要包括工程特点、施工条件等。

2. 施工方案

施工方案包括确定总的施工顺序及施工流向，主要分部分项工程的划分及施工方法的选择、施工段的划分、施工机械的选择、技术组织措施的拟订等。

3. 施工进度计划

施工进度计划主要包括划分施工过程和计算工程量、劳动量、机械台班量、施工班组人数、每天工作班次、工作持续时间，以及确定分部分项工程（施工过程）施工顺序及搭接关系、绘制进度计划表等。

4. 施工准备工作计划

施工准备工作计划主要包括施工前的技术准备，现场准备，机械设备、工具、材料、构件和半成品构件的准备，并编制准备工作计划表。

5. 资源需用量计划

资源需用量计划包括材料需用量计划、劳动力需用量计划、构件及半成品构件需用量计划、机械需用量计划、运输量计划等。

6. 施工平面图

施工平面图主要包括施工所需机械、临时加工场地、材料、构件仓库与堆场的布置，以及临时水网及电网、临时道路、临时设施用房的布置等。

7. 技术经济指标分析

技术经济指标分析主要包括对工期指标、质量指标、安全指标、降低成本指标等的分析。

施工组织设计的繁简，一般要根据工程规模大小、结构特点、技术复杂程度和施工条件的不同而定，以满足不同的实际需要。复杂和特殊工程的施工组织设计需较为详尽，而小型建设项目或具有较丰富施工经验的工程则可较为简略。

总之，施工组织设计包括的内容很多，但是由于各种工程的性质和特点不同，所编制的项目内容会有所增减。

四、施工方案

1. 施工方案的作用

施工方案主要用于指导施工，但其作用不限于施工，具体表现在以下三个方面：

（1）工程结算的依据。工程造价的一个重要特点是造价与施工方案有关，同一项工程采用不同的施工方案，其工程量和造价都不一样。工程投标报价往往是单价的套用和实际工程量的计算，应根据批准的施工组织设计确定。

（2）施工方案是工程索赔的依据。若业主未按承诺提供施工条件（施工图、施工场地等），是违约行为；若业主要求不按施工方案、施工进度计划施工，则须经双方协商一致后方可实施。若由此造成施工工期延误，施工企业可提出工期索赔；若造成工料及其他经济损失，可提出经济索赔，索赔的依据包括施工组织设计。

（3）监理对象。施工方案应用于施工全过程，集技术、经济、管理和合同于一体，是一份全面的施工计划和合同文件。因此，监理工程师将其视为重要的监理对象，严格监督其实施，严格控制承包商对施工组织设计的变更和修改，将擅自变更和修改的行为视为违约行为。

2. 施工方案编制方法

（1）对现场施工制作场地大小、临时设施的布置、交通情况等进行调研。

（2）按工程合同、图样、定额确定技术、经济指标。

（3）按工程合同、图样、定额、工程量拟订进度计划，确定现场施工人员、施工机具设备，进行施工平面布置。

（4）依据图样和国家标准规范拟订技术方案、质量措施、安全措施。

（5）编写施工方案。编写工程概况，编写施工部署，编写施工组织计划，依据图样、国家标准规范编写技术方案，制定质量保证措施，制定安全施工措施。

3. 编制施工方案的注意事项

（1）对于实施方案的编制，在施工前，应着重施工组织管理体系确立、施工部署的确定、基础部分施工方法的选用、施工总进度计划（各阶段节点）的编制、施工准备工作计划及各项需要量（包括劳动力、施工机械、周转材料等）的计划等；工程开工后，随着工程的不断进展，分阶段编制实施方案，如主体结构阶段、装饰阶段等，重点以分部工程施工方法的选用、施工进度计划的调整以及各项需要量的计划等为主。

（2）对于实施方案的编制组织，应采取各部门共同参与的方法，并由项目技术负责人主编，使施工组织设计真正起到指导工程施工的作用。更重要的是对于在项目实施过程中由于变化了的客观条件，必须编制的分部分项施工方案，也应看成是项目施工组织设计的补充与完善，是整个工程项目施工组织设计的组成部分。

（3）对于施工组织设计的管理，应做到动态管理、跟踪管理。另外，对于施工组织设计的管理也应向规范化方向发展。

任务实施

一、施工现场调研

（1）确定施工现场的水路、电路、道路已通。

（2）划出的场地已平整且满足制作钢结构件的需要。

二、确定技术与经济指标

1. 工作量

20 t 工字型梁柱钢结构件。

2. 工期

20 天完成，遇不可抗拒因素停工，工期顺延。

3. 质量要求

符合《钢结构工程施工质量验收规范》(GB 50205—2001)。

4. 工程结算

施工图预算 + 鉴定证件。

5. 主材

按市场价由施工方提供。

三、施工现场平面布置

按工程合同、图样、定额、工程量拟订进度计划，确定现场施工人员、施工机具设备，进行施工现场平面布置。

1. 定额工日数

要求工期：20 天；施工人数：18 人（不包括管理人员）。

2. 施工机构

项目经理 1 人，技术检验 2 人。

3. 进度计划表示方法

采用最简单、运用最广泛的进度计划方法——单道图。

4. 机器设备

生产 20 t 工字型梁柱钢结构件所需机械设备：12 t 汽车吊三个台班；半自动切割机一台；钢板矫平机 30 mm ×2 600 mm 一台；摇臂钻床（ϕ50 mm）一台；交流电焊机 21 kV · A 两台；自动埋弧焊机一台（适用于各种直线状的对接焊缝和角焊缝）。

5. 现场材料准备

中厚钢板（20 mm 以下）21 t；电焊条（焊丝）750 kg；红丹防锈漆 120 kg。

6. 施工现场平面布置图

施工现场平面布置图如图 4—3—1 所示。

四、拟订技术方案、质量措施及安全措施

依据图样和国家标准规范，拟订技术方案、质量措施及安全措施。

1. 工艺流程图（见图 4—3—2）

2. 制作工艺和要求

（1）设备。构件制作所需的主要设备：半自动切割机，主要用于钢板的切割下料；摇臂钻床，用于孔的加工；自动埋弧焊机，用于各种直线状的对接焊缝和角焊缝（主要是钢梁的腹板和翼缘板的对接焊缝）；交流电焊机，用于角焊缝焊接。

（2）组合钢梁的制作

1）按要求检查、矫正钢材及进行表面处理。

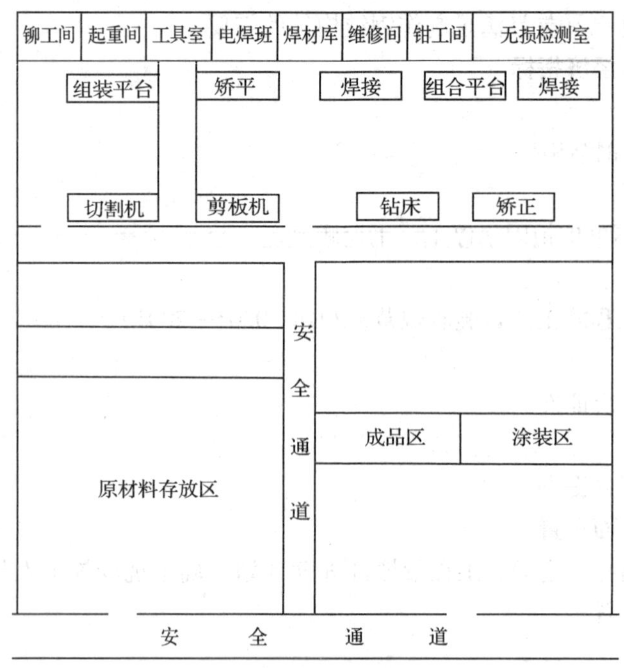

图 4—3—1　施工现场平面布置图

2）号料。

3）按图样尺寸及放样尺寸下料。托梁和屋面梁的腹板与上翼缘板都按图样尺寸整块切割下料；对于形状不规则的下翼缘板按放样尺寸整块下料，然后在折边机上折弯成图样所要求的形状；钢梁上的肋板、连接板以及牛腿等均按图样尺寸下料。

4）孔位划线，并在钻床上钻孔。

5）将腹板和翼缘板在胎架上组装，并定位焊。

（3）焊接。为了尽可能地减小焊接变形，除了保证钢板在胎架上定位可靠以外，还要采取较合理的焊接工艺：采用两台焊机对称施焊；焊接方向同时从一端向另一端；待第一面的焊缝基本冷却后，再翻身焊另一面；安装连接板、肋板、牛腿（外延支撑梁）等；先定位焊连接，然后再焊接；对焊缝进行质量检测，包括焊缝的外观质量检测和无损探伤检测（UT）。探伤前需完成打磨、清除飞溅和孔边毛刺等清理工作。对不合格的焊缝要进行返修，但焊缝的同一处返修不得超过两次。

（4）涂刷油漆。

（5）质量检验。质量检验工作是对制作构件的

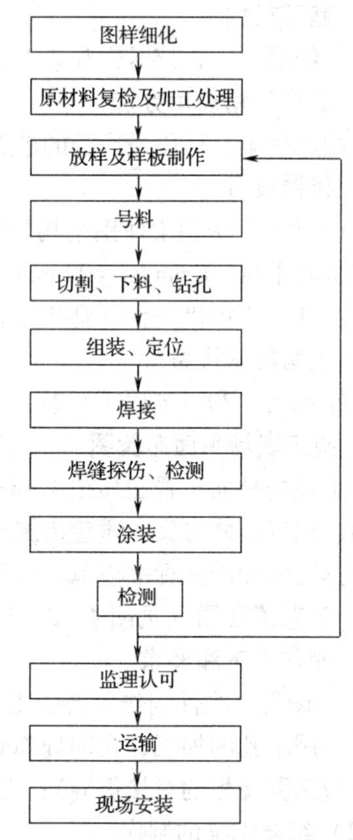

图 4—3—2　钢结构制作工艺流程图

最后验收，如发现有质量问题必须及时修正。质量检验包括外观检验（VT）和磁粉检验（MT），以保证所有的构件均为合格品，并做好质检记录和质量检测报告。此项工作最后必须由监理认可。

质量检验适用于所有构件制作的最后工序。

3. 质量控制

钢结构的加工质量直接影响到整个工程的施工质量，为安全、优质、高效地完成本工程的钢结构施工任务，对于制作过程，应重点在质量与进度上进行控制。

指定具有丰富实践经验的钢结构施工技术人员专门负责构件质量监督与检验，避免不合格的构件运至安装施工现场，造成整个钢结构工程施工的被动局面。

另外，实行“三检制”，即制作组自检→专业人员复检→制作成品最终验收（并由监理认可），层层把关，使不合格构件消除在地面上，从根本上保证钢结构的施工进度与质量。

在组织机构上，建立由项目经理直接负责，项目副经理中间控制，专职质检员作业检查，班组质量监督员自检、互检的质量保证组织系统，将每个岗位、每个职工的质量职责都纳入项目承包的岗位责任合同中，并制定严格的奖罚标准，使施工过程的每道工序、每个部位都处于受控状态，并同经济效益挂钩，保证工程的整体质量水平。

在资源配置上，要选派技术好、责任心强的技术员和工人在关键作业岗位上，并配备必要的检测设备，建立主要工序 QC 小组，定期开展活动，进行质量分析，不断改进施工质量。

梁柱钢结构检验标准见表 4—3—1。

表 4—3—1　　梁柱钢结构检验标准

项次	项目		允许偏差（mm）	检验方法
1	构件长度		±3.0	钢直尺检查
2	焊接工字型钢截面高度	结合部位	±2.0	
		其他部位	±3.0	
3	焊接工字型钢截面宽度		±3.0	
4	构件两端最外侧安装孔距		±3.0	
5	构件两端安装孔距		±3.0	
6	同组螺栓孔	相邻两孔距	±1.0	
		任意两孔距	±1.5	
7	构件挠度		*L*/1 000 且不大于 10.0	用拉线和钢直尺检查

4. 安全生产技术措施

要在职工中牢牢树立起“安全第一”的思想，认识到安全生产、文明施工的重要性，做到每天班前教育，班中检查，班后总结。

（1）钢结构是良好导电体，四周应接地良好，施工用的电源线必须是胶皮电缆线，所有电动设备应装漏电保护。乙炔属易燃物品，应妥善保管，严禁在明火附近作业、吸烟。

（2）钢结构生产效率很高，工件在空间大量、频繁地移动，各个工序中大量采用的机械设备都必须有必要的防护和保护。因此，生产过程中的安全措施极为重要，特别是在制作大型、超大型钢结构时，更应十分重视安全事故的防范。

（3）进入施工现场的操作者和生产管理人员均应穿戴好劳动防护用品，按规程要求操作。

（4）对操作人员进行安全学习和安全教育，特殊工种必须持证上岗。

（5）为了便于钢结构的制作和操作者的操作活动，构件宜在一定高度上测量。装配组装胎架、焊接胎架、各种搁置架等，均应离开地面 0.4 ~ 1.2 m。

（6）构件的堆放、搁置应稳固，必要时应设置支撑或定位。构件堆垛不得超过两层。

（7）索具、吊具要定期检查，不得超过额定荷载。正常磨损的钢丝绳应按规定更换。

（8）钢结构制作中各种胎具的制造和安装，均应进行强度计算，不能仅凭经验估算。

（9）生产过程中所使用的氧气、乙炔、丙烷等必须有安全防护措施，应定期检测泄漏情况。

（10）电源必须有安全防护措施，应定期检测用电设备接地情况。

（11）对施工现场的危险源应做出相应的标志、信号、警戒等，操作人员必须严格遵守各岗位的安全操作规程，以避免意外伤害。

（12）构件起吊应听从一个人的指挥。构件移动时，移动区域内不得有人停留和通过。

（13）所有制作场地的安全通道必须畅通。

五、编写施工方案

施工方案编制如下：

×××钢结构施工方案

1. 工程概况

该钢结构制作工程是×××省×××地×××企业新建钢结构厂房工程的一分项工程。

业主：×××省×××地×××企业

施工企业：×××公司

监理单位：×××监理公司

工程现场“三通一平”工作已完成。

制作工作量：20 t。

工期：自进现场之日起20天完成，遇不可抗拒因素停工，工期顺延。

制作质量符合《钢结构工程施工及验收规范》（GB 50205—2001）规定要求。

工程结算：施工图预算 + 鉴定证件。

主材：按市场价由施工方提供。

2. 施工部署

因为是单一产品制作，单班制，按制作工艺流水作业。

3. 施工组织计划

（1）施工机构。项目经理 1 人，负责工程项目全面管理和对外协调；技术检验人员 2 人，负责工程项目技术和检验工作。

（2）进度计划。见表 4—3—2。

表4—3—2　　　　进度计划

	1	2	3	4	5	6	7	8	9	10	11	12	13	14	15	16	17	18	19	20
材料进场																				
下料																				
组对																				
焊接																				
检验																				
除锈涂装																				

（3）人工计划。铆工：8人；焊工：4人；油漆工：2人；起重运输工：2人；管理人员：2人。

（4）设备计划。12 t汽车吊：三个台班；半自动切割机：一台；钢板矫平机（30 mm×2 600 mm）：一台；摇臂钻床（ϕ50 mm）：一台；交流电焊机（21 kV·A）：两台；自动埋弧焊机：一台。

（5）材料准备计划。中厚钢板（20 mm以下）：21 t；电焊条（焊丝）：750 kg；红丹防锈漆：120 kg。

任务评价

表4—3—3为本任务的评分标准。

表4—3—3　　　　评 分 标 准

序号	考核内容	评分标准	配分	得分
1	施工方案的内容、编制方法	编制内容完整、方法正确	25	
2	组织计划	组织计划合理	15	
3	施工方案	完整、可行	20	
4	施工方案	满足技术指标的要求	20	
5	施工方案	满足经济指标的要求	20	
总分			100	

思考与练习

1. 施工组织设计的概念是什么？其作用有哪些？

2. 施工组织设计的原则有哪些?
3. 施工组织设计编制的依据是什么?
4. 施工组织设计编制的内容有哪些?
5. 施工方案编制的步骤是什么?